U0249966

湖北省学术著作
Hubei Special Funds for
Academic Publications
出版专项资金

"十三五"湖北省重点图书出版规划项目

地球空间信息学前沿丛书　丛书主编　宁津生

面阵激光雷达成像
原理、技术及应用

周国清　周祥　著

WUHAN UNIVERSITY PRESS
武汉大学出版社

图书在版编目(CIP)数据

面阵激光雷达成像原理、技术及应用/周国清,周祥著.—武汉:武汉大学出版社,2018.1(2021.9重印)

地球空间信息学前沿丛书/宁津生主编

湖北省学术著作出版专项资金资助项目 "十三五"湖北省重点图书出版规划项目

ISBN 978-7-307-19683-4

Ⅰ.面… Ⅱ.①周… ②周… Ⅲ.激光成像雷达—雷达成像—研究 Ⅳ.TN958.98

中国版本图书馆 CIP 数据核字(2017)第 222247 号

责任编辑:王金龙   责任校对:汪欣怡   版式设计:马 佳

出版发行:**武汉大学出版社** (430072 武昌 珞珈山)

(电子邮箱:cbs22@whu.edu.cn 网址:www.wdp.com.cn)

印刷:广东虎彩云印刷有限公司

开本:787×1092 1/16 印张:15.75 字数:373 千字 插页:2

版次:2018 年 1 月第 1 版 2021 年 9 月第 2 次印刷

ISBN 978-7-307-19683-4 定价:60.00 元

周 国 清

　　教授，博士生导师，现任桂林理工大学副校长。1994年获武汉测绘科技大学（现为武汉大学）摄影测量与遥感专业博士学位，先后在清华大学计算机科学与技术系、北京交通大学信息科学研究所、德国柏林工业大学（德国洪堡学者Alexander von Humboldt–Foundation）和美国俄亥俄州立大学从事科学研究。自2000年起，在美国老道明大学任教并担任空间制图和信息研究中心主任，相继破格晋升为副教授（2005年）和正教授（2010年）。2011年，入选第六批国家"千人计划"学者，并担任"十二五"国家863计划对地观测与导航技术领域专家。

序

　　我很高兴看到周国清教授撰写的《面阵激光雷达成像原理、技术及应用》一书的出版。本书是他根据自己近十年来，在面阵激光雷达研究成果的基础上撰写的一本较为全面、系统的专业书籍。书中对面阵激光雷达成像原理、面阵激光雷达激光器、面阵激光雷达光机系统、面阵激光雷达阵列探测处理、多通道高精度时间测量、面阵激光雷达几何成像模型、面阵激光雷达成像仪误差校准、面阵激光雷达数据预处理及三维可视化、面阵激光雷达的应用等内容分别进行了描述。

　　全书内容丰富、结构严谨，具有一定的深度和广度。目前国内尚未见到全面介绍面阵激光雷达成像的同类书籍，因此本书填补了国内空白。我相信该书的出版对我国面阵式激光雷达的研究和应用将起到积极的推动作用，对相关研究人员学习和掌握该技术有一定裨益。

2017 年 3 月 19 日于武昌珞珈山

前　　言

现有传统的机载激光雷达成像仪（Light Detection And Ranging，LiDAR）都是采用单点发射、单点接收的模式，这种模式需要配合扫描装置才能实现三维激光成像，但这种类型的激光成像系统存在很多问题。首先，单点扫描式激光雷达测量系统在工作时是以扫描方式来快速获取数据的，它自身系统带有一个机械扫描装置，使得整个系统设计比较复杂，体积大，重量比较重，系统获取数据的稳定性差。对于民用小型无人机搭载平台来说，单点扫描式激光雷达测量系统的体积和重量难以满足要求。其次，单点扫描式激光雷达是以单点发射模式来发射激光的，对激光发射频率要求很高，这样一来，对整个激光发射硬件要求很高。最后，单点扫描式激光雷达测量系统是以 Z 字形或圆锥形对地物距激光发射点的距离进行测量的，其产生的地面激光脚点之间的距离比较大，整个点云数据密度小，一般要通过内插方法来获得周围的点云数据，导致其数据精度降低。

自 2003 年笔者在美国首次接触面阵激光成像系统，一直潜心研究该激光成像模式已经十多年。面阵激光雷达成像系统由于是采用泛光或点阵方式照射到地面，然后通过 APD 面阵接收器接收地面不同地物反射回去的激光脉冲信号来确定地面目标的三维坐标信息，且每次处理地面上一个面的激光脚点信息，因此相比点阵激光雷达来说，它能够快速大面积地获取目标三维信息，具有测量精度高、轻小型、系统结构紧凑、适合无人机平台搭载进行低空快速作业等优点。在信息化的今天，无论是军用还是民用方面，如对地观测、目标探测、精确制导等领域，面阵激光雷达相比单点扫描激光雷达将具有更加广阔的应用前景。

本书面向当前国际面阵激光雷达遥感技术发展的前沿，系统地总结了作者所在课题组近年来在面阵激光雷达成像仪研究方面的成果，从成像原理、激光器、光机系统、探测处理及应用等方面，进行了较为全面的、系统的介绍和总结。全书共分 11 章，第 1 章是绪论，简单地回顾了激光雷达在国内外发展的现状；第 2 章重点阐述了面阵激光雷达成像原理；第 3 章讲述了面阵激光雷达的激光器；第 4 章重点描述了面阵激光雷达光机系统；第 5 章描述了面阵激光雷达阵列探测处理系统；第 6 章描述了面阵激光雷达高精度时间间隔测量系统；第 7 章介绍了面阵激光雷达成像三维数学模型及模拟研究；第 8 章介绍了 5×5 面阵激光雷达成像仪误差校准；第 9 章介绍了面阵激光雷达数据预处理及三维可视化系统；第 10 章介绍了 GPS 和电子罗盘组合的低价面阵激光雷达 POS 系统；第 11 章简单地介绍了激光雷达的应用，尤其是在森林地区的应用。附录 A 对本书中出现的英文简写进行了列举和全称对照；附录 B 对课题组研发的面阵激光雷达产品样机进行了描述。

本书的部分章节是在相关研究生的研究基础上整理完成的，这些研究生包括：周祥、杨波、杨春桃、黎明焱、马云栋。衷心感谢他们为本书所做的研究工作和提供的宝贵资料。书中还有部分章节是来自课题组农学勤高级工程师、马建军工程师等提供的实验材料，在此对他们表示衷心感谢！

　　本书中的部分成果已经在国内外刊物上发表。本书在撰写过程中，参考了国内外大量著作、学位论文、期刊文献、会议学术论文和相关网站的资料，在此表示衷心的感谢！虽然笔者努力把这些参考文献都列出并在文中标明出处，但难免有疏漏之处，诚挚地希望得到读者和同行的谅解！

　　本书可作为遥感科学与技术、测绘科学与工程、光电信息工程、电子信息工程、机械工程、精密仪器工程、仪器科学与技术等专业的教师和科研工作者的参考资料，也可以作为这些专业的研究生的教材和参考资料，还可以为地理学、地质学、地貌学、地震学、林业、考古学、大气物理等激光雷达数据应用专业的教师和科研工作者提供参考。

　　本书的出版得到"广西壮族自治区主席科技资金项目——民用小型无人机激光探测和测距（LiDAR）航空遥感系统的研究"、"广西科学研究与技术开发计划课题——单频高功率面阵 LiDAR 系统关键技术的研究"、"广西自然科学回国基金重点项目——面阵 LiDAR 机载遥感传感器的研究"等项目的资助。

　　由于笔者知识水平有限，本书难免存在不妥之处，敬请各位专家、读者不吝批评指正。任何批评、建议和意见请发送到笔者邮箱：gzhou@ glut. edu. cn。

作　者

2016 年 4 月

目　　录

第1章 绪 论

本章首先介绍了激光雷达成像仪的背景及其意义，然后介绍国内外面阵激光雷达成像系统、激光雷达点云数据处理的发展现状，接着描述激光雷达成像系统的基本结构和框架，最后重点描述了三种典型激光雷达成像模式和几何成像原理以及它们之间的差异和优缺点。

1.1 引言

获取地球表面三维空间信息是地理空间信息学的重要任务之一(张小红，2007；李清泉等，2000)。遥感科学与技术是获取地理空间数据，尤其是地表三维数据的主要技术和方法之一。在 20 世纪的几十年的发展过程中，摄影测量作为获取三维地理空间信息的主要技术手段，取得了长足的发展，并发挥了重要作用。然而，由于全球各种灾害频发、环境日益恶化，人们越来越需要实时获取准确的地表三维变化，也就是能实时掌握地表的数字地形模型(Digital Terrain Model，DTM)或数字高程模型(Digital Elevation Model，DEM)。众所周知，传统的数字摄影测量技术一直被限制在摄影测量的基本框架之内，其生产周期长、价格贵、全自动化程度低等缺点与社会需求的矛盾日益突出，使得人们不得不重新寻找和研究如何高效、实时、准确、可靠地获取三维空间数据。激光雷达测量(Light Detection and Ranging，LiDAR)技术很快引起了人们的关注，尤其是机载激光雷达探测技术，成为 20 世纪 90 年代地理空间信息领域发展和研究的主要任务之一。

激光雷达测量(LiDAR)是通过激光发射到目标物体，然后探测反射回的激光信号与发射激光的时间间隔来计算目标物的距离(Denny，2007)。机载激光雷达探测技术相对于星载探测技术来说，具有灵活性高、主动性强、实时性好、获取的 DEM 数据精度高等特点；相对于车载探测技术来说，具有获取 DEM 数据快、覆盖面积广等特点。因此，机载激光雷达探测技术成为获取空间信息的有效方式。20 世纪 80 年代末，激光雷达测量技术开始应用于 DEM 测量，在随后的几年中，随着各项硬件的逐步发展完善，一种集成了 GPS、IMU(Inertial Measurement Unit)和激光扫描仪的机载激光雷达测量系统被开发出来，并迅猛发展。机载激光雷达测量技术作为新兴的空间对地观测技术，相对于传统摄影测量，在实时获取地面三维空间数据方面具有巨大的优势。它能够快速获取高精度、高密度的地面三维数据，被称做"点云数据"(刘经南，张小红，2003)。

LiDAR 这种产品一经进入市场，立即发挥了巨大的作为。反过来，在市场和用户需求的推动下，这种仪器可以以有人飞机、无人飞机或飞艇为搭载平台，并准确地获得地表目标的三维坐标(蔡喜平等，2007)。目前，国际市场上主要 LiDAR 系统的产品和性能见

表 1-1。

表 1-1 国际市场上主要 LiDAR 系统的产品和性能

产品型号	ALTM Gemini	ALS60	LMS-Q680i	FALCONIII	LiteMapper560
厂商	Optech	Leica	REIGL	TopoSys	IGI
激光波长/nm	1064	1064	1500	1550	1550
扫描频率/Hz	70	100	10~160	415	5~160
脉冲频率/kHz	33~167	最大 200	25~200	50~125	40~200
脉冲宽度/ns	7	小于 9	小于 4	5	3.5
最大回波次数	4	4+3	全波形	8 次或者全波形记录	全波形
测距精度/cm	3	小于 10（行高 1000m 时）	2	1	2
高程精度/cm	小于 10	小于 14（含 GPS 误差）	小于 15（由 DGPS 确定）	7	0.06（不含 GPS 误差）
平面精度/cm	$\frac{1}{5500}\times$海拔	小于 24（含 GPS 误差）	小于 10（由 DGPS 确定）	10	0.3（不含 GPS 误差）

随着 LiDAR 系统硬件技术的快速发展，所获取的数据精度和数据量得到巨大提升，使机载 LiDAR 数据后处理的研究与应用也成为研究者们的研究热点。目前，世界上可以进行机载激光雷达数据处理的专业软件主要包括 TerraScan、TopPIT、REALM 等。在这些软件中，很多数据处理的环节上需要研究人员干预（李清泉等，2000）。目前，国际上主要 LiDAR 数据处理软件产品和性能见表 1-2。随着机载激光雷达测量系统应用的不断深入，机载激光雷达数据的后处理的发展已成为研究人员的主要研究方向之一。

表 1-2 国际市场上主要 LiDAR 数据处理软件产品和性能

激光雷达数据处理软件名称	生产厂家	国家
TerraSolid	TerraSolid 公司	芬兰
LiDAR XLR8R 3.0	Airborne 公司	美国
TopSys	TopoSys 公司	德国
REALM	Optech 公司	加拿大
LID-MAS	美国政府和陆军测绘局	美国
LidarStation	中国测绘科学研究院	中国

因机载激光雷达抗干扰性好、高精度、高效灵活等优点，机载(Airborne)激光雷达探

测技术已经广泛应用于测绘学、考古学、地理学、地质学、地貌学、地震学、林业、遥感、大气物理、城市道路规划、城市环境监测、城市三维重建、铁路、电力选线、海岸线监测等领域。由于一个窄的激光束可以对一个地物目标的物理特性进行成像，因此，如果 LiDAR 激光光源使用紫外、可见光或近红外光源对目标物进行成像，可成像的目标能被极大地扩大，包括非金属物体、岩石、雨、化合物、气溶胶、云甚至单分子（Cracknell and Hayes，2007）。LiDAR 成像技术还广泛应用于对大气和气象的研究。此外，激光雷达成像技术还被美国宇航局（NASA）作为关键技术应用于机器人和载人登月车的安全着落等相关领域（Amzajerdia et al.，2011）。

1.2 激光雷达成像技术的发展与现状

1.2.1 单点激光雷达成像技术的发展

激光雷达是雷达技术和激光技术相结合的产物，它起源于 20 世纪 60 年代，发展于 20 世纪 70 年代，实用化研究开始于 20 世纪 90 年代，到目前已有五十多年的发展历程（孙莉丹，2015）。

激光雷达从一开始就和航天技术紧密结合在一起，最早公开报道的星载激光雷达由美国国际电话和电报公司研制，用于航天飞行器交会对接，并于 1967 年研制了激光雷达样机。通过空间飞行试验证明了星载激光雷达的可行性。1978 年美国国家航天局的马歇尔航天中心研制了用于航天飞行器交会对接的 CO_2 相干激光雷达，并于 1984 年取得阶段性成果（贺嘉，2008）。

最早对成像激光雷达展开研究的是美国的林肯实验室，他们于 20 世纪 70 年代末首先研制成功了 CO_2 成像激光雷达，主要用于导弹制导、地形侦察等领域（韩绍坤，2006）。到 20 世纪 80 年代末，以机载激光雷达测高技术为代表的空间对地观测技术在多等级三维空间信息的实时获取方面产生了重大突破，激光雷达探测得到了迅速发展。德国斯图加特大学于 1988—1993 年将激光扫描技术与即时定位定姿系统结合，形成机载激光扫描仪（Ackermann，1999；曾齐红，2009）。

随着技术的不断发展和成熟，成像激光雷达已从单纯的航空航天或者军事领域走向商业化。20 世纪 90 年代末该技术在国际上已发展得较为成熟，商业化的 LiDAR 系统研制出了一百多种，并成功应用到各个领域（孙莉丹，2015）。典型的有加拿大 Optech 公司、瑞士 Leica 公司、奥地利 Riegl 公司、德国 IGI 公司和 Topo Sys 公司、瑞典 Top Eye 公司等，这些公司各自的产品在激光安全等级、激光波长、脉冲宽度、测量精度、测程范围、扫描视场等指标性能上有所不同，客户根据应用需求可以有多种不同的选择（徐祖舰等，2009；Baltsavias，1999）。能够提供机载激光雷达测量设备的厂商主要有加拿大的 Optech 公司、瑞士的 Leica 公司、奥地利的 Rigel 公司等。随着世界各国对海洋资源开发和对领海主权的重视，一种可以实现浅海测量的机载海陆双频激光雷达系统受到各国的欢迎，这主要得益于双频激光对于海水的穿透性差异（1064nm 红外激光和 532nm 蓝绿激光），从而使得该系统可以同时对海底地形和海面进行同步测量。通常采用 532nm 蓝绿激光进行海洋浅水海底地形测深，同时采用无法穿透海水的 1064nm 红外激光实现海面高度测量。双频机载激光扫描系统通过一次扫描即可完成海面、海底、海水高度数据的获取，目前国外的双频测深激光雷达系统一般采用双频点激光同步扫描，一次获取海面和海底测距数据，譬如加拿大 Optech 公司研发的 SHOALS-1000T 高精度机载激光雷达，就是采用这种扫描方式以实现海洋测深模式（双频同步测量海底地形和海水表面距离）和地形测绘模式（常规陆域地形测绘）测量（黎明焱，2016）。

　　国内方面，从事激光雷达测量技术研究的单位主要有：中国科学院遥感应用研究所、浙江大学、华中科技大学、电子部 27 所、电子科技大学、哈尔滨工业大学等单位。1996年，李树楷教授等人成功试验了扫描式激光雷达测距原理样机，但由于国内目前还无法生产高精度的 IMU 姿态测量传感器以及高精度的扫描装置，导致该测量系统的激光脚点密度低，高程和平面精度都没法达到人们满意的结果（李树楷等，2000）。武汉大学李清泉教授等人研制了一套地面激光扫描测量系统，但只有测距功能，还没有将 GPS 定位以及 IMU 姿态传感器定向等集成到一起，目前主要用来进行堆积测量（李清泉等，2000）。在"八五"期间，华中科技大学成功研制出我国第一套机载激光雷达海洋测量试验系统（昌彦君等，2001）。中国科学院上海光机所研制了我国新一代机载激光雷达测深系统，最大测深能力达到 50m（陈卫标，2004）。2007 年，我国的嫦娥一号卫星也搭载了由自主研制的激光高度计，获得了精确的月球表面三维数字高程信息，得到了清晰的月球立体图像和月球两极地区的表面特征（叶培建等，2007）。2011 年 12 月，中国电子科技集团 27 研究所研制的激光雷达探测系统用于神舟八号与天宫一号交会对接，并取得完满成功，这表明了我国在激光雷达方面的技术取得了长足的进步。但从整体上来看，我国机载激光雷达扫描测量系统还不够成熟。

1.2.2　激光雷达点云数据处理的发展

　　通过激光三维扫描系统可以快速获取大量的距离点数据，被称为点云数据。对点云数据的处理方法很多，典型的处理方法有：

　　（1）滤波

　　由于激光雷达点云中既含有地面点又含有非地面点，从中提取数字地面/高程模型（DTM/DEM），就需要将其中的非地面点去除，这个过程叫做激光雷达点云数据的滤波（龚亮，2011；肖贝，2011；王扶，2011；曹飞飞，2014）。

　　（2）去噪

　　去噪是为了去除在真实数据点中混有的不合理的噪声点，以避免重构的曲线、曲面不光滑（冯义从等，2015；张新磊，2009；董明晓等，2004）。

　　（3）配准

　　配准是将两个或者两个以上坐标系中的大容量的三维空间数据点集转换到统一坐标系下的数学计算过程（董秀军，2007；李彩林等，2015；王炜辰，2015；袁夏，2006；李贝贝，2013；吕琼琼，2009）。

　　（4）拼接

　　由于测量结果是多块具有不同系统参数且存在冗余的点云数据，不能为许多三维重构系统接受，因而必须进行坐标归一化和消除冗余数据的处理。这一过程称为测量数据的重定位，也就是三维数据拼接(吕琼琼，2009；雷家勇，2005；雷玉珍，2013；卿慧玲，2005；赵庆阳，2008)。

(5)三维目标重建

三维目标重建是指对三维物体建立适合计算机表示和处理的数学模型，是在计算机环境下对其进行处理、操作和分析其性质的基础，也是在计算机中建立表达客观世界的虚拟现实的关键技术(熊邦书，2001；焦宏伟，2006，2012；T. T. Nguyen et al.，2011；王晓南，2014)。

在激光三维扫描技术广泛应用的今天，人们对目标的三维高精度数字表面模型(Digital Surface Model，DSM)提出了更高的要求。针对采用不同的点云数据后处理方法得到的目标 DSM 有极大区别，越来越多的科研学者投入到对点云数据后处理算法的研究工作中。

1. 国外发展现状

在国际上，激光雷达点云数据处理的发展一直受到重视，发展了大量的算法和方法，概括起来，主要分为以下几个方面。

在目标识别方面：Fehr 等(2016)采用点云顶点、目标 RGB 值协方差变化相结合的方法，实现对被测量物体的外形检测和识别；Ochmann 等(2016)利用室内点云数据，实现建筑物内外部之间的关系研究，例如房屋墙壁厚度、房屋面积等；Buscombe(2016)运用光谱信息与高分辨率点云相结合，实现地理空间数据的识别分类处理；Riquelme 等(2015)更是通过对岩体三维点云进行坡度分级(Slope Mass Rating，SMR)处理分析获取三维目标表面坡度大小，并以此实现岩体分类和岩体稳定性预测；Mendez 等(2014)针对落叶乔木点云数据，采用柱面拟合算法进行树木表面三维重建，以此实现区分植被中树叶面积、树冠面积或者从大量点云中辨别森林面积；Gomes 等(2013)提出一种移动中心点云快速识别的方法，该方法使机器人视觉系统模拟人眼视角范围寻找视网膜最中心位置，实现投影点云数据进行目标识别，且通过实验证明该方法较全点云数据识别时间缩减为1/7，正确识别率达到91.6%；Yan 等(2016)针对车载点云在道路三维重建中辨识问题，提出一种算法提取道路两边的路灯或灯塔，首先设置阈值利用自动滤波区初步分地面点和非地面点，然后采用聚类提取出精确非地面点集合，最后根据对提取的路灯区域路面进行填充去除路面空洞，在加拿大多伦多市实验表明，对于 5 类路灯和灯塔的正确识别率可达91%。

在数据配准方面：Ge 和 Wunderlich(2016)采用非线性高斯-赫尔默特模型(Gauss-Helmert Model)避免出现二次约束最小二乘问题，该模型可以实现不同时刻、不同传感器的数据进行点云配准；Yun 等(2015)对多视角球体点云提出一种改进型数据配准算法，首先在每一个视角点云中找到球体目标的重心位置，然后将多视角间点云相对重心位置做初配准，最后以更加细微的几何形状进行配准和数据拼接；Torabi 等(2015)通过迭代就近点(Iterative Closest Point，ICP)算法进行点云特征点获取，然后利用主成分分析(Principal Component Analysis，PCA)算法获取点云目标正切面，并建立点到正切面之间的一个关系变量，将点云配准问题转换为最优解问题。同时他们将该配准方法用于两不同视角下火车车轮点云数据的配准，然后与经典 ICP 算法点云特征点配准进行比较，实验结果表明基于主成分分析的迭代就近点算法有更小的误差及更快的配准速度；Takimoto 等(2015)提出一种改进的三维表面重建算法，主要是利用被测物体遵循的尺度不变特征变换(Scale-invariant Feature Transform，SIFT)，对经典 ICP 算法进行动态修正，避免陷入局部最优解问题；Bosché(2012)提出一种基于机载三维激光点云半自动快速配准算法，将三维点云坐标数据转换为同一视角距离信息，然后当用户在一个视角下点击到任意一配准点时，系统自动提取出所有同等距离点集合，以此来减少配准点云数量，加快点云配准速度。

数据压缩及传输优化方面：Masuda 和 He(2015)针对点云的应用提出一种基于线扫描点云的压缩优化算法，同时针对不规则三角网(Triangulated Irregular Network，TIN)数据占用空间较大的问题(占用空间约为点云数据的 2~3 倍)，提出一种基于车载三维激光扫描点云的即时转换方法，以此减少数据应用传输；Vo(2015)针对点云数据分割，提出一种八叉树区域增长算法，先将点云数据进行最小块粗划分，再对未处理点云根据距离阈值判断是插值还是去除处理，这也是用于点云数据压缩。

误差分析方面：Fana 等(2015)针对目前各厂家对地面三维激光扫描系统(Terrestrial Laser Scanning，TLS)测量误差数据进行实验分析，建立目标测量误差(Target Measurement Error，TME)、配准前目标差异(Post-registration Target Difference，PTD)、目标配准误差(Target Registration Error，TRE)之间关系，并以此计算建立新的配准误差(Object Registration Error，ORE)标准；Polat 等(2015)针对机载、车载三维激光点云原始数据合成数字高程模型中不同点云密度、精度问题提出利用倒数加权法(Inverse Distance Weighted，IDW)结合邻近点插值法(Natural Neighbor，NN)生成光滑数字高程模型。

2. 国内发展现状

在国内，尽管我们对激光雷达点云数据处理的研究比较晚，但发展很快，也出了大量的算法和方法，概括为以下几个方面。

在数据处理方面：代世威(2013)利用模糊 C 均值聚类算法提取目标点云特征，用于点云切割、去噪、标记配准中心点位；徐文学(2011)则提出根据三维激光扫描数据的结构和目标物的几何特点，提出一种基于反射值影像的地面三维激光扫描数据分割方法；焦宏伟(2012)针对激光雷达成像和双电荷耦合原件(Double Charge Coupled Device，DCCD)立体成像的不足，提出将两种三维测量技术进行融合，从而获得高分辨率、高测距精度的三维可视化图像数据；惠增宏(2002)对于常见的点云残缺、漏洞问题提出径向基函数(Radial Basis Function，RBF)人工神经网络算法，对残缺数据进行修复，在对秦始皇兵马俑点云模型修复实验效果较好。

在数据配准方面：彭博(2011)针对不同被测目标提出刚性配准和柔性配准两种模型，以实现多幅点云数据之间配准，经验证该方法对于畸变情况下点云具有较好的配准效果；李彩林等(2015)针对当前多种 ICP 配准优化算法的局限性，提出针对多视点、无序点云配准处理算法，不过该算法需要根据经验估计两两点云重叠区域分布，目前处理效率略低；赵煦(2010)提出一种基于邻域平均度量计算网格定点曲率的配准算法，该算法假设配准点云网格面曲率变化在一定范围进行，以实现点云配准自动迭代；王炜辰(2015)则对点云两两配准点中，加入权重数据避免进入局部最优解。

在数据压缩及传输优化方面：卢波（2006）、龚亮（2011）提出一种粒子仿真-随机采样压缩点云简化算法，随机采样减少点云数据量，以粒子仿真确保被测物体外形特征数据点，实现点云特征点无损压缩；张会霞（2010）采用二叉树、四叉树、八叉树建立点云数据索引，实现点云的高效存储，并加快点云读取、处理、可视化速度。

在三维目标重建方面：周华伟（2011）提出采用 NURBS（Non-Uniform Rational B-Splines）曲面重构算法，处理基于 ScanStation2 全站式三维激光扫描仪获取的点云，并以此探讨地面三维激光扫描技术对物质文化遗产的数字化和现代化保护解决新思路；熊邦书（2001）在三维激光点云数据的表面重构方面，提出一种新的三角片法重构表面模型，用相邻两三角边长之差的平方和最小值来确定是否是最优三角片划分。

在数据去噪方面：严剑锋（2014）在假设目标面为曲面的前提下，采用曲面拟合迭代算法实现点云去噪，以实现点云快速噪声处理；曹飞飞（2014）提出一种各向异性且自适应的点云滤波算法，先设定一个邻域集合要求该邻域内的点都是一个投影方向，若不是一个投影方向则缩小邻域区域继续迭代。

除了激光雷达成像仪硬件发展外，LiDAR 点云数据处理得到了迅速地发展，但在一系列的点云数据后处理过程中，还有许多难点尚未得到解决。点云数据滤波是机载激光雷达点云数据处理中最重要的处理过程，是数据后处理的基础步骤。滤波后的结果对点云的分类、分割都是至关重要的，它对后续地物识别以及建筑物三维重建存在很大的影响。点云数据滤波算法现已成为机载激光雷达数据后处理的热点，对点云滤波算法的研究具有很大的应用价值。

1.3 单点激光雷达成像系统的缺点

现有传统的机载激光雷达成像仪（Light Detection And Ranging Scanning，LiDARS）都是采用单点发射单点接收的方式。这种方式需要配合扫描装置才能成像，但这种类型的系统存在很多问题。首先，单点扫描式激光雷达测量系统在工作时是以扫描方式来快速获取数据的，它自身系统带有一个机械扫描装置，使得整个系统设计比较复杂，体积大，重量比较重，系统获取数据的稳定性差。对于民用小型无人机搭载平台来说，单点扫描式激光雷达测量系统的体积和重量难以满足要求。其次，点阵扫描式激光雷达是以单点发射模式来发射激光的，对激光发射频率要求很高，这样一来，对整个激光发射硬件要求很高。最后，单点扫描式激光雷达测量系统是以 Z 字形或圆锥形对地物距激光发射点的距离进行测量的，其产生的地面激光脚点之间的距离比较大，整个点云数据密度小，一般要通过内插处理来得到点云数据周围的点，因此大大降低了其数据精度。

1.4 面阵激光雷达发展现状

随着人们对机载雷达探测的数据精度以及低成本的要求越来越高，相应的点阵扫描激光雷达测量已经不能满足人们的要求，人们开始寻找测距精度更高，经济成本更低的测量系统。最近几年，国际上已经开始研究面阵激光雷达测量系统。面阵激光雷达成像系统是采用泛光或点阵方式照射到地面，然后通过 APD 面阵接收器接收地面不同地物反射回去的激光脉冲信号来确定地面目标的三维坐标信息(Scott，1990)。面阵激光雷达成像系统由于是面阵式，每次处理地面上一个面的激光脚点信息，相比点阵激光雷达来说，它能够快速大面积的获取目标三维信息，且具有测量精度高、轻小型、系统结构紧凑、适合无人机平台搭载进行低空快速作业等优点，为机载激光雷达开辟了一条新的发展道路。而且，这种激光雷达无需扫描装置能并行测量代表一个面的多点距离信息，可快速的生成一幅三维图像。在信息化的今天，无论是军用还是民用方面，如对地观测、目标探测、精确制导等领域，面阵激光雷达相比单点扫描激光雷达将具有更加广阔的应用前景。

早在 1990 年，美国 Sandia 国家实验室的研究工作者 Scott(1990)首次提出了非扫描面阵激光雷达的概念(Scott，1990)。因其可快速成像、结构小、紧凑等突出优点，国际上如美国、法国、德国等发达国家一些先进的研究机构极力开展了面阵式三维成像激光雷达的研究，它们所研究的面阵激光雷达可以分为采用雪崩光电二极管(Avalanche Photodiode，APD)探测器阵列的直接测距型和增强型光电耦合成像器件(Intensified Charge Coupled Device，ICCD)探测器的间接测距型。

美国的 Sandia 国家实验室是从事间接测距型非扫描面阵激光雷达研究的杰出代表，该实验室自从 1990 年提出非扫描激光雷达的概念后，便开始研制面阵激光雷达，经过几年的发展，于 1993 年成功研制了第一套非扫描激光三维成像雷达(Anthes et al.，1993)。该面阵雷达利用鉴相法的间接测距原理，采用激光作为照射光源，ICCD 探测器作为光电转换器件，其激光光源和探测器的像增强器增益都经由余弦波调制。该面阵雷达的分辨率为 256×256，在约 30m 处进行三维成像得到了 15cm 的距离分辨率。1995 年该实验室的研究工作者采用方波调制的方法研制成功另一种非扫描激光雷达，对光源的利用率得到了有效提高(Muguira et al.，1995)。之后该实验室的工作人员对研制成功的非扫描激光雷达展开了一些具体的应用，特别是在太空领域的应用，如 2003 年 Habbit 等(2003)研究人员应用研究成功的非扫描激光雷达指导国际空间站的对接，2006 年又将他们研究的非扫描激光雷达应用在了检测航天飞机的表面(Haag et al.，2006)。

美国麻省理工学院的林肯实验室是采用 APD 阵列探测器进行直接测距型面阵激光雷达研究的典型代表。早在 1998 年，林肯实验室将盖革模式的 APD 阵列和 CMOS 数字计时电路进行了集成研究，研制出了 4×4 的 APD 阵列。2001 年报道，该实验室采用 APD 单元间距为 $100\mu m$ 的 4×4 APD 阵列和 16 通道的外端计时电路研发成功了第一代 APD 面阵激光雷达，称为 GEN-Ⅰ系统，测试时采用了中心波长为 $0.532\mu m$、脉冲能量为 $30\mu J$ 的微片激光器作为光源。在此期间，实验的研究人员又研发了 32×32 的 APD 阵列并集成有计时电路，并将其用在第二代 APD 面阵激光雷达即 GEN-Ⅱ系统，由于该系统的阵列规模达到了 32×32，有效增强了其实用性，GEN-Ⅱ系统采用钛-蓝宝石激光器，发射的激光波长为 800nm，单脉冲能量为 $20\mu J$，并计划升级到 150uJ。2003 年又研制成功了第三代 APD 面阵激光雷达系统，称为 GEN-Ⅲ系统，GEN-Ⅲ系统结构紧凑，采用集成有 500MHz CMOS 数字计时电路的 32×32APD 阵列作为接收探测器，激光光源工作波长 $0.532\mu m$，脉宽 700ps，脉冲能量 $33\mu J$，脉冲频率为 4～10kHz。2005 年，林肯实验室运用改进型的 GEN-Ⅲ系统参与了 Jigsaw 计划，集成有 POS 系统的 APD 面阵激光雷达搭载在直升机上，在 150m 处对遮蔽环境下的典型军事目标进行探测，该激光雷达系统工作时发射的激光频率为 16kHz，脉冲宽度为 300ps。试验结果表明其水平分辨率达到了 5cm，而纵向精度只有 40cm（Aull et al.，1998；Albota et al.，2002a；Heinrichs et al.，2001；Brian et al.，2002；Albota et al.，2002b；Marino et al.，2003，2005）。2008 年，林肯实验室研制了工作在 1064nm 的盖革模式探测器阵列，在美国 NASA 项目资助下，于 2011 年报道了正在研发用于太阳系外行星任务的 256×256APD 阵列探测器，并制订了长期计划，将 APD 阵列提升到 1024×1024 的单元数（Verghese et al.，2009；Figer et al.，2011）。

美国雷神公司与林肯实验室不同，它主要研究的是人眼安全的 1.5μm 峰值响应波长的 APD 阵列探测器以及相应的面阵激光雷达。2000 年报道，在美国国防预研局的资助下开发了不同阵列数的 APD 探测器，到 2011 年开发出了线性模式的 256×256APD 阵列，其单元 APD 光敏面尺寸和单元间距均为 60μm，量子效率大于 70%，增益为 20，并研制了 APD 面阵激光雷达系统，可以同时获取距离信息和强度信息（Jack et al.，2011；McKeag et al.，2011）。

美国先进科学概念公司也是较早开展 APD 阵列（含 PIN 阵列）探测器和非扫描激光雷达系统的研究机构，其开发的 APD 阵列单元数达到了 128×128 的规模，阵列探测器的峰值响应波长属于人眼安全波段，试验时采用的激光光源中心波长为 1570nm，单脉冲能量最大达到了 45mJ，在飞行测试系统中集成了 GPS 和惯性导航系统（Inertial Navigation System，INS）（Stettner et al.，2005）。

2010 年，普林斯顿光波公司公开了所研制的 32×32 和 32×128 的单光子 APD 阵列，它们的单元 APD 光敏面分别为 100μm、50μm，在 APD 阵列前端放置了提高填充因子的微透镜阵列，探测器响应波长从 920nm 到含人眼安全激光波长区的 1670nm 比较宽广的范围（Itzler et al.，2010，2011）。

2011 年，法国研究机构 CEA-LETI，在其国防部基金的资助下利用自制的 APD 阵列研发了三维面阵激光雷达，其研发的 APD 阵列工作在 6V 的偏压条件下，增益为 23，单元数为 320×256，APD 间距为 30μm。在试验时，采用中心波长为 1570nm、脉宽 8ns、峰值功率为 1MW 的激光器作为光源，30m 的场景深度下垂直分辨率达到 15cm，最终获得了高质量的三维图像（Borniol et al.，2011）。

德国第一传感器公司也开展了 APD 阵列探测器的研究，主要有 5×5APD 阵列和 8×8APD 阵列两种规模的探测器，峰值响应波长在 880nm 左右（First sensor Inc.，2011），但是对于面阵激光雷达系统的研究没有报道。

在国内，光电探测材料和工艺水平等支撑基础比较薄弱，加之国外对我国高性能面阵探测器产品的禁售，目前主要是基于单点扫描激光雷达的研究，而在面阵激光雷达领域的研究还是处于起步阶段，进展相对缓慢。从公开的资料显示，主要是采用 ICCD 探测器开展了非扫描激光三维成像技术的研究，而基于 APD 阵列的面阵激光雷达的研究极少。浙江大学严惠民团队采用 ICCD 面阵探测器对非扫描激光雷达做了比较多的研究（姜燕冰，2009；姚金良，2010；周琴，2012；严惠民等，2013），2013 年报道了所研制的面阵激光雷达在 400m 处的测距精度为 0.6m。2010 年，中国科学院上海技术物理研究所对其研制的 3×3 光纤阵列耦合 APDs 的激光雷达进行了室外试验，应用了扫描系统，使用波长为

532nm、半峰脉宽为 0.6ns 的激光器作为光源(Guo et al.，2010)。北京航空航天大学主要做了 APD 阵列激光雷达相关的理论和仿真方面的研究，2011 年在 Matlab 中用 33μJ 的激光器和 32×32APD 阵列对一个锥型目标进行了仿真实验，并用 330μJ 的激光器和 128×128 的 APD 阵列对典型军事目标进行了仿真实验，且分别仿真出来了三维图像(吴丽娟等，2011)，但是仿真实验与实际研制成功面阵激光雷达还有一定的距离。

1.5 激光成像仪的基本组成部分

不管是单点激光成像技术还是面阵激光成像技术，其主要是由两大部分组成，即提供距离信息的激光雷达扫描仪(LiDAR Scanning，LiDARS)和确定位置、姿态信息的位姿测量系统(Position&Orientation System，POS)。通过激光雷达扫描仪获取的距离信息联合 INS 得到的姿态信息和高精度 GPS 得到的位置信息能够解算出精确的物体三维坐标，实现三维成像(Zhou et al. 2004)。

激光雷达属于主动遥感光学载荷，其成像的基本原理是：通过激光发射子系统发射一束激光照射目标，然后由接收子系统的光电探测元件转换目标反射的回波信号，再通过处理机得出观察者到目标物的距离信息。

面阵激光雷达按照测量激光飞行时间方式的区别，可以分为直接测距激光雷达技术和间接测距激光雷达技术。其中直接测距型，它是通过并行的多路测时系统直接测量脉冲激光束从发射到返回接收端的飞行时间，然后根据光速和飞行时间计算出目标和探测平台之间的距离，其主要采用的探测器为 APD 阵列，该探测器的每一个像元都对应有光电探测和时间间隔测量的能力。另一种间接测距型面阵激光雷达，它不是直接测量激光往返的飞行时间，需要采用鉴频或鉴相技术，把收到的回波信号的相位或者频率变化检测出来，其通常是采用 ICCD 探测器对调制后的回波进行探测先获得强度图像，再将多幅强度图像解调获得距离信息。

目前，国内主要是开展基于 ICCD 探测器的面阵激光雷达的研究，但是因其间接测距的原理，用于三维成像存在一些天然的不足：(1)ICCD 面阵探测器不能直接获取距离信息，需要采用调制解调方式，且至少两幅强度图像才能得出距离像，导致数据处理量大，同时对处理器和存储空间要求很高；(2)由于采用调制解调方式，接收回波信号时必须使用附加高压调制电源的调制器，生成三维信息时又需要使用处理强度图像的解调器，这些额外器件致使该激光雷达测量系统实现复杂，且体积重量依然较大，难以做到轻小型。考虑到 APD 能够简单、快速获取距离信息以及高灵敏度的优点，一旦大面阵 APD 技术取得突破，APD 面阵成像技术势必成为未来主流的发展方向。APD 探测器的工作模式可分为线性和盖革模式。工作在盖革模式的 APD，突出优点就是灵敏度高可实现单光子探测，它通常是采用光子计数，但其缺点也很明显，无强度信号、过长的雪崩抑制、易形成暗计数、虚警探测概率高、成本高；工作在线性模式下的 APD 其灵敏度相对较低，需要较强的回波信号才能探测到，但是该种模式的探测器可以比较容易获得回波强度信号，当探测距离短回波信号足够强时，如果噪声阈值设置合理，还可以减少虚警概率(Williams，2006)。

综合以上的分析，本书选用基于线性模式的 APD 作为机载面阵激光雷达的光电探测器，并采用由惯性测量单元 IMU 和 GPS 接收机集成 POS 系统获取姿态和位置信息。其所研究的机载面阵激光雷达系统主要由 APD 面阵激光雷达、位姿测量系统即 POS 系统以及主控制系统构成，其总体框图如图 1-1 所示。APD 面阵激光雷达提供多点距离信息，POS系统为 APD 面阵激光雷达提供位姿信息，主控制系统控制面阵激光雷达和 POS 系统工作，且分别读取多点距离信息、位姿信息，并将这些数据统一到同一时间轴从而达到同步的目的，最终可解算出目标测量点精确的三维信息。

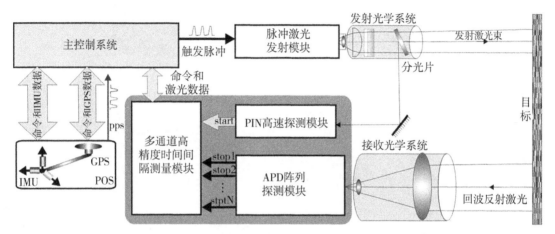

图 1-1   APD 面阵激光雷达总体框图

1.6   三种典型激光雷达成像模式与比较

1.6.1   单点激光扫描成像模式

目前应用最多的激光雷达成像仪是以点对点的方式进行距离测量，最常用也是最成熟的成像方式是点阵扫描方式。按照扫描方式的不同，它又可以分为 Z 字形扫描方式和圆锥形扫描方式(黎明焱，2016)。

(1)单点 Z 字形激光扫描如图 1-2 所示。XOY 为机载扫描参考坐标系，其中 X 轴正方向为飞机飞行方向、Z 轴正方向为测距方向、Y 轴正方向为摆扫正方向。跟随飞机飞行方向激光脚点逐渐前移，同时机械扫描装置往复摆扫，以此形成地面 Z 字形激光脚点航迹。

(2)单点圆锥形激光扫描如图 1-3 所示。XOY 为机载扫描参考坐标系，其中 X 轴正方向为飞机飞行方向、Z 轴正方向为测距方向、Y 轴正方向为飞机左机翼方向。摆扫系统按顺时针方向往复摆扫，同时飞机保持向前飞行以此形成地面激光脚点圆锥形轨迹。由于该方法对被测目标面覆盖面积大，因此平面分辨率较高，但系统较单点 Z 字形扫描复杂。

上面两种扫描方式各有各的特点，如图 1-2 中，激光扫描方式为按照 Z 字形扫描方式

图 1-2　单点 Z 字形激光扫描示意图(黎明焱，2016)

图 1-3　单点圆锥形激光扫描示意图(黎明焱，2016)

进行扫描作业。由于它的扫描角度比较大。一般大约为±30°，且扫描带宽比较大，从而激光脚点间距相应比较大。如图 1-3 中，激光扫描方式为按照圆锥形扫描方式进行扫描作业，它由于激光脚点在扫描过程中有重叠部分，所以相对于按照 Z 字形扫描方式，激光脚点间距相应要小。但总体上，点阵扫描方式激光雷达的激光脚点比较稀疏，地面一些没有激光脚点的区域要通过插值来得到该区域的三维坐标。

　　由于点阵扫描方式激光雷达测量系统在测量地面目标距离时需要进行扫描，所以它必须要配有相应的机械扫描装置和驱动电路，但由于机械扫描装置和驱动电路比较笨重，从而使激光雷达测量系统结构的复杂度大大增加。机械扫描带来的误差，不仅使得测距精度低，整个系统过于笨重，而且使得成像速度慢，相应的测量成本也高。人们对机载雷达探测的数据精度以及低成本的要求越来越高，相应的点阵扫描方式激光雷达测量系统已经不能满足人们的要求，人们开始寻找测距精度更高，经济成本更低的测量系统。20 世纪 90年代，一种全新的激光雷达测量系统——面阵无扫描激光雷达测量系统进入人们的视野

(李芳菲等,2009)。面阵无扫描激光雷达测量系统是采用面阵激光光源照射到地面,然后通过 APD 面阵接收器接收地面不同地物反射回去的激光脉冲信号来确定地面目标的三维坐标信息(张璐璐,2006)。面阵无扫描激光雷达测量系统由于是面阵式,每次处理地面上一个面的激光脚点信息,相比点阵扫描方式激光雷达测量系统来说,它具有更高的探测精度、更快的探测速度和更紧凑的系统结构(姚金良,2010)。面阵无扫描激光雷达测量系统不管是在军用还是民用方面,都有广泛的应用;作为一种全新的高技术武器,它在预警探测、精确制导等方面具有良好的应用前景(李进等,2005)。面阵无扫描激光雷达测量系统能够快速大面积的获取地面三维坐标信息,它在信息化作战的今天发挥着至关重要的作用,并且为城市三维建模提供了强有力的帮助(张小红,2007)。

机载单点激光 Z 字形扫描测距系统主要有两种数据处理方式及对应的系统模型,即基于相对坐标的增量式数据拼接和基于绝对坐标的数据配准、拼接。本书主要研究基于相对坐标的增量式数据拼接,与我国最早的 863 推帚式激光测距系统数据处理类似,不需要机载定位系统提供数据支持,模型结构简单但是数据拼接后的模型存在配准、脚点偏移误差。

如图 1-4 所示,假设飞机飞行时机身与地面水平面保持平行,激光测距值为 r,瞬时偏转角为 a,并由此计算激光脚点正射高度,进而将激光雷达测距 r 转换为激光脚点距离机载激光发射点垂直距离。

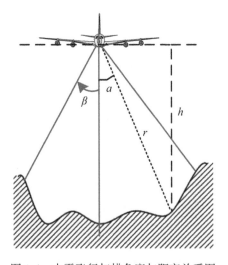

图 1-4 水平飞行扫描角度与距离关系图

显然测距值 r、瞬时扫描角 a、对应激光脚点正射距离 h 之间满足式(1-1)的计算关系。

$$h = r \times \cos a \tag{1-1}$$

式(1-1)中瞬时扫描偏角 a 可根据系统扫描镜最大扫描角度 2β (左右各 β,单位度)、扫描频率 f 计算。我们假设扫描镜初始位置为与地平面垂直方向、初始扫描为垂直于飞机飞行方向从左向右如图 1-5 中 1 表示的扫描方向，扫描镜扫描角度范围为 $-\beta \sim +\beta$。如图 1-5 所示，可以建立扫描镜偏转角和时间的关系函数。

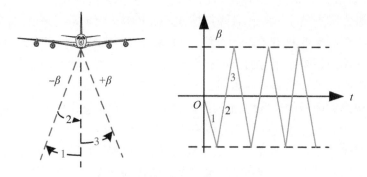

图 1-5 扫描镜偏转角和时间的关系

由于 cos 函数角度在 -90°~+90° 时数值均为正，因此只考虑 a 角度大小即可，图 1-4 中的正负扫描角只用于区分扫描方向。根据扫描角与时间的关系可建立式(1-2)，其中扫描角速度为 ω，INT 为取整函数，式(1-2)计算的瞬时扫描角 a 与图 1-4 所示的扫描镜偏转角和时间的关系完全一致。

$$a = \omega t - \text{INT}\, \frac{\omega t}{2\beta} \times 2\beta \qquad (1\text{-}2)$$

根据机载单点激光 Z 字形扫描测距系统参数，如飞机飞行速度、水平扫描频率、激光测距重复频率可建立激光脚点平面模型。如图 1-6 所示，激光扫描起始位置位于最右边，每一个红点位置表示激光雷达探测脚点的水平二维坐标。若是初始位置和扫描方向变化，只需对激光脚点航迹做整体平移即可。该模型的优点是简单、快捷，后期数据按照增量式拼接，数据处理只与时间建立关系；缺点是整个点云数据处理的过程中都没有涉及绝

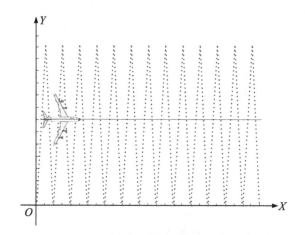

图 1-6 机载单点激光 Z 字形扫描测距激光脚点平面模型

对坐标(WGS-84 坐标)，只通过理想化情况推演机载激光脚点相对坐标，且只能进行单次扫描建模(由于没有绝对坐标不能进行多次扫描重叠数据之间的复杂配准、拼接)。上述机载单点激光 Z 字形扫描测距系统增量式距离成像模型，假设飞机飞行速度及方向稳定，即机载扫描参考坐标系只相对飞机飞行方向做平行于地平面的平移运动，但实际的测量过程是不确定的，为了更好地复现被测量地区地面地形特征，许多专家学者采用基于 POS 的机载激光测距系统坐标转换模型，以被测量点激光脚点绝对坐标进行数据配准，实现更为精确的数据拼接和绘图效果。POS 系统包含的 GPS 和 IMU 这两项核心技术受国外技术限制，我国机载激光扫描系统发展缓慢、地面分辨率较低，虽然我国现在已经发展了北斗卫星导航系统，不过在高精度惯性导航应用方面仍然与国外有不小的差距。

1.6.2 线阵激光推帚式成像模式

由于常见的单点脉冲式激光测距需要机械扫描装置才能实现一个面的扫描测距，且需要从上至下、从左至右往复扫描。受制于机械扫描速度限制，虽然激光器的重复发射频率可达到 30 万赫兹，但是对于目标面扫描成像速度依然较慢，且不能对移动目标快速监测。针对点激光的机械扫描问题，许多学者采用分光处理研究多点激光共线测距方法，即线阵激光测距系统。如图 1-7 所示，这一测距方式改变了传统的上下、左右往复扫描方式，采用垂直于激光线阵方向的推帚式扫描，即可完成对整个目标面覆盖(黎明焱，2016)。

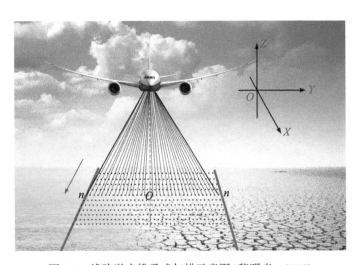

图 1-7 线阵激光推帚式扫描示意图(黎明焱，2016)

线阵推帚式激光测距系统可以看做是单点脉冲激光测距系统的一种改进，所以其距离成像几何模型与机载单点激光 Z 字形扫描测距系统类似。通常线阵激光测距系统需要有载体进行垂直于线阵激光方向推帚运动，下文中我们以机载平台作为载体进行讨论。

假设线阵激光测距系统包含 $2n + 1 (n \geqslant 1)$ 个点激光束(一般采用点激光进行分光)，且线阵激光关于机载扫描坐标中心对称，即左右各 n 个单点激光束。如图 1-7 所示，从左到右所有激光束发射点均匀分布成一条线，这正是机载点激光扫描测距的一种特殊情况（飞机半个扫描周期内停止飞行，单点激光从左到右扫描测距的情况）。不过线阵激光测距系统利用多光电感器和激光器分光实时测距的优势，瞬间完成横向多点距离测量，与机载单点激光 Z 字形扫描测距系统类似，对于线阵激光测距系统点云的处理也可以采用相对坐标增量式以及基于 POS 的绝对坐标数据配准、拼接方式。

考虑到增量式数据拼接只是简单的数据累加，对数据的处理及还原度不高，所以不对该方法进行研究。对于采用绝对坐标的配准、拼接方式将在本书的后续章节进行详细分析、建模，因此本小节主要讨论如何实现瞬时横向多点正射测距的计算。

与式(1-2)类似，可以得出垂直距离转换公式：

$$h_i = r_i \times \cos a_i (i = 1, 2, \cdots, 2n + 1) \tag{1-3}$$

式中，h_i 表示从左到右第 i 个激光测距点距离激光发射位置的瞬时垂直距离；r_i 表示第 i 个测距点瞬时测距值；a_i 为第 i 个测距点激光束与飞机扫描参考坐标系 Z 轴反方向之间的夹角。

通过式(1-3)可以计算出 $2n + 1$ 个对应时刻线阵激光正射距离值 h，若将一段时间内相邻 t 次测距数据按时间关系进行排列，则可以得到一个 t 行 $2n + 1$ 列的二维数组，将该二维数组以行列均匀分布记为 XOY 面坐标，同时将对应位置距离 h 记为 Z 坐标。如图 1-8 所示，可绘制空间三维点云图像。

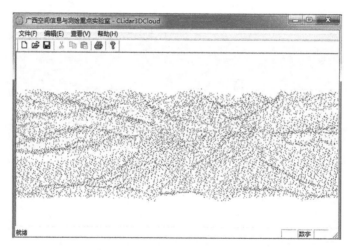

图 1-8　线阵三维点云图像

1.6.3　面阵激光成像模式

不管是点激光还是线阵激光都必须通过一定的扫描方式，才能实现对一个目标区域的测量。为了去除机械扫描、加快测距及成像速度，科学家们开始采用阵列光电传感器配合激光泛光照射，利用面阵光电传感器实现被测目标面所有激光脚点距离一次性测距完成。若是阵列足够的大则可实现一次照射获取整个测量区域高分辨率距离信息，Albota 等

（2002）更是将 APD 阵列置于盖革模式，以实现夜晚、微弱激光信号的测量。如图 1-9 所示，APD 阵列中每一个 APD 单元即一个像素元分别测量对应目标面上一点的距离信息，后数据处理系统依据 APD 阵列对应分布、距离数据绘制出彩色的三维目标面图像。

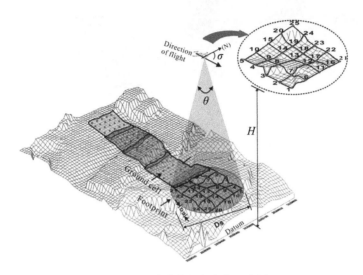

图 1-9　面阵激光距离成像示意图

与点激光扫描测距和线阵激光推帚式测距不同，面阵激光测距无需任何扫描装置，增大阵列即可借助激光泛光照射一次获取更多的目标面测距信息。由于该成像方式是在一瞬间完成所以可以实现对高速移动目标的瞬时成像，在军事侦察、夜间跟踪、导航方面有极大的应用价值。由于国内 APD 阵列生产工艺、集成技术并不成熟，又受国外 APD 阵列进口限制，目前我国对于 APD 阵列测距的研究还处于初级阶段。国内 APD 阵列大多为单APD 光线拟合阵列，电器性能差、阵列面小、集成度低。早在 2002 年美国林肯实验室就已经开始 32×32 的 APD 阵列成像实验研究，并提出短期内计划扩展到 128×128 阵列以获得更多的测距像素元，而国内的面阵激光测距研究由于 APD 阵列原因进展缓慢。

面阵激光测距系统可以看做是多个线阵激光的组合，或者是 $n \times n$ 个点激光的组合，因此与式(1-3)类似可以推算出面阵激光各 APD 像素元垂直距离转换公式：

$$h_{(i, j)} = r_{(i, j)} \times \cos a_{(i, j)}(i, j = 1, 2, \cdots, n) \tag{1-4}$$

式中，$h_{(i, j)}$ 表示目标面对应第 i 行、第 j 列测距点距离激光发射器瞬时的垂直距离；$r_{(i, j)}$ 表示第 i 行，第 j 列点的瞬时测距值；$a_{(i, j)}$ 为第 i 行、第 j 列测距点激光束与光学接收系统中心线之间的夹角。

通过式(1-4)可以计算出 $n \times n$ 个 APD 像元对应距离值，将 $n \times n$ 二维数据以行、列均匀分布，记为 XOY 面二维坐标，对应距离值 h 则记为垂直于 XOY 面的 Z 坐标值。如图1-10所示，可绘制出面阵激光测距系统三维点云图像。

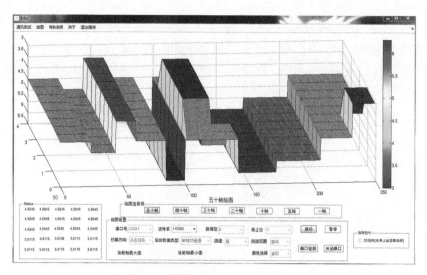

图 1-10　面阵激光测距系统三维点云图像(黎明焱，2016)

第 2 章　面阵激光雷达成像原理

本章首先介绍面阵激光雷达成像系统组成和工作原理。然后，介绍激光雷达探测类型、脉冲式和相位式激光测距的原理，并分析它们影响精度的因素。接着，比较和分析不同类型的光电探测器，尤其是 APD 探测器的优势、APD 探测器的工作原理和接收性能。通过比较和分析不同的时间间隔测量方法，得出数字测量法的突出优势。最后，比较和分析激光雷达一般距离方程和面阵激光雷达照明方式的优缺点，提出一种泛光照明方式下估算 APD 面阵激光雷达作用距离的方程。本章的理论分析，为 APD 面阵激光雷达的设计及其关键技术的实现提供重要指导。

2.1　面阵激光雷达成像系统组成

在本书第 1 章分析的基础上，我们采用直接测距体制，分别使用 APD 阵列芯片和光纤阵列耦合 APDs 两种方式作为核心阵列探测器研制两套 5×5 APD 面阵激光雷达成像仪，分别称为 APD 阵列激光雷达和光纤阵列激光雷达。基于 APD 阵列芯片研制面阵激光雷达，因其探测器和处理电路集成度更高将会比光纤阵列激光雷达紧凑小巧。对于研制基于光纤阵列的面阵激光雷达，原因主要有：

①目前国内不能研制 APD 阵列探测器，国外大面阵 APD 探测器属于禁运产品，然而光纤阵列成本低，像素具有扩展性，利于实现更大的阵列。在这种情况下，通过光纤阵列代替 APD 阵列芯片不失为一种好的替代方式。

②回波光信号通过光纤阵列再耦合进入 APD，有利于消除部分环境光噪声干扰。利用光纤的柔韧性，接收透镜和光纤阵列耦合的 APDs 可根据需要灵活布局，而单个 APD 阵列只能固定布局在接收透镜后端。

③根据光路可逆原理，可以很方便地从接收光学系统的每一个光纤输出端发射激光到探测目标调试激光雷达光路，通过这种调试可以为小型化的 APD 阵列激光雷达研制提供参考依据和经验，为此开展了两套 APD 面阵激光雷达的研制工作。

这两套面阵激光雷达成像仪除光纤阵列激光雷达的接收光学系统需要增加光纤阵列外，其他部分的组成基本相同，其组成框图如图 2-1 所示。该面阵激光雷达成像仪由 POS 子系统、主控制子系统和面阵激光雷达(包括发射子系统、接收子系统和时间间隔测量子系统)三大部分组成。位置姿态测量子系统由 GPS 接收机和姿态测量模块组成；主控制子系统由微控制器、计时器和存储器组成；面阵激光雷达子系统由脉冲激光发射模块、准直透镜、分光片、高速光电探测模块、接收透镜、滤波片、APD 阵列探测模块(或者光纤阵列探测模块)和多通道高精度时间间隔测量模块组成(Zhou et al.，2015)。

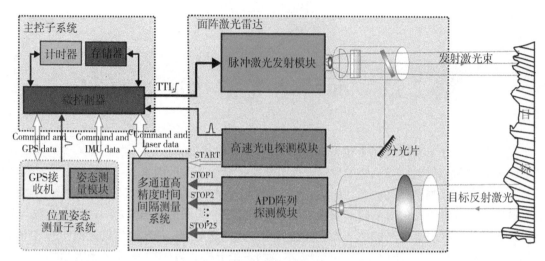

图 2-1　面阵激光雷达成像仪组成框图

面阵激光雷达成像系统的一般工作原理为：

①当微控制器收到 GPS 接收机产生的秒脉冲（Pulse Per Second，PPS）信号后，触发计时器开始计时。

②微控制器读取 GPS 接收机的位置信息和协调世界时（Universal Time Coordinated，UTC）并保存在存储器中，接着控制姿态测量模块工作，读取其输出的姿态信息并加上时间同步标签保存到存储器。

③微控制器控制外围驱动电路输出 TTL 电平，触发脉冲激光发射模块发射激光，发射出的激光经过准直透镜准直后通过分光片产生两路激光信号。反射的小部分激光通过全反镜进入高速 PIN 光电探测模块产生开始信号和激光发射时刻的监视信号，并分别输入到多通道高精度时间间隔测量模块的 START 端和微控制器的中断口；透射的大部分激光经扩束发射透镜照射目标，随后目标反射回来的激光经接收透镜聚焦，然后通过滤波片会聚到 APD 阵列探测模块产生 N^2 路停止信号，这些停止信号分别输入多通道高精度时间间隔测量模块的 N^2 个 STOP 端，多路高精度计时得到的 N^2 路时间数据通过 USB 接口传输到微控制器，再由激光测距公式转化为代表一个矩形区域的 N^2 个距离值，加上时间同步标签后保存到存储器中。

④重复步骤②和步骤③的工作，直到获取整个成像区域的原始三维信息。

⑤待遥感平台降落地面经数据后处理，生成精确的三维图像。

2.1.1　主控子系统

主控制子系统由微控制器、计时器、存储器和上位机软件组成。微控制器作为面阵激光雷达系统的控制中心，在 PPS 信号的触发下启动该系统工作。当微控制器控制计时器计时后，读取 GPS 接收机的位置信息，控制姿态测量模块工作并读取其姿态信息，触发脉冲激光发射模块发射激光，在读取多通道高精度时间间隔测量模块时间数据后，将其转化为距离信息，把这三种信息加上时间同步标签保存在存储器中。存储器为轻巧型大容量存储器，用于存储本测量系统采集的数据。计时器在微控制器收到 PPS 信号后即开始计时，记录 GPS 接收机定位、姿态测量模块测姿、脉冲激光发射模块发射激光这三个时刻的时差，并把时差作为三者时间同步标签，以 GPS 接收机提供的 UTC 时间为基准将它们采集的数据统一到 UTC 时间上，从而达到同步的目的。

主控子系统上位机软件功能示意图如图 2-2 所示，上位机软件主要包括系统控制、状态显示和接收数据查看。系统控制主要包括控制激光雷达的启停工作、控制激光器的开启和关闭；状态显示主要包括激光器的工作状态和数据接收的状态；接收数据查看主要是用于打开接收测试数据和查看接收数据正确与否。

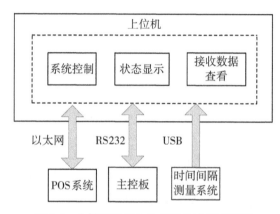

图 2-2　主控子系统上位机软件功能示意图

2.1.2　发射子系统

发射子系统主要由脉冲激光光源、发射光学系统和取样电路即高速光电探测三个模块组成，其组成框图如图 2-3 所示。在外部触发信号的作用下，脉冲激光模块按照一定的触发频率发射脉冲激光信号，通过发射光学系统将激光准直为满足探测目标要求的发射角，再由分光片将激光分成比例悬殊的两束激光，较小的部分送给高速光电探测模块产生 Start 信号，较大的部分照射目标。发射子系统设计的主要指标有：脉冲激光源的峰值功率、脉冲激光半峰脉宽、光学系统发射效率、发散角、分光比等。从激光雷达距离方程可以看到，光电探测器接收到的回波信号功率与发射子系统照射目标的光功率成正比，所以当发射子系统照射目标的光功率越大时，光电探测器上接收到的回波信号就越强，其探测距离就越远。为此，在设计发射子系统时，其各指标要尽可能做到最优值。

Start 信号是多通道时间间隔测量子系统和多路激光往返飞行时间的公共起始信号。作为激光发射的标志，激光测距精度非常重要。常用的开始信号来源有两种方式：一种是从激光发射模块的触发信号中分出一路作为 Start 信号，这种方式的优点是简便、无需额外的探测电路和分光片；另一种是将当激光发出后通过高速光电探测模块探测发射激光并处理输出的脉冲信号作为 Start 信号。第一种方式虽然实现起来容易、简便，但是考虑到

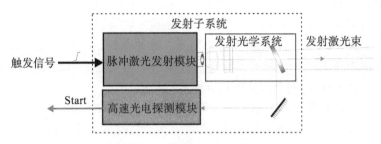

图 2-3　发射子系统组成框图

脉冲激光模块从 TTL 电平触发到发射激光脉冲信号的延时不确定性，会引起较大的测量误差，因此该方式满足不了高精度的测距要求。第二种方式是探测激光模块发射出的激光信号，所以能够准确的确定激光的发射时刻点。但设计时必须注意到两点：一是为了让尽可能多的激光照射到目标，充分利用激光光源提高探测距离，分光片要保证能够分成比例悬殊的两束激光；二是光电探测处理电路可能存在不确定的延时。对于第一个问题，我们可以采用分光片将准直的激光分成反射和透射的两束激光，再通过调整分光片与发射激光使其有合适的角度，即可得到 5∶95 的反射和透射激光，再镀上增透膜可以达到更加悬殊比例，比如 1∶99。对于第二个问题，光电探测模块必须采用高速光电探测器和精确的时刻鉴别方法，使延时不确定性降低到最小。该高速光电探测电路类似接收子系统 APD 阵列探测处理电路的一个通道，其也无需额外的研制高速光电探测电路板，最终确定采用方式二获取 Start 信号。此高速光电探测电路的具体实现与第 5 章光纤阵列探测处理电路单通道的研制类似。

2.1.3　接收子系统

　　接收子系统是确定 APD 面阵激光雷达仪主要性能的核心部件之一，它主要由接收光学系统和探测处理系统组成。本书所列举的两套激光雷达成像仪主要区别也是体现在接收子系统部分。光纤阵列激光雷达接收子系统主要由接收光学系统、光纤阵列、25 个单点 APD 探测器、并行放大电路和时刻鉴别电路组成，如图 2-4(a)所示。其工作过程是：从目标反射的激光回波经接收光学系统汇聚到 APD 阵列探测模块中的 5×5 光纤阵列，然后通过光纤分别耦合到 25 个单点 APD 探测器的光敏面上，该 25 个并行的 APD 探测器将激光回波信号进行光电转换输出微弱电流信号，再经 25 路并行放大电路及时刻鉴别电路处理后，输出 25 路数字信号作为 Stop 信号。APD 阵列激光雷达接收子系统主要包括接收光学系统、5×5 APD 阵列、并行放大电路和时刻鉴别电路，如图 2-4(b)所示。其工作过程与光纤阵列激光雷达接收子系统的主要区别在于从目标反射的激光回波经接收光学系统直接汇聚到 5×5 APD 阵列探测器 25 个光敏面上，其他过程基本相同。

2.1.4　POS 子系统

　　POS 系统主要包含用于测量激光雷达成像仪中激光信号发射器在 WGS-84 坐标系里的

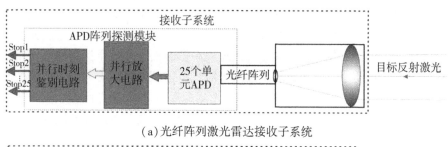

（a）光纤阵列激光雷达接收子系统

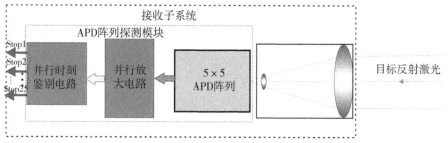

（b）APD 阵列激光雷达接收子系统

图 2-4　接收子系统

空间位置信息以及用于测量激光光束的姿态角的 INS 信息。GPS 定位传感器能够实时提供激光雷达成像仪的精确位置信息，INS 姿态传感器能够实时提供激光雷达成像仪的三个姿态角（pitch、roll、yaw）信息。根据定位信息、姿态角信息和激光测距信息，经过坐标转换等一系列数据处理，就可以获得地面激光脚点三维坐标信息。定位信息、姿态角信息、测距信息等相关数据在测量时必须保持同步，只有保证在同步条件下，才能获取高精度的地面真实三维坐标。POS 系统工作示意图如图 2-5 所示。

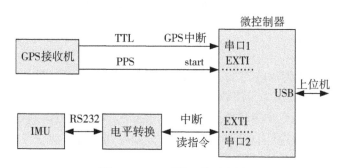

图 2-5　POS 系统工作示意图

2.2　非相干探测的激光雷达测距原理

激光雷达的探测方式可以分为相干探测和非相干探测两种类型（戴永江，2010；熊辉丰，1994）。相干探测是利用接收到的回波信号与本振激光信号在探测器光敏面上实现光混频，混频得到的差频反映了光场探测信息，这种方式要求发射激光光源有比较高的相干性；非相干探测是把接收到的激光回波信号利用光电效应直接转换为与接收光功率成正比的电信号，光频率和相位等信息在光电转换过程中被舍去。非相干探测的激光雷达对光源要求低，结构比较简单，该探测方法是常用的激光雷达探测类型。非相干探测的激光雷达成像仪按照测距体制主要可分为：脉冲式激光测距和相位式激光测距（熊辉丰，1994）。下面将详细介绍脉冲式激光测距和相位式激光测距的原理及两者之间的区别。

2.2.1　相位式激光测距原理

相位式激光测距，是把经过调制的连续激光通过发射器发射到目标，再测量回波激光信号与发射激光信号之间的相位变化，从而得出距离信息（巢定，2010）。根据光强计算公式，设起始处时刻 t_0 发射的光强为：

$$I_0 = A\sin(\omega t_0 + \phi_0) \tag{2-1}$$

经过传播后，由目标返回到探测器时刻的调制光强为：

$$I_1 = B\sin(\omega t_0 + \omega t_{2d} + \phi_0) \tag{2-2}$$

根据式（2-1）和式（2-2），得出光传播前后小于一个周期的相差为：

$$\phi = \omega t_{2d} = 2\pi f t_{2d} \tag{2-3}$$

根据式（2-3）得到对应的时间差为：

$$t_{2d} = \frac{\phi}{2\pi f} \tag{2-4}$$

基于式（2-4），再将整数个周期的时间考虑进去，即可得到测距时间为：

$$t = t_{2d} + NT = \frac{\phi}{2\pi f} + NT = \left(N + \frac{\phi}{2\pi}\right)\frac{1}{f} \tag{2-5}$$

将式（2-5）代入激光测距基本公式 $R = \frac{1}{2}ct$ 中，我们得到：

$$R = \frac{1}{2}ct = \frac{c}{2f}\left(N + \frac{\phi}{2\pi}\right) \tag{2-6}$$

式中，c 为激光在空气中传播的速度；ϕ 为经过被测路程 L 所形成的小于一个周期的相位差；f 为信号的调制频率；N 为自然数。

由式（2-6）可知，只要能检测得到信号之间的相位差，就可以确定距离值 R。同时，从式（2-6）可看到当相位差大于整数个周期时，还需要知道自然数 N，但是 N 无法直接确定，因此以下只讨论当 $N=0$ 情况下的距离计算：

$$R = \frac{c\phi}{4\pi f} \tag{2-7}$$

从式（2-7）中可以看到，测距精度由光速 c、调制频率 f 以及测得的相位差三个参数决定。其中 c 可以按照光在真空中的传播速度计算，它的误差影响可以忽略。调制频率的稳定性以及相位的精确测量直接影响测距精度。相位法的测量精度，可以达到毫米级，但是这种方法实现复杂，发射激光需要采用连续波进行调制，对激光功率要求高，而且通常其测距对象只适合合作目标(乔晓峰, 2010)。

2.2.2 脉冲式激光测距原理

脉冲式激光测距就是以脉冲光信号为主动光源,从发射光信号开始启动计时至收到回波激光信号停止测时,即直接测量激光往返传播的时间间隔。脉冲式激光测距公式,即激光测距基本公式(王雪祥, 2009)为:

$$R = \frac{1}{2}ct \qquad\qquad (2\text{-}8)$$

式中,R 为被测目标距离;c 为光在空气中的传播速度;t 为激光往返传播一次所需的时间。从式(2-8)可以看到,脉冲式激光测距精度由时间测量精度决定,这个时间的精确测量包括精准的时刻鉴别和精确的时间间隔测量两个方面。其中精准的时刻鉴别由光电探测处理电路来保障,精确的时间间隔测量则由时间间隔测量电路保证。由于脉冲式激光测距所发射的激光只是一个持续时间很短的光脉冲,故平均功率极少,而峰值功率可以很大,因此有比相位测量距离更大以及对激光器光源要求低的优点,更适合作为面阵激光雷达的测距方式(乔晓峰, 2010;王雪祥, 2009)。

脉冲式激光测距的原理如图 2-6 所示。由激光发射系统发出一个持续时间极短的脉冲激光,经过待测距离 R 之后,被目标物体反射,反射脉冲激光信号被激光接收系统中的光电探测器接收,时间间隔电路通过计算激光发射和回波信号到达时两者之间的时间 t,即激光脉冲从激光器到目标物体之间的往返时间,得出目标物体与激光发射处的距离 R 为:$R = ct/2$。由距离计算公式可以看出,脉冲式激光测距的测量精度与脉冲发射到脉冲接收之间的时间差测量的精度有关(王建波, 2002)。光速 c 的精度依赖于对大气折射率 n 的测定,由折射率测定而带来的误差约为 10^{-6},因此对于短距离脉冲激光测距来说(几千米以内),折射率产生的误差可以忽略不计。

激光测距系统的精确度主要依赖于激光脉冲的上升沿、接收通道的带宽、探测器的信噪比(峰值信号电流与噪声电流均方根值之比)和时间间隔测量精确度。以上主要是从激光传播时间 t 出发来考虑距离 R 的精度,其中关键是如何精确稳定地确定起止时刻和精确测量,它们各自对应的是时刻鉴别单元和时间间隔测量单元。

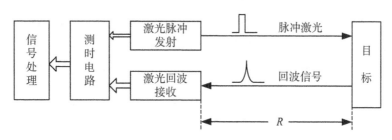

图 2-6　脉冲式激光测距原理示意图(余鑫晨, 2012)

脉冲式激光测距简单来说就是针对激光的传播时间差进行测距,它是利用激光脉冲持续时间极短,能量在时间上相对集中,瞬时功率很大的特点进行测距的。在有合作目标时，可以达到很远的测程；在近距离测量时（几千米以内），即使没有合作目标，在精度要求不高的情况下也能进行测距（倪志武，2010）。目前脉冲式激光测距方法应用广泛，如地形测量、战术前沿测距、导弹运行轨道跟踪、激光雷达测距、人造卫星、地球到月球距离的测量等。

2.2.3　两种测距方式的比较分析

相位法与脉冲法是两种主要测距方式，两种测距方式在不同的工作场合和在不同的精度要求下，各有自己的优缺点。

一般而言，相位式激光测距方式的分辨率比脉冲式激光测距方式要高，但是脉冲式激光测距却有以下几项优点：

①在相同的总平均光功率输出的条件下，脉冲式激光测距可测量的距离远比相位式激光测距要长。这是因为脉冲激光通常可以有很高的瞬间输出光功率，使较远处的目标物仍能反射回足够被检测到的光信号强度。

②测距速度较快，脉冲式激光测距只需要收到回波脉冲信号，即结束计时，所以当采取某种计时方式时，其单次测量所需要的时间非常短。反之，由于相位法所测量的是两个"连续信号"间的相对相位差，因此在测量时间上也比较费时，这对于一些高频测距系统而言是一项不利因素。

③不需要合作目标，隐蔽和安全性能好。相位式激光测距通常需要在目标物处放置反射镜等装置，来提高回波功率，而脉冲式激光测距有很高的瞬时功率，不需要目标有合作性，这在很多应用环境下是非常重要的，特别是军事用途。另一个方面，脉冲式激光测距由于是瞬时发射激光脉冲，其隐蔽性和安全性均较高。

通过前面的介绍和分析，在既要保证测程又要提高精度的情况下，我们的面阵激光成像仪采用脉冲式激光测距。

2.3　光电探测器工作原理及 APD 接收性能分析

2.3.1　光电探测器及光电二极管工作原理

光电探测器是利用光电效应把入射的光信号转换为易于测量的电信号的器件，是激光雷达最核心的器件之一。光电探测器的质量对光电探测电路的性能有非常重要的意义。光电探测器可分成三大类：第一类是以光电管、光电倍增管（Photo Multiplier Tube，PMT）为代表的光电发射型（或者光生电流型）；第二类是以光敏电阻、光导管、电荷耦合原件（Charge Coupled Device，CCD）为代表的光电导型；第三类是以 PIN 探测器、APD 探测器为代表的光生伏特器件（或者光电压型）。在直接测距型激光雷达方面采用的探测器主要有 PMT、PIN、APD 三种（李密等，2011）。PMT 的优点是响应速度快、噪声较低、增益极高等，但它是电真空器件，结构不牢固、体积较大，需要很高的偏置电压才能工作；PIN 光电探测器的突出优点是响应速度快、反向偏压要求低，但其自身并无增益等特点；APD 是一种高灵敏度的光电探测器，优点是响应速度快，具有载流子倍增效应，且所需的偏置电压和体积远小于 PMT 等特点。

1. 光电二极管工作原理

普通二极管在反向电压作用时处于截止状态，只能流过微弱的反向电流；光电二极管在设计和制作时尽量使 PN 结(掺杂本证半导体)的面积相对较大，以便接收入射光。PN 结的结深很浅，一般小于 1μm。光电二极管是在反向电压作用下工作的，没有光照时，反向电流很小(一般小于 0.1 微安)，称为“暗电流”(刘建朝，2007)。当有光照时，携带能量的光子进入 PN 结后，把能量传给共价键上的束缚电子，使部分电子挣脱共价键，从而产生电子-空穴对，称为“光生载流子”(李艳华，2010)。它们在反向电压作用下参加漂移运动，使反向电流明显变大，光的强度越大，反向电流也越大，这种特性称为“光电导”。光电二极管在一般照度的光线照射下，所产生的电流叫“光电流”。如果在外电路上接上负载，负载上就获得电信号，而且这个电信号随着光的变化而相应变化。从电路的观点来看，光电二极管可以看作是一个高内阻的电流源和理想二极管的并联。

APD 是在反向的偏置高压下工作的光电压型探测器，当有光照射到 APD 的光敏面上时，由于受激光吸收而在器件内产生出光生载流子。在外加反向高压电场的作用下，APD 内部的 PN 结形成了一个高场区，光生载流子经过时被加速并获得了很大的动能，然后撞击晶格原子，使晶格中的原子产生新的电子-空穴对，这些新生的电子-空穴对在电场作用下加速后继续撞击其他的原子。如此反复进行，使电子-空穴对数目急剧增加，致使电流不断增大，形成所谓的雪崩倍增效应。从而产生出大量的载流子，并一起运动到电极，当外部电路闭合时，外部电路中就会有电流流过，从而完成光电变换过程(邓大鹏等，2009)。

2. 光电探测器类型的选择

在激光雷达系统中，我们需要精确测量激光脉冲的飞行时间，所以对光电探测器的响应时间有很高的要求。根据获取的激光信号，我们需要探测的是高重频、窄脉宽和微弱的激光信号。因此，选择的探测器灵敏度要强，响应速度要足够快。考虑到光学功率、带宽和放大器结构的影响，以及接收器件的噪声较大，一般在测距时选用 APD 光电探测器(王秀芳，2006)。

图 2-7 描述了 PIN、APD 光电探测器的信噪比与输入信号功率的关系。从图 2-7 可以看出：PIN 和 APD 在输入功率为 1mW 时，信噪比相近；而对于 1mW 以下的弱光信号的探测，APD 的信噪比比 PIN 明显高出很多。另外，PIN 管抗外部干扰性较差，动态响应范围小。在脉冲激光雷达系统中通常要求光电探测器有能力接收微弱的回波信号，所以说 APD 是激光雷达接收系统的理想选择。

2.3.2　APD 探测器输出的信号光电流

当不考虑雪崩增益时，APD 光敏面接收目标的回波信号所形成的光电流为(徐啟阳等，2002)：

$$i_{st} = \frac{e\eta_e P_r}{hv} \tag{2-9}$$

式中，P_r 为 APD 光敏面接收到的回波光功率；e 为一个电子的电荷量；v 为接收光的频率；h

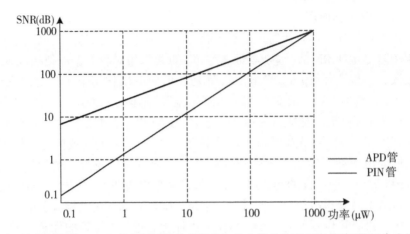

图 2-7　PIN 光电探测器、APD 光电探测器的信噪比与输入信号功率之间的关系图 (余鑫晨, 2012)

为普朗克常数; η_e 为 APD 探测器的量子效率。从式 (2-9) 可知, 在入射光功率不变的情况下, 量子效率 η_e 越高, 则 APD 探测器灵敏度越高。考虑 APD 探测器的雪崩倍增效应时, APD 探测器输出的信号光电流为:

$$i_{so} = Mi_{st} = \frac{e\eta_e P_r M}{hv} \tag{2-10}$$

式中, M 为 APD 的电流增益, 它的取值与 APD 的反向偏压密切相关。根据相关实验, 其结果证明: M 随反向偏压, 即 APD 的工作电压 V 的变化函数可近似地表示为 (申铉国和张铁强, 1994):

$$M = \left(1 - \frac{V}{V_B}\right)^{-n} \tag{2-11}$$

式中, V_B 为 APD 探测器的击穿电压; n 通常的取值为小于 3 的非零自然数, 它的取值与 APD 接收到的激光波长及其结构关联。我们定义 APD 光电流与光功率之比为倍增后的响应度, 记为 R_i, 则 APD 探测器输出光电流的另一种表述形式为:

$$i_{so} = R_i P_r \tag{2-12}$$

通常 APD 光电探测器的生产商不提供用户 n 值的大小, 只在其器件手册中给出某一温度下增益 M 随 V/V_B 变化的曲线图以及 APD 电流响应度大小, 图 2-8 为 Pacific Silicon Sensor 公司生产的型号为 AD500-8-TO52S2 的 APD 探测器 M 曲线图, 从该 APD 的数据手册可知在 900nm 处的电流响应为 34A/W 左右。

根据式 (2-10) 和普朗克常数值、电荷量值、光速 c 的值以及 $v = \dfrac{c}{\lambda}$ 的关系式, 我们可以得到另一种表征 APD 响应度的公式:

$$R_i = \frac{e\eta_e M}{hv} = \frac{\eta_e M \lambda}{1.24} \tag{2-13}$$

式中, λ 为以 μm 为单位的探测器响应波长。当量子效率和增益固定时, APD 响应度 R_i 与波长成定量关系。对于一个确定波长的光电变换系统，为了获得最佳的光电探测灵敏度，要尽量选择与激光光源匹配波长的 APD 探测器。

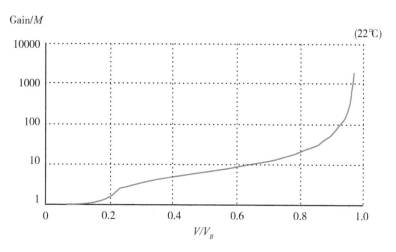

图 2-8　型号为 AD500-8-TO52S2 的 APD 探测器增益与偏置电压的曲线图(Pacific Silicon Sensor Inc.，2009)

2.3.3　APD 的噪声和探测信噪比的分析

APD 探测器的噪声主要包括暗电流噪声和雪崩增益过程产生的倍增噪声。APD 的暗电流有体内暗电流和表面暗电流两种，其中前者的值远大于后者，这是由于体内暗电流需要经过雪崩增益过程。我们通常所指的暗电流也是指其体内暗电流，它受温度的影响很大，其值随着温度的增大而急剧增加。APD 的噪声主要由倍增噪声决定，这种噪声主要是由于 APD 光敏面上接收光信号后所形成的载流子数量的随机性引起的。随机性致使增益只能是一个统计平均值，相应的 APD 探测器倍增噪声也只能用一个随机函数加以描述。APD 探测器所处的工作条件、采用的材料类型等因素与其倍增噪声密切关联，根据邓大鹏等(2009)的研究结果，APD 探测器的总均方噪声电流可以表示为：

$$\langle i^2 \rangle = 2e\big[I_1 + (I_{p0} + I_2)FM^2 \big]B \tag{2-14}$$

式中，e 为一个电子的电量；B 为噪声宽带；M 是平均增益；I_1 和 I_2 分别为 APD 的表面暗电流和待倍增的暗电流；F 为增益噪声系数。增益噪声系数与平均增益的关系为(邓大鹏等，2009)：

$$F = kM + \left(2 - \frac{1}{M} \right)(1 - k) \tag{2-15}$$

式中，k 是空穴和电子的电离系数比。当增益不是很大时，通常为了方便，在实际的应用中，常用增益噪声指数 F 的大小表示为：

$$F \approx M^x \tag{2-16}$$

式中，x 为增益噪声指数。对于 Si-APD、Ge-APD、InGaAs-APD 不同材料的 APD，x 的取值分别为 3.0~0.5、0.8~1.0、0.5~0.7(邓大鹏等，2009)。根据 x 的取值范围，我们可以

知道，由 Si 材料制作的 APD 噪声较小。

由于 APD 探测器具有雪崩增益，无论是所需探测的回波信号，还是 APD 本身的噪声，都会随着 APD 增益的增大而得到放大。所以增益并非越大越好，这就要求我们找出一个最佳的取值点。实际上，当探测模块具有最大信噪比时，对应的增益即为最佳增益。

2.4　时间间隔测量原理和方法

时间间隔是指两个时刻之间的持续时间（孙杰和潘继飞，2007）。在直接测距方式的激光雷达中，时间间隔就体现为脉冲激光往返的飞行时间。因为假如激光以光速产生 1ns 的测量误差时，就会导致 ±15cm 的测距误差，所以精确的时间间隔测量是目前研究的一个领域。对于高精度的时间间隔测量方法可以归纳为：以直接计数法为基础，利用插值原理的模拟转换法和数字转换法，下面分别描述。

2.4.1　直接计数法和插值原理

直接计数法是最简单的计时方法，它是通过记录两个待测脉冲信号之间的所有整数个时钟周期数，从而得出时间间隔值。它的测量精度由计时器的时钟频率决定。原理误差为一个量化的时钟周期，100 皮秒的测时分辨率就需要 10GHz 的时钟频率，可见这种方法很难实现高精度的测量要求，必须采取措施克服其原理误差。插值法就是为解决其测量误差而出现的，它是把所需测量的时间间隔分成整数个时钟周期的"粗时间"和非整数周期的"细时间"，分别测量得到比较精确的时间间隔值（孙杰和潘继飞，2007）。插值法原理示意如图 2-9 所示。

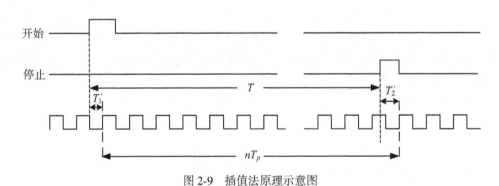

图 2-9　插值法原理示意图

从图 2-9 可以看出：时间间隔测量值由 3 部分计算得到，即整数个基准时钟周期的 nT_p、开始信号启动至其后第一个基准时钟前沿的间隔 T_1'、停止信号前沿至其后第一个基准时钟上升沿的间隔 T_2'。其公式可以表示为式（2-17），由此可以得到精度优于一个时钟周期的时间间隔测量。

$$T = nT_p + T_1' - T_2' \tag{2-17}$$

2.4.2 模拟转换法

模拟转换法包括时间间隔扩展法和时间幅度转换法(徐伟, 2013)。时间间隔扩展法早在真空管时代就已有用到过,如图 2-10 所示。它的原理是利用高速开关,用大恒流源 I_1 以很快的速度完成充电,再用小恒流源 I_2 缓慢的完成放电(季育文, 2009)。因为 I_2 比 I_1 小许多,所以充电时间 T_1 远小于放电时间 T_2。由此可见,这种测量方法是利用电容充放电时间长短不同,放大测量时间以达到时间间隔的高精度测量。

充放电流值 I_1 和 I_2 为 k 的比例因子,其中 k 可以看做时间的放大倍数,将电容充放电时间看做是对应比例的线性过程,就可以得到扩展后的时间和待测量时间的关系: $T_2 = kT_1$。这种方法需要理想的恒流源,但是实际上温度的改变、电压的波动都会影响恒流源电路,会导致非线性难以控制。另外,其测时精度由充放电比例决定,精度要求越高其转换时间就越长,这也影响测量时间间隔所需的时间。为克服这两方面的问题,人们提出了如图 2-11 所示的时间幅度转换法。这种方法与时间间隔扩展法的区别是:该方法把放电电流源用高速模拟数字转换电路和复位电路替代(袁堂龙, 2008),这是因为 AD 转换时间与充电时间在同一数量级,所以这种方法能有效地减少转换时间,同时减少一个电容放电的过程,因此测时的非线性能够得到较好的改善,但是这两种方法都是基于模拟处理过程的模拟方法,不便用数字电路来实现。

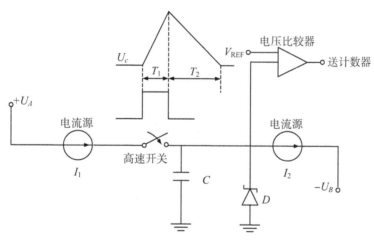

图 2-10 时间间隔扩展法原理示意图

2.4.3 数字转换法

高精度的时间数字测时方法主要有游标法、抽头延迟线法和差分延迟线法三种类型(杜保强和周渭, 2010),它们都利用了插值原理。游标法可以看做是一种数字扩展法,其工作原理类似于游标卡尺。它用到了主频率 f_{01} 和游标频率 f_{02} 两种时钟,设定 $f_{01} > f_{02}$,它们的周期差值 $\Delta T_0 = T_{02} - T_{01}$ 极小,详细的测量原理参考书籍(郭允晟等, 1989;吴守贤等, 1983),这里直接列出结论:

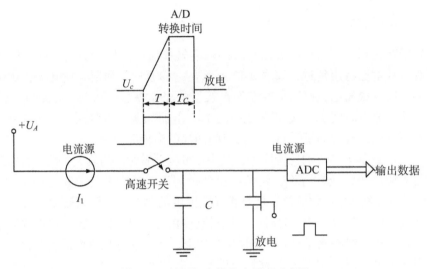

图 2-11　时间幅度转换法原理示意图

$$\begin{cases} T_1 = N_1 \Delta T_0 \\ T_2 = N_2 \Delta T_0 \end{cases} \tag{2-18}$$

定义扩展系数：

$$K = \frac{T_{01}}{\Delta T_0} = \frac{T_{01}}{T_{02} - T_{01}} \tag{2-19}$$

则

$$T_x = (N_0 K + N_1 - N_2) \frac{T_{01}}{K} \tag{2-20}$$

式中，N_0 为主计数值；$K = \dfrac{T_{01}}{T_{02} - T_{01}}$ 为扩充比例数；T_1 和 T_2 分别是起始停止脉冲附近的非整数周期时间；N_1 和 N_2 分别为测量 T_1 和 T_2 的游标计数值；T_{01}、T_{02} 分别为主时钟和游标周期。假定 $T_{01} = 1\mathrm{ns}$，$T_{02} = 1.01\mathrm{ns}$，则 $K = \dfrac{T_{01}}{T_{02} - T_{01}} = \dfrac{1}{0.01} = 100$，这意味着游标计数器的测时分辨率为 100ps。

使用游标法进行时差测量，理论上有极高的测量精度，但是难以解决以下几个问题：一是要求主从时钟频率的 f_{01}、f_{02} 稳定度很高。二是为了达到高分辨率，主从时钟频率要极其接近，从而要求两个时钟电路屏蔽，避免无法正常工作。三是要达到高的精度测量，要求电路有很高的处理速度。

集成电路的发展促进了抽头延迟线法和差分延迟线法的发展。抽头延迟线法是由一组在理论上传播延时都为 τ 的延迟单元组成，停止信号 Stop 对开始信号 Start 在延迟线中的传播进行采样实现时间间隔测量。抽头延迟线法一种典型的结构如图 2-12 所示。

图 2-12 这种结构的抽头延迟线法，是由一个延迟时间为 τ 的单元和一个上升沿触发器 FF(Flip-Flop)配合使用组成的。当量测时刻开始时，先由开始信号的上边沿在延迟线

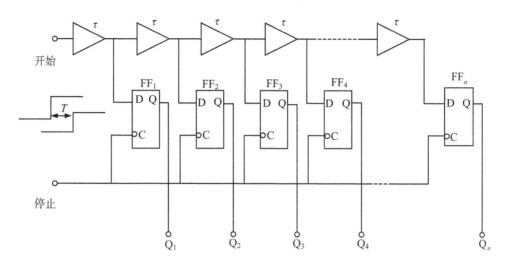

Q—输出端；D—输入端；C—时钟；T—时间间隔

图 2-12 抽头延迟线法结构

中传播，待量测时刻结束时，用停止信号的上边沿对触发器进行采样。以 FF 为高的最高位位置就决定了测量的结果，再通过译码电路实现时间的测量。这种抽头延迟线法，没有用到模拟过程，是纯粹的数字实现过程，所以也称为"时间数字转换，即 TDC（Time-to-Digital Converter）"，但是该方法要求作为触发器时钟的停止信号的时滞很小，并且需要配合锁相环（Phase Locked Loop，PLL）或延时锁定环（Delay-Locked Loop，DLL）技术，以保证达到持续稳定的精确测量。

差分延迟线法由时延有细微差别的两组延迟线构成，由于该方法的工作原理类似于游标法工作原理，所以这种由抽头延迟线法演变而来的方法也被称为"游标延迟线法"。该方法应用较多的一种结构如图 2-13 所示。从图 2-13 可以看出：它分别采用延时为 τ_1 和 τ_2 的两个专用的延迟线组，再加一个触发器组组成，这种结构系统的分辨率满足：$\tau = \tau_1 -$

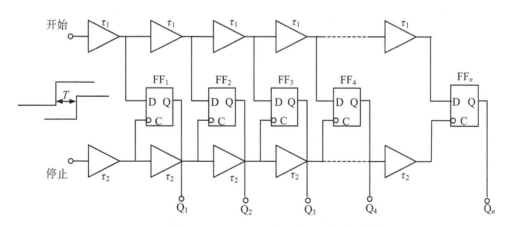

Q—输出端；D—输入端；C—时钟；T—时间间隔

图 2-13 差分延迟线法结构

τ_2，延迟线时延比较容易达到皮秒分辨率。这种由两个延迟线组成的差分延迟线法可以达到极高的测量分辨率，但是这种方法结构比较复杂，如要实现多通道的并行测量有较大的困难。

2.4.4　三种类型的时间间隔测量方法比较分析

三种类型的时间间隔测量方法以及对应的特点比较如表 2-1 所示。

表 2-1　　　　　　　　　　　三种类型的时间间隔测量方法的比较

分类	名称	主要特点
直接计数法	脉冲计数法	测量方法简单，但分辨率通常只有纳秒级，不适合高精度的应用
模拟转换法	时间间隔扩展法	受转换时间制约，非线性较大，不常用
	时间幅值转换法	非线性依然存在，难以集成
数字转换法	游标法	受振荡器的稳定度影响大，技术复杂，成本高
	抽头延时线法	纯数字化，易集成，配合 PLL 或者 DLL 技术可达到高精度测量
	差分延时线法	纯数字化，易集成，结构比较复杂，不便于多通道集成

从表 2-1 可以看出，抽头延迟线法具有纯数字化、易集成的特点，且能达到高精度测量，可见是比较理想的时间间隔测量方法。

2.5　面阵激光雷达测距原理

2.5.1　激光雷达测距方程

假定某一面元 S 为朗伯面，I_0 和 I_β 分别为朗伯面法线 OT 方向以及与 OT 方向成 β 角的 OA 方向上的发光强度，如图 2-14 所示，则 I_β 和 I_0 满足：

$$I_\beta = I_0 \cos\beta \tag{2-21}$$

假设 Φ、Ω 分别为光通量和立体角，根据发光强度的定义，有：

$$I = \frac{\mathrm{d}\Phi}{\mathrm{d}\Omega} \tag{2-22}$$

结合式（2-21），朗伯面的光亮度 L 可表示为：

$$L = \frac{I_0}{S} = \frac{I_\beta}{S\cos\beta} \tag{2-23}$$

由式（2-22）和式（2-23）可得：

$$\mathrm{d}\Phi = LS\cos\beta\mathrm{d}\Omega \tag{2-24}$$

根据式（2-24），并结合球坐标 $\mathrm{d}\Omega = \sin\beta\mathrm{d}\beta\mathrm{d}\phi$ [34]，可得：

$$\Phi = LS \int_0^{2\pi} \mathrm{d}\varphi \int_0^{\pi/2} \sin\beta\cos\beta\mathrm{d}\beta = \pi LS \tag{2-25}$$

由发光强度、光亮度和发光面积的关系 $I_0 = LS$，再根据式(2-25)，可得到：

$$\Phi = \pi I_0 \qquad (2\text{-}26)$$

假定激光作用目标后的发光通量为 Φ_i，反射率为 ρ，则目标反射的发光通量 Φ_r 为：

$$\Phi_r = \rho \Phi_i \qquad (2\text{-}27)$$

由式(2-26)和式(2-27)，可得：

$$I_0 = \frac{\Phi_r}{\pi} = \frac{\rho \Phi_i}{\pi} \qquad (2\text{-}28)$$

由式(2-21)和式(2-28)可得 OT 方向的发光强度为：

$$I_\beta = I_0 \cos\beta = \frac{\rho \Phi_i \cos\beta}{\pi} \qquad (2\text{-}29)$$

由式(2-29)可知激光照射目标的发光强度空间分布。

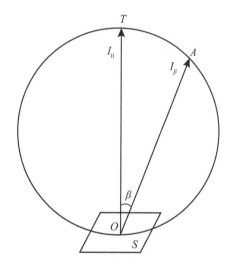

图 2-14　朗伯面发光强度示意图(胡春生，2005)

在实际应用过程中，影响激光反射特性的主要因素有作用目标面的材料类型、粗糙程度以及几何形状。根据朗伯余弦定律，可知目标表面某一方向上的辐射强度与观测方向相对于作用表面法线夹角的余弦成正比。自然环境中理想的朗伯面很少，但在实际的应用中常假设物体的表面为朗伯面进行分析(戴永江，2010；赵延杰，2012)。

作用目标对发射激光的反射率是决定回波光功率大小的重要系数，目标反射率与激光波长、介质材料及表面的粗糙度和明暗度等相关。对于照射目标为 905nm 的近红外激光在沥青和混凝土上的反射率为 0.1~0.5(胡春生，2005)。

假设激光雷达的光学系统为发射接收光路并行的透射方式，作用距离为 R，激光的单向大气透射率为 τ_α，目标被激光照射部分面积为 A_s，有效接收面积为 A_t，发射子系统中的发射光路光轴与目标法向 OT 的夹角为 β，见图 2-15。

假定激光发射模块输出的光功率为 P_t，假设发射光学系统的效率为 K_t，并假定激光光束照射在目标处的功率是均匀的，则目标被照射部分的入射通量为：

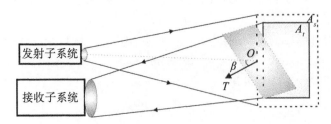

图 2-15　激光雷达激光发射和回波接收的光学示意图

$$\Phi_i = \tau_\alpha P_t K_t \frac{A_t}{A_s} \qquad (2\text{-}30)$$

由于接收光学系统和发射光学系统通常是在一起的，假设目标的反射率为 ρ，由式 (2-29)和式(2-30)得到目标反射激光回传后到达接收光学系统处的光强度为：

$$I_\beta = \frac{\tau_\alpha^2 \rho P_t K_t A_t \cos\beta}{\pi A_s} \qquad (2\text{-}31)$$

假设接收子系统透镜的接收面积为 A_r，我们能获得接收视场的立体角为：

$$\Omega_r = \frac{A_r}{R^2} \qquad (2\text{-}32)$$

假设接收透镜的效率为 K_r，窄带滤波片的透射率为 K_f，则 APD 的光敏面上入射的光功率可以表示为：

$$P_r = K_r K_f I_\beta \Omega_r = \frac{P_t K_t A_t \rho K_r A_r K_f \tau_\alpha^2 \cos\beta}{\pi R^2 A_s} \qquad (2\text{-}33)$$

根据激光往返飞行的大气透射率计算公式(孙志慧等，2009)，即

$$\tau_\alpha = e^{-\alpha R} \qquad (2\text{-}34)$$

再结合式(2-33)，我们可以获得激光雷达作用距离方程为：

$$R = \left(\frac{P_t K_t A_t \rho K_r A_r K_f \tau_\alpha^2 \cos\beta}{\pi A_s P_r} \right)^{1/2} = \left(\frac{P_t K_t A_t \rho K_r A_r K_f e^{-2\alpha R} \cos\beta}{\pi A_s P_r} \right)^{1/2} \qquad (2\text{-}35)$$

式(2-35)为激光雷达一般距离方程。从式(2-33)和式(2-35)可知，当激光雷达作用距离增大时，探测器光敏面收到的回波光功率将减少；当入射的光功率值接近等效噪声功率时，回波信号未能被识别时的最大距离为激光雷达的最大可作用距离。从式(2-35)可知：影响激光雷达最大作用距离的主要因素有：脉冲激光的发射峰值功率、光学系统参数、大气透射率、目标反射率、探测系统接收器的性能等因素。

2.5.2　APD 面阵激光雷达照明方式和作用距离方程

APD 面阵激光雷达的激光照射方式可以分为泛光照射和分束照射两种方式。面阵激光雷达没有扫描装置，一次就能探测一个 $a \times a$ m² 的方形区域，这就要求发射的激光照明大于 $a \times a$ m² 的区间或者需照明探测区间的 a^2 个点。如果利用脉冲激光光源来照明整个目标，就必须要求激光脉冲具有很大的能量。然而，若只是照明目标的 a^2 个点，所需的激

光脉冲能量就小很多。下面对比这两种照射方式。

(1)利用激光脉冲照明整个探测目标，即为泛光照射方式。由于是单束激光照明整个探测面，它的发射光学系统设计除了发射角较大外，其他与单点扫描激光雷达类似。传统单点扫描发射光学系统的设计相应比较成熟，这使得对发射光学系统的要求不高。但是这种照射方式的发射激光需要一次照明探测目标的区域，这样就要求很大的激光脉冲能量。常用的半导体激光器满足不了要求，需要将多个半导体激光器串并组合成激光阵列形式的高功率激光器，或者采用体积大价格、昂贵的固体激光器和光纤激光器作为光源(姜俊英，2012)。

(2)利用激光器照明目标上 a^2 个点，即为分束照射方式。由于照明的只是 a^2 个点，所需的激光能量相比照明整个面少很多，这样对激光器功率要求显著降低。但是常用的光学系统难以满足条件，需要达曼光栅或者二维微透镜阵列分光。我们通过调研一些科研部门，知道要研制出这类实用的光学系统相当困难，如果设计不当会导致光能利用率更低。

通过对比这两种照射方式的优缺点，在进行近距离的面阵激光雷达研究中，泛光照明的方式更适合采用。下面以泛光照明的方式为例，说明激光作用距离方程。

对于泛光照明方式，接收端面阵探测器上每一个单元对应的探测目标尺寸显然小于激光照射目标的面积，此时，激光雷达发射的激光只有一小部分被目标截获，即 $A_t < A_s$。此时 A_t 和 A_s 可以分别表示为：

$$A_t = \pi R^2 \theta_t^2 / 4 \tag{2-36}$$

$$A_s = \pi R^2 \theta_s^2 / 4 \tag{2-37}$$

式中，θ_t 为每个像素(APD 单元或者光纤阵列单元)的光学接收视场角；θ_s 为激光束散角。

由式(2-36)和式(2-37)，并用接收系统每个单元最小可探测功率 $P_{\min}$ 代替式(2-35)中的 P_r，即可得到泛光照明方式下面阵激光雷达最大探测距离公式：

$$R_{\max} = \left(\frac{P_t K_t \theta_t^{\ 2} \rho K_r A_r K_f \mathrm{e}^{-2\alpha R} \cos\beta}{\pi \theta_s^{\ 2} P_{\min}} \right)^{1/2} \tag{2-38}$$

由式(2-38)可以看出：激光雷达的最大探测距离与外部条件关系密切，如果大气透过率越高，反射率越大，则激光雷达的最大探测距离将会提高。在实际作用距离的估算中，我们可采用以下经验公式来确定大气衰减系数(王海先，2007)：

$$\alpha = \frac{2.7}{V} \tag{2-39}$$

式中，V 为大气能见度(王海先，2007)。例如，若能见度按照比较低的水平 5km 计算，根据式(2-39)，我们获得大气衰减系数为 0.54；按照 20m 内的近距离探测，由式(2-34)可得激光往返飞行的大气透射率在 0.979 以内。为此在实验室测试时的大气透射率可取 1，则室内近距离面阵激光雷达泛光照明方式的最大测程公式可化为：

$$R_{\max} = \left(\frac{P_t K_t \theta_t^{\ 2} \rho K_r A_r K_f \cos\beta}{\pi \theta_s^{\ 2} P_{\min}} \right)^{1/2} \tag{2-40}$$

根据式(2-40)，可知面阵激光雷达若需获得最大的探测距离，在设计过程中要尽量增大激光源的脉冲功率；如果要提高光学系统的效率和接收面积，在满足探测视场的条件下，我们应该尽可能的压缩光束的发射角，提高光电探测系统的接收灵敏度。因此，我们能得出这样的结论：选择输出脉冲功率高的激光发射模块和接收灵敏度高的光电探测器，并设计高效率的光学系统和高接收性能的探测处理电路，对面阵激光雷达作用距离的提高至关重要。

第3章　面阵激光雷达的激光器

激光器是激光雷达核心部件之一，很大程度上决定了激光雷达成像系统的性能。由于其输出激光脉冲的功率大小直接影响探测距离，激光脉冲的宽度或者上升时间会影响探测精度，激光脉冲的中心波长会影响激光在大气传播过程中的损耗，其中心波长需要与选用的探测器响应波长匹配，激光器的频率会影响到目标分辨率，因此本章主要介绍激光器的类型、激光器的工作原理和特性、激光器的驱动原理和相关的研究、实验。

3.1　激光器类型

用于激光雷达成像仪的脉冲激光光源主要有：气体激光器、固体激光器、半导体激光器、光纤激光器等几种类型(李适民等，2005)。气体激光器具有结构简单、运行费用低等优点，但是其激光工作物质是气体，粒子密度低，体积比较大。固体激光器可以得到高重复频率的激光，但其输出激光光束质量不太理想。光纤激光器作为第三代激光技术的代表，制造成本低、技术成熟，但是由于光纤纤芯很小，相比于其他激光器，其单脉冲能量很小(嵇叶楠，2009)。半导体激光器因其具有转换效率高、体积小、可靠性高、能直接调制等特点，所以，这种类型的激光器在科研、军事等领域得到了广泛的应用。尤其是，这种类型的激光器通常可以在外部高压电源的支持下，通过高速驱动电路的作用，就能发射窄脉冲激光。因此，这种类型的激光器实现起来相对简单，对于无激光光学背景的研究人员而言，也可以研制驱动电路和高压电源驱动激光器工作。但是，由于面阵激光雷达成像仪相比传统单点激光测距方式的雷达成像仪，其发射的单脉冲激光需要照明一个目标区域，而不是目标的一个点，为此它要求单脉冲激光能达到极高的峰值功率。另外，为了达到高的测量精度，它还有驱动电源输出窄脉冲、上升时间快和电流脉冲峰值达几十安培等要求，因此，这种类型的激光器在体积和成本有限制的情况下，激光器的研制比较困难。下面主要介绍本书研制的面阵激光雷达成像仪中使用的半导体激光器。

3.2　半导体激光器

半导体激光器(Semiconductor Laser，SL)，又称为激光二极管(Laser Diode，LD)，是利用半导体材料构成的 PN 结作为物质而产生受激发作用的小型化器件。它是以半导体材料、半导体晶体(二元化合物、三元化合物元素)作为工作物质的半导体激光器，如砷化镓(GaAs)、镓铝砷(GaAlAs)、铟镓砷磷(InGaAsP)、硫化锌(ZnS)等 40 多种化合物，都可以实现受激辐射。半导体激光器输出的波长可以从紫外波段(0.33μm)一直扩展到远红外波段(34μm)，输出的激光形式可以是连续波(Continuous Wave，CW)、准连续波(Quasi Continuous Wave，QCW)和脉冲波(Pulse)。因此，半导体激光器是一种直接电子-光子转换器，它的转换效率很高，覆盖的波段范围最广(余鑫晨，2012)。

3.2.1　半导体激光器分类

半导体激光器按驱动方式的不同，可以分为注入式激光器、光泵激光器和高能量电子束激励式激光器(Sellers，2005)。其中，注入式激光器是利用同质结或异质结将大量的过剩载流子(电子-空穴对)注入激活区以形成集居数反转。这类激光器容易实现受激辐射，可以通过改变注入电流直接调制输出，且具有电源简单、结构紧凑、使用方便等优点，因而是目前使用最为广泛的一种半导体激光器。另外，用电注入式直接激励的小型化激光器还具有半导体和固态物质的共同优点。其中它最重要的特性是：在发射阈值以上的一段区域，输出功率与输入电流呈线形关系，并可以通过调节激励电流的大小来调整输出的光功率。

由于半导体激光器也属于一种二极管，因此激励器的工作负载是二极管的伏安特性负载。由于工作状态的特殊，要求半导体激光器的激励器放电特性与负载相匹配，即需要一个大电流脉冲，因此设计合适的驱动电路并获得理想的脉冲波形，是评估合理使用激光器件、充分发挥其性能潜力、提高工作效率、改善激光系统性能的一个重要指标。自从1962 年出现半导体激光器以来，国内外研究人员一直在研究激励器技术，并围绕高速驱动、大电流脉冲、小型化等需要发展了多种电路模式。

3.2.2　半导体激光器的特点

与其他类型的激光器相比，半导体激光器具有许多自身特有的优点：

①半导体激光器是直接通过电子-光子转换器实现的，它的转换效率很高。半导体激光器的内量子效率在理论上可以接近100%(张际青，2007)，但实际上由于某些非辐射复合损失的存在，使其内量子效率降低很多，但是仍然能达到70%以上。

②半导体激光器能产生的输出激光波段范围最广。人们可以通过选用不同的有源材料或改变多元化合物半导体材料各组元的成分来实现不同波长的输出激光，以满足不同任务的需求。

③半导体激光器的使用寿命长。常用的 GaAs 半导体激光器，波长在 900nm(室温)的器件工作寿命可以达到几十万小时，而波长为 840nm(77K)的器件，工作寿命可以超过几百万小时，效率已超过20%(Mikulics，2006)。

④半导体激光器具有直接调制能力。这是半导体激光器有别于其他激光器的一个重要特点，因此半导体激光器得到广泛的应用。

⑤半导体激光器的体积小、重量轻、价格低，而且所需的驱动电压低，工作时安全。

3.2.3　半导体激光器的工作原理与特性

半导体激光器的工作原理是采用激励方式，这种方式利用半导体物质(既利用电子)在能带间跃迁发光，用半导体晶体的解理面形成两个平行反射镜面作为反射镜，组成谐振腔，使光振荡、反馈，产生光的辐射放大，输出激光。

半导体激光器是通过电流驱动发光器件，只有当它的驱动电流在阈值电流以上时，半导体激光器才能产生并保持连续的光功率输出。对于高速电流信号的切换操作，一般是将激光器稍微偏置在阈值电流以上，以避免激光器因开启和关闭时造成的响应时间延迟给激光器的输出特性带来影响。半导体激光器的输出光功率依赖于其驱动电流的幅度和将电流信号转换为光信号的效率(激光器斜效率)，如图 3-1 所示。半导体激光器是一个温度敏感器件，其阈值电流 I_{th} 随温度的升高而增大；激光器的调制效率(单位调制电流下激光器的输出光功率，量纲为 mW/mA)随温度的升高而减小。同时激光器的阈值电流 I_{th} 还随器件的老化和使用时间而变大。

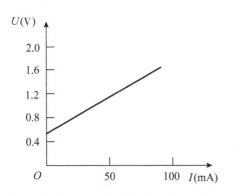

(a) 典型半导体激光器 U-I 特性曲线(郭少华,2004)

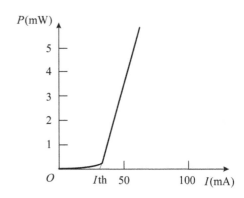

(b) 理想的输出 P-I 特性曲线(曹瑞明,2008)

图 3-1　半导体激光器的特性曲线

图 3-1(a) 和图 3-1(b) 分别是半导体激光器 U-I 特性曲线和半导体激光器的 P-I 特性曲线。从图 3-1(a) 可以看出，当我们向半导体激光器注入电流 I 时，其两端会产生正向电压 U。半导体激光器的这一特性可以反映出其 PN 结特性的优劣，通过大电流下的正向 U-I 特性可估算出串联电阻(郭少华，2004)。

图 3-1(b) 是半导体激光器的 P-I 特性(又称 L-I 特性)曲线，该曲线描述了激光器光功率 P 随注入电流 I 的变化规律。因此，它是人们使用半导体激光器系统进行设计的重要依据(曹瑞明，2008)。半导体激光器只有在其 PN 结上增加一种大的正向电压，使流入激光器的注入电流达到足够大的时候，它才能产生激光。从理论上讲，当半导体激光器工作在额定范围内时，输出光功率 P 与注入电流 I_F 应该是一种严格的线性关系，其一阶微分曲线应该是一条近似水平的直线。如果在一阶微分曲线上出现了明显的拐点，或者是说该曲线不够平滑，那么我们就认为该半导体激光器有缺陷。也就是说，当一个半导体激光器工作在驱动电流出现拐点处的地方时，其输出光功率与注入电流值不成线性比例关系。由于输入电流与输出光功率呈线性关系，半导体激光器具有易于调制的重要特性，也就是说，人们可以通过调制输入电流，对半导体激光器的输出光强进行直接调制。

虽然半导体激光器的电子-光子转换效率非常高，但由于各种非辐射复合损耗、自由载流子吸收等损耗机制的存在，使其外微分量子效率比较低。这意味着相当部分的注入电功率在转换为热量时，引起半导体激光器温度升高。通过前面的温度特性分析可知，温度升高会导致半导体激光器的输出光功率随之下降、阈值电流增大，甚至可能引起跳模。另外，半导体激光器长期在高温下工作，还能导致它的寿命缩短。因此，为了保证半导体激光器输出性能的稳定性及使用寿命，应将半导体激光器的工作温度保持在室温附近。

3.2.4　半导体激光器的技术指标

人们在选择半导体激光器时，一般是依据它的技术指标进行的。通常，主要考虑以下几个因素：激光脉冲的峰值功率、激光的中心波长、激光脉冲的重复频率等。

①激光脉冲的峰值功率（与激光驱动电路输出的峰值电流对应，且成正比关系，下同）。它反映的是脉冲激光器正常工作时所能达到的最高功率。在很大程度上，这个指标影响着测量距离。一般来说，峰值越高，测量距离就越远。

②激光的中心波长。它是与激光在大气传输过程中的损耗密切相关。已有资料给出了不同波长的光在大气中传输的损耗情况。例如，激光波长在 300～1000nm 范围内时，损耗较小。因而，当人们选择激光器时，可考虑激光中心波长在 300～1000nm 的激光器。

③激光脉冲的重复频率。它是指电源向负载每秒钟放电的次数，它是脉冲电源的一个重要指标。对于单点激光雷达，这种指标会影响激光雷达的测距速度。本书采用面阵测距，对脉冲激光器重复频率要求很低。目前的脉冲激光器重复频率基本都在 1kHz 以上，所以完全能够满足本书对重复频率的要求。

综合以上技术指标，本书选用 PerkinElmer 公司生产的 TPGAS2S09H 型脉冲半导体激光器，该激光器采用金属外壳封装，内含 6 个发光单元，具体参数如表 3-1 所示。

表 3-1　　**TPGAS2S09H 型脉冲半导体激光器特性参数（PerkinElmer，2009）**

名　　称	典 型 值	单　　位
中心波长	905	nm
输出峰值功率	148	W
前向驱动峰值电流	30	A
阈值电流	1.5	A
前向压降	22	V

3.3　半导体激光器驱动原理

激光器的驱动是通过调节激励电流的大小来调整输出的光功率。如上所述，由于半导体激光器实际上就是一个二极管，因此驱动的工作负载具有二极管的 $U\text{-}I$ 特性。由于半导体激光器工作状态的特殊性质，因此，对应的激光器驱动电路必须具备放电系统的外特性与负载相匹配，产生一个大电流脉冲。另外，如果要想获得一种理想的脉冲波形，我们还必须通过合理使用激光器件，充分发挥其性能潜力，提高其工作效率。在实际应用中，人们往往还要求激光器具有最低的电噪声和最高的稳定性。通常提高激光器性能的途径有两个(焦荣，2008；Hancock et al.，2002)：一是应用新的半导体技术来提高激光器本身的性能指标；二是提高激光器驱动电源的特性，使激光器达到良好的工作状态。

半导体激光器主要有三种驱动方式：恒电流驱动、恒功率驱动和脉冲驱动(张永防，2009)。在恒电流工作方式中，通过反馈直接提高驱动电流的有效控制，由此获得最低的电流偏差与最高的输出稳定性。在恒功率工作方式中，由于驱动电流的变化，很难实现温度的良好控制。这种驱动方式的缺点是：当半导体激光器的工作温度发生变化时，它可能造成激光波长的变化或产生模式跳跃。对于大多数半导体激光器来说，最可靠的驱动方式是脉冲驱动，因为脉冲输出产生极小的结发热效应，短脉宽和低占空因子的半导体激光器还可以允许比恒流电平高得多的脉冲电流流过，且一般情况下不需要散热处理。

一般来说，对脉冲式半导体激光器驱动源的基本要求为：

①半导体激光器是依靠载流子的直接注入而工作的，而注入电流的稳定性对半导体激光器的输出有着直接、明显的影响。因此，这就要求半导体激光器驱动源是一个恒流源，并且具有很高的电流稳定度和很小的波纹系数。

②驱动源本质上是一种大电流开关电路，为了获得高峰值、窄脉冲的激光信号，就要求驱动源能够在低阻负载上产生快速大电流脉冲。

③保证半导体激光器能正常工作，必须防止驱动源的输出脉冲峰值超过激光二极管的最大允许电流和最大反冲电压。

3.4 半导体激光器 RC 驱动电路

根据调研结果和激光器提供的相关参数要求，本书采用基于电容充放电的脉冲驱动方式(Zhou et al.，2011)。这种方式主要由直流电路、激励脉冲产生电路、开关电路和充电元件几个部分组成，如图 3-2 所示。图 3-2 是本书采用的半导体激光器驱动电路。在图 3-2 中，由 MOS 管 M2 栅极控制其导通与截止。当 M2 截止时，即开关电路断开，通过回路 HV、R1、C2、L1、R3、LD 对储能电容 C2 进行充电，C2 两端电压随即升高，充电完成后，储能电容 C2 两端的电压为 U_{C2}。当 M2 导通时，则储能电容 C2 通过回路 LD、R3、L1、C2、M2 进行瞬时放电操作。通过控制 M2 的通断状态使 C2 充放电产生脉冲，通过增加 M1、D1 来实现 PNP 关断电路，加速 M2 的通断速度，电流脉冲产生的速率由脉冲电源 V1 以及 PNP 关断网络决定。

由于 LD 的单向导通性，使电容释放的电能无法回流到地端，在实际应用中，这个反向电压很可能会对 LD 造成损坏，所以在 LD 的两端并联一个反向的二极管 D2 防止反向击穿。另外，在 LD 的支路上串联一个阻值不大的电阻可以加强这一效果。

考虑到寄生参数的存在和影响，主要是 M1 前级电路分布电感 L2 和 LD 回路分布电感

L1。由于 L1 产生的分布电感会影响到输出脉冲，且与 C2 形成了 LC 振荡回路，使输出脉冲末端振荡。因此，我们可以在电路中引入 C1、R2 支路实现 RC 吸收网络，抑制振荡的幅度及减少其周期数。

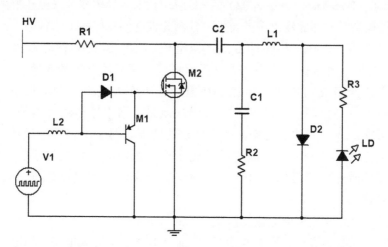

图 3-2 半导体激光器驱动电路(陈威良，2011)

3.5 驱动电路的仿真与实验分析

3.5.1 仿真软件 Multisim 的简介

Multisim 是美国国家仪器有限公司(NI)推出的以 Windows 为基础的仿真工具，适用于板级的模拟/数字电路板的设计工作。它包含了电路原理图的图形输入、电路硬件描述语言输入方式，具有丰富的仿真分析能力。Multisim 的虚拟测试仪器仪表种类齐全，有普通实验室常见的仪器，如万用表、函数信号发生器、双踪示波器、直流电源等，还有普通实验室少有的仪器，如波特图仪、数字信号发生器、逻辑分析仪、逻辑转换器、失真仪、安捷伦多用表、安捷伦示波器以及泰克示波器等。凭借 Multisim，可以创建具有完整组件库的电路图，并利用工业标准 SPICE 模拟器模仿电路行为。借助专业的高级 SPICE 分析和虚拟仪器，在设计流程中提早对电路设计进行迅速验证，从而缩短建模循环。与 NI LabView 和 SignalExpress 软件的集成，完善了具有强大技术的设计流程。

Multisim 具有详细的电路分析功能，可以完成电路的瞬态分析、稳态分析等各种电路分析方法，以帮助设计人员分析电路的性能。还可以设计、测试和演示各种电子电路，包括电工电路、模拟电路、数字电路、射频电路及部分微机接口电路等。利用 Multisim 可以实现计算机仿真设计与虚拟实验，与传统的电子电路设计与实验方法相比，具有如下特点(陈威良，2011)：

①设计与实验可以同步进行，可以边设计边实验，修改调试方便。

②设计和实验用的元器件及测试仪器仪表齐全，可以完成各种类型的电路设计与实

验，可以方便地对电路参数进行测试和分析。

③可以直接打印输出实验数据、测试参数、曲线和电路原理图。

④实验中不消耗实际的元器件，实验所需元器件的种类和数量不受限制，实验成本低、速度快、效率高。

⑤设计和实验成功的电路可以直接在产品中应用。

基于 Multisim 的特点，下面将使用该软件作为分析和设计脉冲驱动电路的仿真工具。

3.5.2 驱动电路的仿真实验及分析

驱动电路的性能主要体现在脉冲的峰值功率(对应峰值电流)和脉宽上，这是在仿真实验中需重点考虑的。根据本章 3.4 节的驱动电路，设置仿真电路的参数，将图 3-3 中的直流电源取 HV = 60V，R1 = 10Ω，R2 = 30Ω，R3 = 1Ω，C1 = 10nF，C2 = 10nF，L1 = 1nH，L2 = 20nH；另外，设定脉冲电压源 V1 的初始电压为 0V，脉冲电压为 30V，脉冲延时为 0.1ms，上升时间为 10ns，下降时间为 10ns，脉冲宽度为 0.1ms，脉冲周期为 0.1ms，建立仿真电路。在仿真电路正常工作时，用电流探针(电流电压通过 1 : 1 转换)对通过激光器的脉冲电流进行测定，如图 3-4 所示的脉冲电流仿真波形图，可观测到输出脉冲宽度为 11.282ns，脉冲峰值电流为 39.521A。根据激光器的 U-I 特性，在限流电阻 R1、R2、R3 不变的情况下，以仿真电路图 3-3 设置的电路参数输出脉冲波形为参照，通过调整 C1、C2、L1 3 个电路参数即可仿真得到其他相应的脉冲电流波形图，分别如图 3-5 ~ 图 3-7 所示。

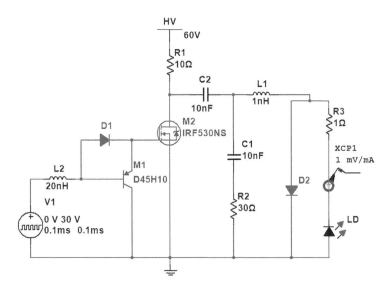

图 3-3　半导体激光器驱动仿真电路(陈威良，2011)

(1)L1 = 1nH，C1 = 10nF，C2 = 10nF

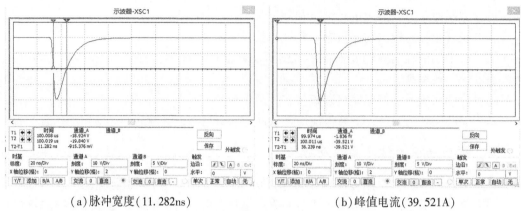

(a) 脉冲宽度(11.282ns)　　　　　(b) 峰值电流(39.521A)

图 3-4　脉冲电流波形图 I

(2) L1 = 5nH, C1 = 10nF, C2 = 10nF

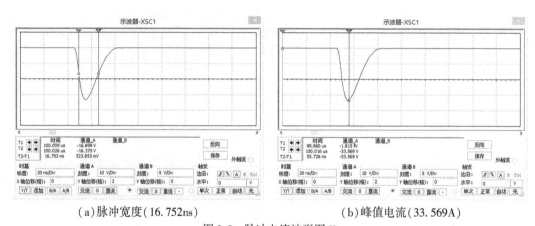

(a) 脉冲宽度(16.752ns)　　　　　(b) 峰值电流(33.569A)

图 3-5　脉冲电流波形图 II

(3) L1 = 1nH, C1 = 10nF, C2 = 1nF

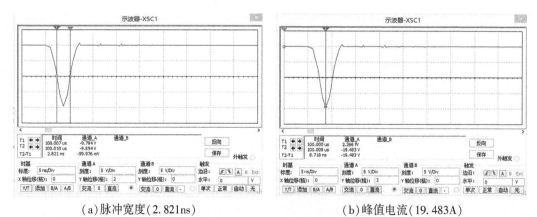

(a) 脉冲宽度(2.821ns)　　　　　(b) 峰值电流(19.483A)

图 3-6　脉冲电流波形图 III

（4）L1 = 1nH, C1 = 1nF, C2 = 10nF

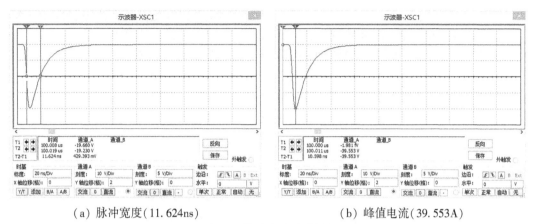

（a）脉冲宽度（11.624ns）　　　　　　（b）峰值电流（39.553A）

图 3-7　脉冲电流波形图Ⅳ

　　图 3-5 是仅使电感 L1 增大到 5nH，电容 C1、C2 保持不变时得到的脉冲电流仿真波形图，波形图显示脉冲电流峰值减小，脉冲宽度增大；图 3-6 是将 C2 从 10nF 减小到 1nF，L1 和 C1 保持不变得到的脉冲电流仿真波形图，波形图显示不但脉冲电流快速减小，同时脉冲宽度也减小；图 3-7 是将 C1 降低到 1nF，L1 和 C2 保持不变得到的脉冲电流仿真波形图，波形图显示脉冲电流峰值保持稳定，脉冲宽度没有明显变化。由图 3-4～图 3-7 脉冲电流波形图可以看出，上述电流脉冲的脉宽和电流峰值随着参数设置不同而改变，C1、C2、L1 参数变化对输出脉冲电流的影响详见表 3-2。

表 3-2　　　　　　　　　　　　　C1、C2、L1 不同参数对输出脉冲的影响

C1、C2、L1 参数	脉冲宽度	电流峰值
C1 = 10nF、C2 = 10nF、L1 = 1nF	11.282ns	39.521A
C1 = 10nF、C2 = 10nF、L1 = 5nF	16.752ns	33.569A
C1 = 10nF、C2 = 1nF、L1 = 1nF	2.821ns	19.483A
C1 = 1nF、C2 = 10nF、L1 = 1nF	11.624ns	39.553A

　　根据表 3-2 可以得出，在偏置电压 HV 以及脉冲源 V1 一定时，当 C1、C2 不变，L1 越大，则输出脉冲的峰值电流就越小，而且脉宽变大；当 C1、L1 不变，C2 越小，则脉冲激光的输出功率越小，脉宽就越窄；当 L1、C2 不变，C1 越小，则脉冲的输出功率和脉宽基本保持不变。在实际应用中，采用以上驱动方式设计半导体脉冲激光驱动电路时，可以按照应用需求改变 C1、C2、L1 等参数，从而比较方便灵活地调整输出脉冲激光的峰值功率和脉冲宽度。

3.6　半导体激光模块试验与测试

目前国际上也只有少数生产商或科研机构能够提供具有高峰值功率、窄脉冲的半导体激光模块。德国 LASER COMPONENTS 公司生产的一款型号为 LS9-220-8-S10-00、中心波长为 905nm、峰值功率为 220W 的小型脉冲半导体激光模块是其中之一。该激光模块是由 3×3 发光单元的脉冲激光二极管和驱动电路组成，加电后在外端 TTL 上升沿触发下即可发射脉冲激光。该脉冲激光二极管和脉冲激光模块实物如图 3-8 所示，激光模块的主要参数如表 3-3 所示。

（a）脉冲激光二极管　　　　　（b）该二极管构成的激光模块实物图

图 3-8　脉冲激光二极管和脉冲激光模块

表 3-3　　　　　脉冲激光二极管模块指标参数（Laser Components Inc.，2011）

指标参数	数　值	单　位
中心波长	905	nm
发散角	12×20	Degrees
峰值功率（NA>0.5）	220	W
脉宽	8	ns
发光单元	3×3	Unit
发光面大小	235×400	um×um
最大重频	25	kHz
最大平均功率	33	mW
触发方式	TTL 上升沿	—
供电电源	12	V

3.6.1 激光发射模块功率测试

1. 测试的目的

激光功率测试的目的是测试激光模块的工作状况和激光功率大小，为以后的整机运行做准备。我们采用的激光器模块是 LS9-220-8-S10-00，其主要技术参数如表 3-4 所示。

表 3-4   **LS9-220-8-S10-00 参数**

中心波长	峰值功率（NA>0.5）	脉宽	最大重复频率	最大平均功率	占空比
905nm	220W	8nm	25kHz	33mW	0.015%

LS9-220-8-S10-00 型激光发射器为固定发射模式，即脉宽与峰值功率不可调。为了使激光发射模块工作，需要提供 12V 直流电源以及 TTL 触发电平信号。实验中，我们使用可调直流电源为激光发射模块供电，用数字信号源输出的可调频率的方波信号作为触发信号。根据激光发射模块的接口，我们用普通导线接杜邦线与激光发射模块电源（1 脚）、地（2 脚）相连供电，用 BNC 转 SMB 跳线接触发引脚（5 脚）提供触发信号。由于 905nm 的中心波长不在可见光范围，肉眼看不到光斑，为此，在实验过程中，我们需要采用红外激光检测卡承载显示，用光功率计测量光功率。整个测试实验平台的组成如图 3-9 所示。

图 3-9   激光发射器功率测试实验平台

2. 测试过程

（1）设备准备

准备可调直流稳压电源、示波器、信号源、万用表、导线及杜邦线、BNC 转 SMB 跳线、激光模块、光功率计、红外激光检测卡、相机等相关设备。

（2）测试步骤

①调好直流稳压电源电压为12V，并用万用表测定其值。

②将数字信号源调到方波模式，高电平为5V，低电平为0V，频率在20~25000Hz内可调变化。然后用示波器测量输出的方波波形并判断其幅值是否满足要求。

③在保持稳压电源关闭的时候，将激光模块脚1、2用杜邦线及导线接上电源引脚，然后打开直流稳压电源，再用万用表测量激光模块脚1、2的电压值，确保其接通的电源值为12V，最后用BNC转SMB跳线把信号源输出端与激光模块脚5相连。

④在20~25000Hz中选定一个频率，按下信号源输出按钮，然后用红外激光检测卡观察激光光斑，再用光功率计对准激光发光部分，进行激光功率测量。

（3）功率测试结果

当触发频率为25kHz时，我们用相机捕捉到照在红外激光检测卡上的激光光斑（见图3-10），测量的最大光功率为30.22mW（见图3-11）。

图3-10　在红外激光检测卡上检测到的激光光斑

图3-11　被量测的激光功率

3. 测试结果分析

当触发频率为25kHz时，激光模块的平均光功率最大值为30.22mW。这个值相比33mW的最大标称值偏小。我们认为，这主要是由于激光发射模块没有与光功率计紧密连接的标准接口，仅靠两者对准，使部分光不能进入光功率计，从而使测量值偏小。另外，光功率计响应的中心波长只能在最接近的850nm测试，这样必然会使所测功率偏低。

3.6.2　激光发射模块频率和波形测试

1. 测试过程

（1）设备准备

准备激光模块、激光探头、电源、示波器、万用表、信号源、微调架、光纤、同轴电缆等。

（2）测试步骤

①调好直流稳压电源电压为12V，并用万用表测定其值。

②将数字信号源调到方波模式，高电平为5V，低电平为0V，频率在20~25000Hz内

可调变化。然后,用示波器测量输出的方波波形并判断其幅值是否满足要求。

③在保持稳压电源关闭的状态下,连接好信号线和电源线,通过微调架固定并调整好激光发射模块和光纤的位置关系,搭建好实验测试平台(见图 3-12)。

④检查无误后,再打开直流稳压电源,然后,用万用表测量激光模块脚 1、2 的电压值,确保其接通的电源值为 12V。

⑤在 20~25000Hz 之间选定一个频率,按下信号源输出按钮,使信号源输出 TTL 电平触发激光模块工作,然后用红外激光检测卡观察,若有光斑表明激光器工作正常。

⑥用光功率计测量通过光纤输出的光功率,并估算出峰值功率大小。考虑到激光探头对激光功率的探测范围有限,通过调整光纤和激光器的位置,使峰值功率在亚微瓦级。

⑦将上述调整好的光纤连接到激光探头,然后打开激光探头开关,再通过示波器观察激光波形和频率等信息。

图 3-12　激光发射器频率和波形测试平台

2. 测试结果

①当激光频率为 1kHz 时,激光探头输出的信号如图 3-13 和图 3-14 所示。图 3-13 为多个脉冲信号显示的波形,从图 3-13 中可以看出:探测到的频率为 1kHz,该值与激光发射频率相对应。图 3-14 为单个脉冲信号显示的波形,其半峰脉宽为 6.9ns,上升时间为 3.85ns,幅值为 23.7mV。

②当激光频率为 10kHz 时,激光探头输出的信号如图 3-15 和图 3-16 所示。图 3-15 为多个脉冲信号显示的波形,从图 3-16 中可以发现:探测到的频率为 10kHz,该值与激光发射频率相对应。图 3-16 为单个脉冲信号显示的波形,其半峰脉宽为 6.7ns,上升时间为 3.65ns,幅值为 21.5mV。

③当激光频率为 20kHz 时,激光探头输出的信号如图 3-17、图 3-18 所示。图 3-17 为多个脉冲信号显示的波形,从中可见探测到的频率为 20kHz,该值与激光发射频率对应。图 3-18 为单个脉冲信号显示的波形,其半峰脉宽为 7.15ns,上升时间为 4.6ns,幅值为 20.6mV。

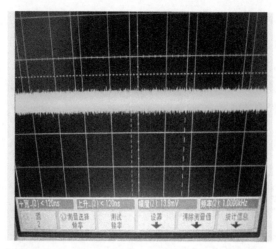

图 3-13　当激光频率为 1kHz 时，激光模块输出的多个脉冲信号显示的波形

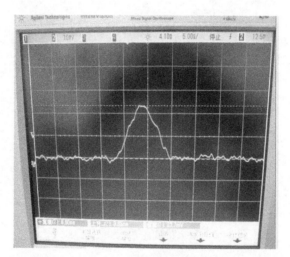

图 3-14　当激光频率为 1kHz 时，激光模块输出的单个脉冲信号显示的波形

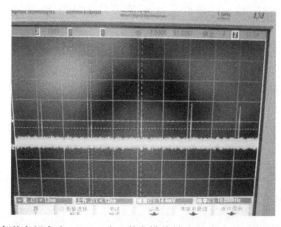

图 3-15　当激光频率为 10kHz 时，激光模块输出的多个脉冲信号显示的波形

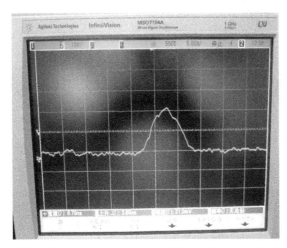

图 3-16 当激光频率为 10kHz 时，激光模块输出的单个脉冲信号显示的波形

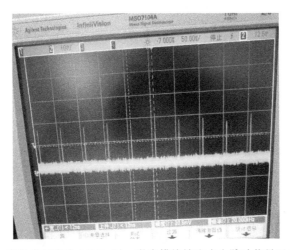

图 3-17 当激光频率为 20kHz 时，激光模块输出多个脉冲信号显示的波形

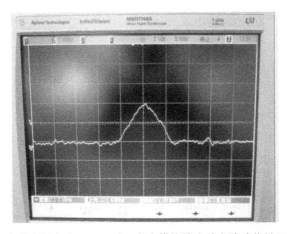

图 3-18 当激光频率为 20kHz 时，激光模块输出单个脉冲信号显示的波形

3. 测试结果分析

从图 3-13、图 3-15、图 3-17 中示波器显示的多个脉冲信号波形可以发现：激光模块的发射频率与触发频率一致，但它的脉冲信号上升时间和半峰脉宽在一定范围变化。通过多次实验观测，发现半峰脉宽主要在 6.7~7.95ns 范围内变化，上升时间在 3.35~4.6ns 范围内变化。在这两个指标中，脉宽测试结果相对激光模块手册给出的标称值 8ns 脉宽偏小，但基本在误差范围内。关于脉冲信号上升时间这一指标，激光模块手册没有给出标称值，故缺乏可比性，但是该信号的上升时间是精确定时的重要依据，本次测试实验获得的测量值可供后续光电探测处理电路设计参考。

第4章　面阵激光雷达光机系统

本章首先对光学系统的分析、设计方法的确定以及光学系统的组成和功能进行介绍。接着，以5×5的面阵激光雷达系统为例，重点介绍面阵激光雷达光学系统的具体设计方法和仿真实验。最后，介绍面阵激光雷达光机系统的调试、测试方法和机械结构设计。

4.1　光学系统分析

激光雷达光学系统由发射光学系统和接收光学系统组成，因此存在发射与接收光轴共轴或者分离两种类型的光学系统结构。收发同轴光学系统一般用于远距离、体积重量要求高的光学系统，需要做信号收发隔离处理；可以配合双光楔或者双振镜（反射镜）方式扫描；技术难度大，成本成倍增加；一般配合大口径反射式接收光学系统用于大于1km的激光雷达。典型的例子是：美国的林肯实验室采用收发同轴光学系统研制远距离激光雷达（Marino，2005）。与收发同轴光学系统相比，收发分离的光学系统结构简单，调试方便，一般用于近距离、体积重量要求不高的光学系统，不需要作信号收发隔离处理；独立收发光学系统可以采用机械式扫描与双光楔或者双振镜（反射镜）扫描。比较典型的例子是：美国 Advanced Scientific Concepts 公司采用这种光学系统，已应用在多款成熟的产品上（Advanced Scientific Concepts Inc.，2015）。由于本书设计的是非远距离型面阵激光雷达，为此光学系统采用收发独立的方式进行设计。

光学系统设计目标：
①发射光学系统与接收光学系统分离；
②发射光源采用泛光照明方式；
③探测200m处方形光斑的边长：4.5~5m；
④接收光纤阵列单元数及排布：5×5 方形；
⑤发射光束与光纤阵列接收一一对应。

4.2　光学系统组成及功能

面阵激光雷达光学系统包括发射光学系统、接收光学系统（见图4-1）。发射光学系统包括分光镜、光束准直（或者扩束）系统。光束准直扩束系统是将激光器出来的光束发散角进行压缩，获得一束更小发散角的准平行光束，发散角大小依据目标距离以及单脉冲探测目标尺寸进行设计。由于激光发射的峰值功率很高，分光镜分出来的一小部分光功率仍然远远超过探测器的阈值，因此需要适当衰减起始光信号。接收光学系统包括接收透镜、接收光纤阵列以及 APD 探测器。接收透镜将接收到的不同视场的回波光束进行会聚,实现回波的收集;然后耦合进光纤阵列(或者直接耦合进 APD 阵列),再把光纤阵列分别耦合进 APD 探测器。

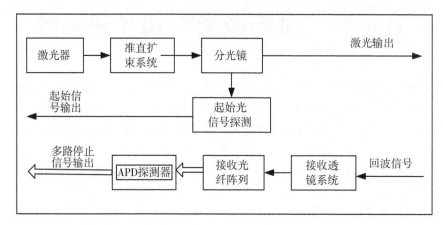

图 4-1　光学系统组成框图

4.3　5×5 面阵激光雷达发射光学系统设计

4.3.1　准直扩束系统设计

激光光源采用半导体阵列激光器,激光中心波长 905nm,脉宽 ≥8ns,重复频率为 25kHz,峰值功率≥200W。激光器阵列为 3×3,发光面大小为 235μm×400μm,输出光束发散角水平方向为 $\theta_0 = 12°$,垂直方向为 $\theta_1 = 20°$(Laser component Inc., 2011)。由于两个方向上的发光面大小以及发散角不一致,导致光束输出远场近似为椭圆型。因此,为了压缩发散角,同时满足远场光斑为正方形,采用两个柱面透镜对激光器输出光束进行整形。发射光学系统具体设计步骤包括:确定透镜的焦距,根据焦距得出通光口径,计算出准直透镜光学参数。

1. 确定柱面透镜焦距的设计

为了使得激光束输出距离 200m 后的方形光斑尺寸为 5m×5m,则根据几何关系,可以得到发散角半角,如式(4-1)所示:

$$\theta_1 = \frac{5}{2 \times 200} = 12.5\text{mrad} \tag{4-1}$$

经过单透镜准直后,其束腰(光斑能量 $1/e^2$ 的半径) w_1 为(周炳琨等,1980):

$$w_1^2 = \frac{w_0^2 f^2}{(f-l)^2 + \left(\dfrac{\pi w_0^2}{\lambda}\right)^2} \tag{4-2}$$

式中,λ 为激光器的波长;w_0 为激光器输出光束的初始腰斑半径;f 为透镜的焦距;l 为初

始束腰到透镜的距离。其发散角(半角)为:

$$\theta_1 = \frac{\lambda}{\pi w_0 f} \sqrt{(f-l)^2 + \left(\frac{\pi w_0^2}{\lambda}\right)^2} \tag{4-3}$$

当出射激光落在准直透镜的前焦点上时,即 $f=l$,则有:

$$f = \frac{w_0}{\theta_1} \tag{4-4}$$

发光面大小为 235μm×400μm,近似为垂直方向和水平方向上的初始束腰直径。

垂直方向上柱面透镜的焦距为:

$$f_1 = \frac{235}{2 \times 12.5} = 9.4\text{mm}$$

水平方向上柱面透镜的焦距为:

$$f_2 = \frac{400}{2 \times 12.5} = 16\text{mm}$$

2. 准直透镜的通光口径设计

为了有效压缩光束的发散角,对透镜的相对孔径 F 需有一定的要求,即

$$\theta \leqslant \frac{D}{2f} = F \tag{4-5}$$

根据激光器参数,光束发散角垂直方向全角为 $\theta_1 = 20°$,水平方向全角为 $\theta_0 = 12°$。因此,可以计算出:

$$D_1 \geqslant 2 \times 9.4 \times \tan 10° = 3.3\text{mm}$$
$$D_2 \geqslant 2 \times 16 \times \tan 6° = 3.4\text{mm}$$

实际上,取 $D_1 = 3.3\text{mm}$,$D_2 = 3.4\text{mm}$。

3. 准直透镜曲率半径计算

工程设计中,常采用平凸柱面镜对半导体激光器进行光束整形。根据曲率半径计算公式(周炳琨等,1980):

$$1/f = (n-1)\left(\frac{1}{R} - \frac{1}{R_0}\right) \tag{4-6}$$

式中,f 为透镜的焦距;n 为透镜的折射率;R 和 R_0 为透镜两面的曲率半径,由于柱面透镜平的一面曲率半径为无穷大,透镜的折射率取 1.5,由公式(4-6)可得柱面透镜凸的一面曲率半径为:

$$R = \frac{f}{2} \tag{4-7}$$

根据上述计算,得到两片平凸柱面镜的焦距分别为:$f_1 = 9.4\text{mm}$,$f_2 = 16\text{mm}$,可以算出其曲率半径分别为:$R_1 = \frac{f_1}{2} = 4.7\text{mm}$,$R_2 = \frac{f_2}{2} = 8\text{mm}$。

4.3.2 分光镜设计

半导体激光器光束经过快慢轴整形后,两个方向的光束已经准直。为了提供一路起始

信号，需从准直后的光束分出一路微弱的光信号。采用镀增透膜的分光镜进行分光，分光镜的材料为 K9 玻璃，厂家为北京欧普特科技有限公司，型号为 GW11-025。分光镜的直径为 25mm，安装位置与光束传播方向呈 45°。镀增透膜的分光镜透过率可以达到 99.8%，因此还有近 0.2% 的反射光，利用这 0.2% 的反射光提供给起始信号。但是 0.2% 反射光的光功率大约为 0.4W，远远超过起始信号探测器 0dBm 左右的阈值。因此，可以采用衰减片、光阑或者光纤耦合的方式进行衰减。为了整个系统稳定可靠，我们采用光阑的方式，光阑的直径为 0.2mm，光阑离探测器光敏面的距离为 2mm，通过计算可以知道，经过光阑后的光功率损耗计算公式为：20×log（光阑直径/光斑直径），即 20×log（0.2mm/25mm）= -42.0dBm，而反射光功率为 26dBm（即 0.4W），为此可以计算得到探测器最大的接收光功率为 26dBm-42.0dBm = -16.0dBm，这个值处于探测器的灵敏度 -40.0dBm 和阈值 0dBm 之间，满足探测器响应的要求。

4.3.3　发射光学系统仿真与分析

在完成发射光学系统的设计后，我们用光学设计软件 Zemax 对发射光学系统进行仿真。

将两片平凸柱面镜的焦距和曲率半径等参数输入到 Zemax 光学设计软件中进行模拟仿真，垂直和水平方向的仿真效果图分别如图 4-2 和图 4-3 所示。经过仿真，可以得到最终的透镜参数。

第一片透镜：长×宽=6mm×5mm，曲率半径为 4.7mm，中心厚度为 2.73mm，边缘厚度为 2mm。

第二片透镜：长×宽=6mm×5mm，曲率半径为 8mm，中心厚度为 2.44mm，边缘厚度为 2mm。

为了保证准直效果，在设计和安装中，激光器发光面离第一片透镜的距离为 14.1mm，两片透镜之间的间距为 7.7mm。

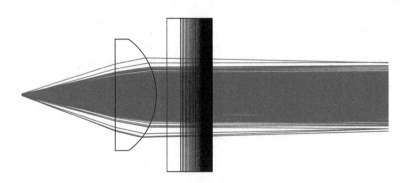

图 4-2　发射光学系统垂直方向仿真图

为了进一步获知发射系统的准直效果，我们对发射系统的出射光斑进行仿真，光束出射发射光学系统传输 20m 时的光斑如图 4-4 所示。从图中可以看到光斑的长宽近似为 0.5m，表明发散角为 25mrad×25mrad，满足设计要求。当发射功率为 200W 时，20m 处光

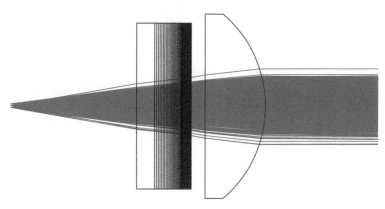

图 4-3　发射光学系统水平方向仿真图

斑内的总功率为 199.6W，传输效率为 99.8%，表明光束在光学系统和空间传播时损耗很小。同时，从图中可以看出光斑内光束均匀性差，主要是由于激光器本身输出近似高斯分布的光束所导致。

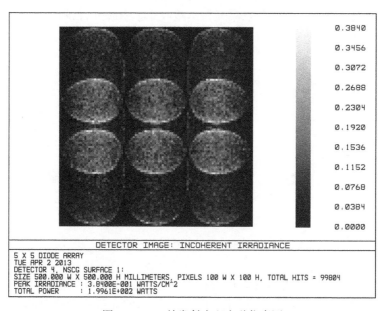

图 4-4　20m 处发射光斑光学仿真图

发射光束经过准直光学系统、分光镜以及反射镜后，光功率将会有所减小。准直光学系统和分光镜的每个光学镜片镀增透膜后，每个面的透过率可以达到 99.8%，共计 6 个透射面；反射镜的反射率可以达到 95%。因此，整个发射光学系统的传输效率约为 $0.998^6 \times 0.95 = 93.8\%$。

设计并仿真通过后，这两片透镜交由长春金龙光电科技有限责任公司生产完成，型号为 21J1310L3S，材料为 H-K9L。

4.4　5×5 面阵激光雷达接收光学系统设计

　　类似单点扫描激光雷达，APD 面阵激光雷达接收光学系统的功能是把探测目标视场反射的微弱激光回波信号会聚至探测器的光敏面上，并需提高探测器的接收光功率，同时还需尽可能地减少背景噪声光的入射，但是该面阵激光雷达接收光学系统的设计又不同于单点激光雷达，后者只需将探测目标的回波信号会聚到 APD 探测器的一个光敏面上，而前者是分别会聚到多个光敏面上，由此对面阵激光雷达光学系统的设计、制作、装调都提出了较高的要求。从图 2-4 可知，接收光学系统主要包括接收透镜、滤波片和光纤阵列等部分。对于接收透镜主要考虑的性能指标有：有效口径、焦距、透射率；滤波片主要考虑的指标有：带宽、透射率；光纤阵列主要考虑的指标有：光纤布局间距、光纤芯径、长度。通常接收透镜和滤波片有参数相近的商业化产品可供选用，而光纤阵列没有现成产品，只能专门设计制作。

　　APD 面阵激光雷达的接收光学系统需要将回波信号会聚到 5×5 光纤阵列端面或者 5×5APD 阵列的各个光敏面上，使各单元接收到光信号，并保证接收光纤阵列或者 APD 阵列各个单元的接收视场与目标点一一对应。通过分析，将 5×5 的探测目标分成 5 列，每列 5 个探测小区域，每个接收单元对应探测目标其中一个小区域，从而可以将 APD 面阵激光雷达的接收光学系统转化为单点激光雷达接收光学系统进行设计。探测目标接收光路示意图如图 4-5 所示。

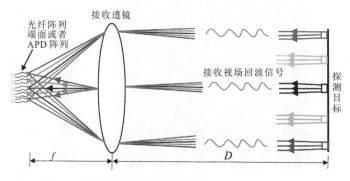

图 4-5　接收光学系统设计示意图(Zhou et al.，2015)

　　目前国际上主要有反射式和透射式两种类型的接收光学系统用于激光雷达(熊辉丰，1994)。反射式接收光学系统通常用于作用距离比较远的大型激光跟踪测距雷达中，这种接收光学系统的口径大、成本昂贵。透射式接收光学系统主要用于近距离的成像激光雷达，这种类型的接收光学系统体积小、价格比较适中。

　　接收光学系统采用的透镜主要有球面透镜和非球面透镜两种，它们的参数比较如表4-1 所示。其中球面透镜成本低，加工简单。而非球面透镜性能更佳，但由于加工难度大，限制了其应用。随着光学加工开展了大规模技术革命和创新活动，特别是人们研究开发出许多新的光学零件加工方法，如计算机数控单点金刚石车削技术、光学玻璃透镜模压成型技术、光学塑料成型技术、计算机数控研磨和抛光技术、环氧树脂复制技术、电铸成型技术以及传统的研磨抛光技术等(中国光学期刊网，2016)，这些加工技术使得人们可以利用非球面镜片设计和制作出质地优良的光学成像系统。

表 4-1 　　　　　　　　　　　　　球面与非球面透镜比较

名称	球面透镜	非球面透镜
光学系统性能	像差大，弥散斑大	像差小
接收效率	光接收效率低	光接收效率高
结构	镜片数量多，系统体积大、重量重	镜片数量少，甚至单镜片，系统体积小、重量轻
装配要求	单镜片装配要求低，多镜片组装配要求高	单镜片装配要求低，抛物或者离轴反射式装配要求高
成本	成本低	成本高，抛物或者离轴反射式成本更高

4.4.1 光纤阵列接收光学系统设计

光纤阵列接收光学系统主要包括非球面透镜、光纤阵列、APDs 探测器。该系统的工作原理是：首先，通过非球面透镜将回波信号会聚到 5×5 光纤阵列端面，然后，通过光纤阵列分别耦合进入相应的 APDs。利用这种设计，使各单元接收到光信号，并保证光纤阵列耦合的 APDs 各个单元接收视场与目标点一一对应。下面将给出光纤阵列接收光学系统的具体设计。

1. 确定光纤的间距

首先根据需要设计 5×5 光纤阵列，为了保证每个 APD 单元的接收视场与探测目标一一对应，并减少通道之间的串扰，光纤间隙和光纤纤芯直径应满足以下条件：

$$d_{\text{gap}} \geqslant \frac{d_{\text{core}}}{2} \tag{4-8}$$

为了提高接收回波的功率，采用 Thorlabs 厂家提供的大芯径的能量光纤。选定的光纤芯径 d_{core} 为 400μm，包层为 440μm，光纤的数值孔径值 NA_{fiber} 为 0.22。由式（4-8）可知 $d_{\text{gap}} \geqslant 200\mu\text{m}$。考虑到生产工艺和成本，我们选择光纤间隙为 600μm，也就是说光纤的中心间距 d_{pitch} 为 1.0mm。

2. 确定非球面接收透镜的焦距

为了很好地利用发射光能量并确保接收视场与发散角一一对应，接收光学系统的接收视场 $\theta_{\text{接收}}$ 应该与发散角 $\theta_{\text{发射}}$ 一致。为此，我们设计接收光学系统的接收视场角为 25mrad×25mrad，可以计算得到单个通道（包含光纤间隙）对应的接收视场角为：

$$\theta_{\text{rpitch}} = \frac{\theta_R}{5} = \frac{25\text{mrad}}{5} = 5\text{mrad} \tag{4-9}$$

另一方面，单个通道对应的接收视场可以由下式计算得到：

$$\theta_{\text{rpitch}} = \frac{d_{\text{pitch}}}{f_r} \tag{4-10}$$

式中，d_{pitch} 是光纤阵列的中心间距；f_r 是接收透镜的焦距。我们可以计算得到：$f_r = \dfrac{d_{\text{pitch}}}{\theta_{\text{rpitch}}} =$

$\dfrac{1\text{mm}}{5\text{mrad}} = 200\text{mm}$。实际上，我们选择焦距长为 211mm 的接收透镜。

3. 确定非球面接收透镜的口径

在计算完非球面透镜焦距后，下面计算透镜的接收口径。因为需要利用非球面透镜聚焦激光回波并耦合进入光纤，因此要求非球面透镜的数值孔径 NA_{lens} 小于或者等于光纤的数值孔径 NA_{fiber}，则有：

$$NA_{lens} = \frac{d_1}{2f_r} \leq NA_{fiber} \tag{4-11}$$

由于光纤的数值孔径值 NA_{fiber} 为 0.22，结合上一步计算得到的非球面透镜焦距 f_r 为 211mm，可以计算得到非球面透镜的口径为：

$$d_1 \leq NA_{fiber} \times 2f_r = 0.22 \times 2 \times 211 = 92.8\text{mm} \tag{4-12}$$

实际上，我们选择的非球面透镜口径值为 92mm。

单个 APD 的接收视场角可以由式(4-13)计算：

$$\theta_r = \frac{d_{core}}{f_r} = \frac{400\text{um}}{211\text{mm}} \approx 1.9\text{mrad} \tag{4-13}$$

由于光纤阵列是 5×5 的方形布局，5×5 的光纤阵列接收视场角，即接收光学系统的整体接收视场角为：

$$\theta_R = \frac{D_{array}}{f_r} = \frac{5\text{mm}}{211\text{mm}} \approx 23.7\text{mrad} \tag{4-14}$$

由式(4-14)可知，面阵发射光源的发散角要稍微大于接收光学系统的整体接收视场角，这刚好可以有效避免发射光斑边缘处的回波过低而导致探测器无法探测的情况；同时，为方便发射与接收光轴一一对应的调试，留有更多的调整余量。

4.4.2　接收光学系统仿真分析

在完成接收光学系统的设计后，我们用光学设计软件 Zemax 对接收光学系统进行仿真。

1. 非球面透镜参数和接收视场仿真

非球面透镜采用 K9 玻璃材料，在波长 905nm 时折射率 $n=1.5062$。

通过 Zemax 模拟，可以得到双凸非球面透镜的参数：

第一面非球面曲率 $R_1 = 118.79\text{mm}$；第二面非球面曲率 $R_2 = -1057.8\text{mm}$；中心厚度 $T_c = 16.0\text{mm}$；有效孔径 $D = 92.0\text{mm}$；焦距 $EFL = 211.0\text{mm}$；$K = -0.2586$。

第一面非球面透镜的非球面方程(潘君骅，2004)：

$$Z = \frac{r^2}{R\{1 + [1 - (1+k)r^2/R^2]^{0.5}\}} + \alpha_1 r^4 + \alpha_2 r^6 + \alpha_3 r^8 \tag{4-15}$$

式中，$R = 118.79\text{mm}$；$K = -0.2586$；$\alpha_1 = 1.11629 \times 10^{-7}$；$\alpha_2 = -1.61538 \times 10^{-10}$；$\alpha_3 = -7.22404 \times 10^{-14}$。

零视场角、半视场角和全视场角下非球面透镜接收 Zemax 软件仿真图如图 4-6 所示。

2. 非球面透镜接收弥散斑仿真

由于我们选用的光纤阵列单根光纤芯径为 400μm，在全接收视场下，接收的弥散斑

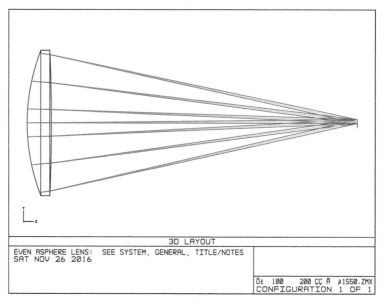

图 4-6 不同视场下非球面透镜接收仿真示意图

应该小于 400μm。为了验证弥散斑是否满足要求，用 Zemax 软件对非球面透镜的接收弥散斑进行仿真，弥散斑尺寸仿真结果如图 4-7 所示，最大接收视场为 0.68°时弥散斑的 RMS 值最大，为 41.17μm，即弥散斑直径为 82.34μm，小于光纤芯径 400μm。因此，非球面透镜接收弥散斑满足设计要求。

　　根据上面的设计，光纤阵列探测面尺寸为 5mm，接收视场角为 23.7mrad，发散角比接收视场角稍大一些。我们用 Zemax 软件对接收视场的弥散斑偏移进行仿真，结果如图

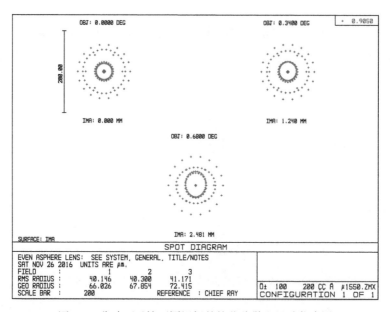

图 4-7 非球面透镜不同视场的接收弥散斑尺寸仿真图

4-8 所示。当最大接收视场为 0.68° 时，接收弥散斑偏移为 2.48mm，与接收光纤阵列探测面尺寸的一半相接近，说明接收光学系统满足设计要求。

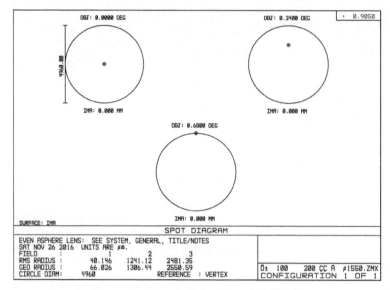

图 4-8　非球面透镜不同视场的接收弥散斑偏移仿真图

3. 接收光学系统整体仿真

在完成上述仿真后，我们用 Zemax 软件对接收光学系统进行了整体仿真。其中发射光学系统以 25mrad×25mrad 的发散角发射激光，200m 远处目标在整个视场下的光束回波仿真效果如图 4-9 所示。从图中可以看到，当光束经过目标反射后，只有符合光学系统接收视场要求的光束才能进入接收系统，并进入对应的光纤阵列，最后耦合到相应的 APD。从仿真结果可以得到，单根光纤接收视场为 1.9mrad，对应的单个光斑约为 0.38m，光束之间有一定的间距；整个接收视场为 23.7mrad×23.7mrad，整个光斑约为 4.74m×4.74m，说明光学系统满足设计要求。

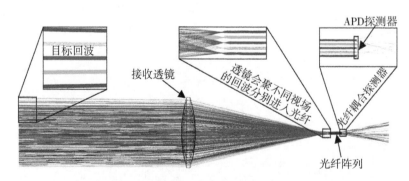

图 4-9　接收光学系统对 200m 远处的光束回波仿真图

光纤阵列设计后，交由上海诚景通信技术有限公司完成生产制作。用于光纤阵列耦合的 APDs 探测器，我们选用美国 Pacific Silicon Sensor 公司生产的 AD500-8 型 Si-APD 探测器，其光敏面为 500μm（Pacific Silicon Sensor Inc.，2009）。由于探测器的光敏面为 500μm，而光纤芯径为 400μm。因此，光纤到探测器的耦合效率可以到达 90%。关于 APD 探测器的选型将在第 5 章进行介绍。

4.5 5×5 面阵激光雷达光学系统调试及测试

4.5.1 5×5 面阵激光雷达光学系统调试方法

根据要求设计完 5×5 面阵激光雷达光学系统后，为了验证设计的正确性，对光学系统进行整体仿真，如图 4-10 所示。仿真结果表明，发射与接收实现了一一对应，达到了设计整体要求，可以设计出图进行光学器件的加工。在完成光学器件加工后，我们对整个光学系统进行组装与调试。组装完成后的 5×5 面阵激光雷达光学系统应该包括如下几个部分：发射光学系统、接收光学系统(包括光纤阵列)、整机机械结构、发射光源以及驱动电源、光电探测系统。需要的调试设备与工具为：光学平台、三光轴校正仪、红外观察镜、光电探测模块、示波器、905nm 光纤耦合激光器。

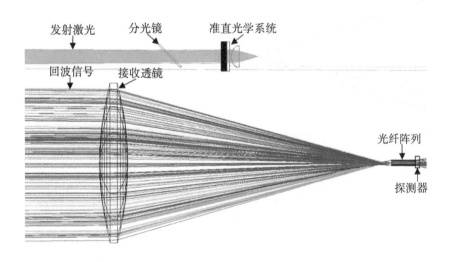

图 4-10 5×5 面阵激光雷达光学系统仿真图

在安装完成后，需要对激光雷达光学系统进行调校，光学系统的光路焦点与平行度调校示意图如图 4-11 所示。其目的主要是通过调整光源以及光纤阵列(或者探测器)在焦平面的相对位置使发射系统照射目标与接收光学系统一一对应。具体的调校过程如下：

①5×5 面阵激光雷达光学系统组装完后，放置在光学平台上。

②将光学系统安放在三光轴校正仪摇篮座上，调整俯仰偏摆，然后通过调整发射光学系统，使得发射光束对准三光轴校正仪靶标中心，锁紧摇篮座调节机构。

③将 905nm 光纤耦合激光器接入 5×5 光纤阵列中靠近中心的一根光纤，通过 CCD 监视器观察三光轴校正仪靶标。观察监视器上成像光斑的均匀性、形状及大小，并根据实际情况调整光纤阵列焦点的位置。当光纤入射光位于光轴焦点处时，监视器上显示的光斑最圆且最小，此时表明接收光学系统的单个光路调整完毕。

④调整发射激光器或者 5×5 光纤阵列的位置，使得发射激光器发射的光束与 905nm 光纤耦合激光器接入光纤阵列的光束在靶标上光斑中心重合；将 905nm 光纤耦合激光器分别接入光纤阵列的每一个光纤，观察在靶标上形成的光斑形状，使得与发射激光器在靶标上的光斑形状和轮廓对应，即表明发射光轴与接收光轴平行度以及一一对应调整完毕。

⑤外场调试。将在室内调整好的系统放置在云台上，对准 10m 开外的白色墙壁进行外场检验。开启整个系统电源，用红外观察镜观察墙壁上的光斑形状、轮廓、大小等是否与设计一致，示波器检测每路接收是否有正常的回波信号，采用遮挡法检验发射光束在目标处的光斑与接收光纤阵列是否一一对应。

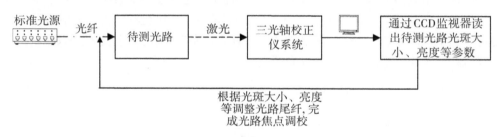

图 4-11　激光雷达光学系统调校示意图

4.5.2　5×5 面阵激光雷达光学系统测试方法

5×5 面阵激光雷达光学系统经过上述步骤，已经完成了发射光学系统的发散角、接收光学系统的焦点位置的调校以及两者之间的一一对应。下面采用仪器进行测试。

①测试发射光学系统的发散角。将在调整好的系统放置在云台上，对准 10m 开外的白色墙壁进行外场检验。开启发射激光器电源，用红外观察镜观察墙壁上的光斑形状、轮廓、大小等，并用直尺对光斑进行测量，可以测得光斑尺寸大约为 24.8cm×24.6cm，即表明发散角为 24.8mrad×24.6mrad，可以看到此参数与设计要求基本一致。光斑由三条亮条纹组成，可以明显观测到光斑均匀性差，边界轮廓不清晰，与 Zemax 软件仿真结果基本一致。

②测试接收光学系统的焦点位置是否正确。在测试发射光学系统的发散角的基础上，再将 905nm 光纤耦合激光器接入光纤阵列中的一根接收光纤，用红外观察镜观察墙壁上对应光斑的形状、轮廓、大小等，调节 5×5 光纤阵列前后位置，使输出的光斑直径最小。此时，表明 5×5 光纤阵列的端面位置处在接收光学系统的焦平面上。

③测试发射光学系统与接收光学系统是否一一对应。在上述测试的基础上，将 905nm 光纤耦合激光器分光，再分别接入光纤阵列中的每一根接收光纤，用红外观察镜观察墙壁上各个小光斑组成的大光斑是否与发射光斑的轮廓、形状以及大小一致。可以稍微旋转 5×5 光纤阵列，此时其对应输出的大光斑也会跟着旋转，如图 4-12 所示。同时，还可以采

用遮挡法检验，即使用反射率较低的纸板挡住发射光斑的一部分，用示波器检验对应探测器的输出信号。

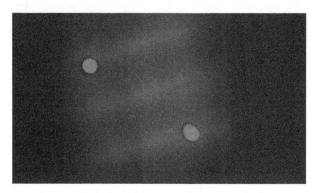

图 4-12　10m 处发射光束与单个接收光纤发射光斑对应图

⑤经过检测，发射光学系统的发散角为 24.8mrad×24.6mrad，接收光学系统 5×5 光纤阵列的接收视场大约为 23.7mrad×23.9mrad，发射光斑与接收光学系统的接收视场是一一对应的。

4.6　面阵激光雷达系统结构设计

4.6.1　5×5 面阵激光雷达光学系统结构设计

如图 4-13、图 4-14 所示为 5×5 面阵激光雷达发射光学系统结构图。激光器模块通过支撑座固定安装，支撑座通过螺母固定在底板上。准直镜组安装在准直镜组镜筒内，通过

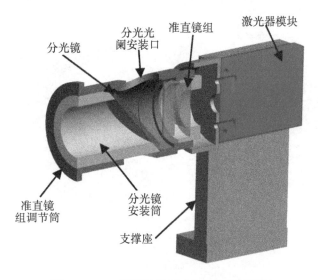

图 4-13　5×5 面阵激光雷达发射光路剖面图

镜筒与安装筒的紧配合实现镜筒的固定。同时，为了实现准直镜组与激光发光面之间的距离调节，利用镜筒与安装筒之间的紧配合实现距离调节，从而实现准直镜组对激光光束的发散角调节。分光镜安装在分光镜安装筒内，通过开孔分出来很小部分反射光，反射光进入光阑，最终进入起始光信号探测器。

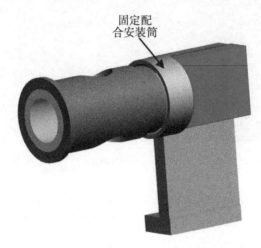

图 4-14　5×5 面阵激光雷达发射光路结构图

　　5×5 面阵激光雷达光学系统内部结构设计图如图 4-15 所示。发射光学系统通过底座与前面板共同固定；接收主镜通过压圈固定在前面板，并要求与发射出射光镜筒保持同一个面；光纤阵列安装在光纤阵列接口上，可以前后调节位置即焦点位置，也可以通过旋转调节每根光纤的探测视场与发射的光斑一一对应；由于光纤阵列不能过于弯曲，有一定的

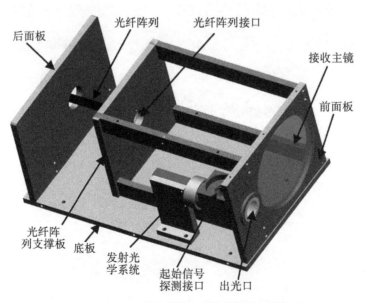

图 4-15　5×5 面阵激光雷达光学系统内部结构图

弯曲半径，因此需要一定的空间留给光纤阵列伸展。5×5 面阵激光雷达光学系统实物图如图 4-16 所示。

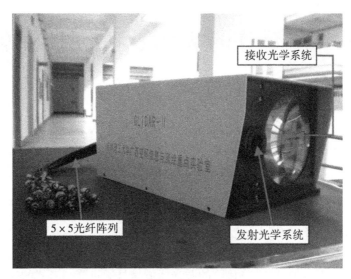

图 4-16　5×5 面阵激光雷达光学系统实物图

第5章 面阵激光雷达阵列探测处理

阵列探测处理系统是面阵激光雷达的重要组成部件之一，是决定面阵激光雷达整体性能的关键部分。本章首先讨论面阵激光雷达 APD 探测器的选型，然后对探测处理电路的设计进行分析，接着具体给出电源电路、并行探测放大电路及时刻鉴别电路的设计，随后介绍阵列探测中抗干扰处理办法，最后介绍光电探测处理进行调试、测试及其达到的性能。

5.1 APD 探测器功能与选择

阵列探测处理部分的功能是将接收的激光回波信号通过阵列形式的光电探测器转化为多路电流信号，然后由并行运放电路得到多路放大模拟信号，再由并行定时鉴别电路将放大的模拟信号转化为具有时间信息的多路数字逻辑信号，以确定多点激光探测的精确时刻。其中，实现光信号到电信号转变的核心元件便是 APD 探测器。在进行并行探测处理电路设计时，人们必须已知 APD 探测器的相关参数。因此本节首先讨论如何选定 APD 探测器型号。

APD 探测器选型所依据的参数包括响应速度快、噪声和输入电容小、增益大以及峰值响应波长与发射激光波长要匹配等。APD 探测器的光谱响应区间主要由其材料决定，常用的 APD 探测器根据其材料的不同可以分为 Si、Ge 和 InGaAs 三种类型，对应的光谱响应区分别为 400~1100nm、800~1550nm 和 900~1700nm（张鹏飞等，2003），其中 Si-APD 的噪声系数最小。结合第 3 章所选的激光器，该类型探测器在 905nm 中心波长处响应度很大，价格也比较合理，因此，本书以 Si-APD 探测器为例，再结合响应速度（至少满足激光脉冲信号上升时间要求）、输入电容、增益等因素综合考虑选择探测器。

结合光纤阵列接收探测处理电路所需的单点 APD 探测器的特点，本书选定美国 Pacific Silicon Sensor 公司生产的型号为 AD500-8-TO52S2 的 Si 光电探测器，如图 5-1(a)所示。从图 5-1(a)可以看出它具有响应速度快、噪声小、成本低等特点，并在 905nm 处的响应度为 34A/W 左右，上升时间 0.35ns，暗电流典型值为 0.5~1nA，电容为 2.2pF。其他主要参数见表 5-1(Pacific Silicon Sensor Inc.，2009)。

表 5-1　**AD500-8-TO52S2 光电探测器性能参数(Pacific Silicon Sensor Inc.，2009)**

参　数	值	单位
光敏面积直径	0.5	mm

参　　数	值	单位
电流响应度(905nm，$M=100$)	34	A/W
暗电流($M=100$)	typ. 0.5~1	nA
击穿电压	120~190	V
结电容($M=100$)	2.2	pF
上升时间($M=100$)	0.35	ns
温度系数	typ. 0.45	V/K
截止频率(-3dB)	1	GHz
N.E.P($M=100$，800nm)	2×10^{-14}	(W/Hz$^{1/2}$)
噪声电流($M=100$)	1	pA/Hz$^{1/2}$

(a) AD500-8-TO52S2 APD 探测器　　　　　(b) 25AA0.04-9 的 5×5APD 阵列探测器

(Pacific Silicon Sensor Inc.，2009)　　　　　(First Sensor Inc.，2011)

图 5-1　不同型号 APD 探测器

　　按照单点 APD 的选型依据，对于 APD 阵列探测器的可选型号就很少了，原因是目前只有少数几家国外公司能够提供阵列形式 APD 探测器。表 5-2 是目前国际上典型的几家公司可销售的 APD 阵列探测器的核心参数。

表 5-2　　　　　　　　　　　　　阵列形式 APD 探测器参数比较

公司名称	型号	单元数	响应度($\lambda=905$nm)	电容	响应时间	暗电流
Excelitas	C30985E	1×25	31A/W	0.7pF	2ns	1nA
Hamamatsu	S8550-02	4×8	50A/W	10pF	—	10nA
First Sensor	25AA0.04-9 64AA0.04-9	5×5 8×8	60A/W	1pF	2ns	0.3nA

从表 5-2 中可以看到，First Sensor 公司的阵列形式 APD 是一款性价比优良的探测器，考虑到成本和技术积累需要过程，针对第 2 章 APD 阵列接收探测处理电路所需的 APD 阵列探测器，本书以 First Sensor 公司的单元间距为 0.3mm 的型号为 25AA0.04-9 的 5×5 APD 阵列探测器为例进行讨论(如图 5-1(b)所示)，其主要参数见表 5-3。这种阵列探测器芯片因含有保护环的结构特性，因此它能有效减少各单元之间的电串扰。

表 5-3　　　　25AA0.04-9 型号 5×5APD 阵列主要参数(First sensor Inc., 2011)

名称	测试条件	典型值	单位
单元数	—	25	unit
光敏区域	—	205×205	um
中心间距	—	300	um
暗电流	$M=100$, $\lambda=880nm$, 每个单元	0.3	nA
响应度	$M=100$, $\lambda=905nm$	60	A/W
上升时间	$M=100$, $\lambda=905nm$, $R_L=50\Omega$	2	ns
击穿电压	$I_R=2\mu A$	200	V
电容	$M=100$, 每个单元	1	pF

5.2　探测处理电路分析

根据 APD 探测器的工作原理，当有响应波长范围内微弱的回波信号入射到加有反向偏置高压的 APD 光电探测器时，APD 探测器相当于一个恒流源，将会有反向光电流产生。但是，通常它产生的光电流极其微弱，需要将其进行放大处理，这就是 APD 放大电路需要完成的工作。由于回波激光信号经探测放大后输出的脉冲信号直接影响到测距精度，因此这种电路要求把探测到的光电流信号不失真地放大，而且要保证噪声小。

APD 阵列探测处理部分的并行放大电路主要由电阻器型或跨阻型两种方式来实现(梁瑞林，2006)。电阻器型放大电路通常是通过电阻将 APD 探测器输出的电流信号变换为电压信号，再由放大器进一步处理。跨阻型放大电路是一种性能优良的电流-电压转换器，其基本结构包括放大器和反馈电阻。放大器的增益由反馈电阻决定，通过降低增益可以改善放大电路的带宽，具有宽频带、低噪声的优点。但是反馈电阻的引入也降低了输入阻抗，因此人们在设计并行放大电路时，通常需要综合考虑带宽、放大倍数、输入阻抗等因素。

APD 所探测的回波信号的形状是由激光发射的脉冲波形、大气衰减以及探测目标共同决定。为了方便设计，本书以激光发射模块发射的脉冲激光波形来分析 APD 探测回波信号的带宽。根据高速脉冲信号带宽经验公式(李玉山等，2006)和所选用的激光器脉冲激光信号的上升时间(t_r)为 3.5ns 左右，我们可以计算带宽：

$$F = \frac{0.35}{t_r} = \frac{0.35}{3.5} = 100\text{MHz} \tag{5-1}$$

也就是说，要求放大电路的带宽至少为 100MHz。

根据式(2-10)可知，APD 面阵激光雷达接收子系统接收到的光功率越小，输出的光电流就越微弱。当小到与噪声相当的接收光功率，为最小可探测光功率 P_{min}。理论上，APD 最小可探测功率只需要大于 APD 的等效噪声即可，但实际上人们还要考虑电源噪声、背景噪声、后续处理电路性能等多因素的影响。结合我们的工程经验，所选用的 APD 最小可探测功率应该为 100nW 左右。为了确保成功探测，放大电路的设计按照每个 APD 单元接收 100nW 功率计算。通过前期的测试实验得知：由于噪声的影响，要求 APD 探测器放大后的电压信号为 40mV 左右。然后，根据本书第 2 章公式(2-10)可计算得到 APD 探测器的光电流信号。由表 5-1 知，AD500-8-TO52S2 型号的 APD 响应度为 34A/W。根据 100nW 的接收光功率计算，可得其光电流为 3.4μA。如果要达到 40mV 以上的电压值，增益必须达到 1.1×10^4 以上。同样，由表 5-3 知，APD 阵列芯片的响应度为 60A/W，根据 100nW 的接收光功率计算，可得其光电流为 6μA，如果要达到 40mV 以上的电压值，跨阻增益只需要达到 7.7×10^3 就可以满足放大倍数的要求。

APD 阵列探测输出的多路光电流，通过并行放大电路输出模拟电压信号后，还需要通过时刻鉴别电路来确定其定时时刻点。时刻鉴别方法主要有：前沿定时、峰值定时和恒比定时(潘璠，2009；王晓冬，2009)。前沿定时方法通常是将放大后的模拟信号输入到高速比较器，再把输入的信号与一个预设的参考电平进行比较，以比较器输出的数字脉冲信号的上升沿作为回波信号到达的时刻。该方式的定时电路实现较简便，定时准确，但是存在着幅度-时间游走现象。恒比定时和峰值定时方式虽然在一定程度上能够克服幅度-时间游走，但电路比较复杂，并且还可能会引起其他方面的误差(安琪，2008)。对于一个 5×5APD 阵列探测器，在进行鉴时电路设计时，总共需要 25 路相同的电路去处理并行探测放大电路产生的 25 路信号。若时刻鉴别电路采用后两种复杂的方式实现定时，必然会使电路异常庞大，加之如果选用的激光脉冲上升时间短，幅度-时间游走问题影响有限，那么采用高速比较器的前沿定时法就可以实现比较精确的定时鉴别。

5.3 并行探测处理电路

5.3.1 并行探测处理电路组成

根据本书 2.1.3 中描述的接收子系统的说明，本章将讨论光纤阵列和 APD 阵列两套光电探测模块的具体设计。结合 APD 探测器、并行放大电路和并行时刻鉴别电路的分析，光纤阵列探测模块采用 5×5 光纤阵列耦合 25 个 AD500-8-TO52S2 单点 APD 作为阵列探测器。在 25 路并行放大电路作用下，实现 25 路电流信号转换为放大的电压信号，再经过 25 路并行的高速比较电路实现时刻鉴别，输出 25 路 Stop 信号，分别送入多通道时间间隔测量子系统的 25 个 Stop 输入端。APD 阵列激光雷达接收子系统的探测模块，采用一片

25AA0.04-9 型号 5×5APD 阵列探测器芯片接收，在 25 路跨阻型的并行放大电路作用下实现 25 路电流信号转换为放大的电压信号，接下来的处理方式类似光纤阵列探测模块。

光纤阵列探测模块组成是：由 5×5 排布的 25 条光纤将接收光学系统焦平面阵列上的回波信号分别引入 25 个单点 APD 的光敏面上，再通过并行探测处理。显然，如果把 25 个单点 APD 放在一块电路板上处理，这是不现实的。对应以 5×5 的分布形式的光纤阵列接收端，如果把 25 个单点 APD 中的每 5 个分成一组，则共 5 组。每一组，我们设计一块电路板进行探测处理，这样的话，在设计电路原理图时，我们只需设计一组 5 个通道的电路，即一个 5 通道的基本探测处理单元，PCB 布线完成后，只需加工 5 块相同的 PCB 电路板，就可以实现 25 通道的并行探测处理。

一个 5 通道的基本探测处理单元包括 5 个 APD 探测器、1 个高压电源、5 路并行放大电路、5 路并行时刻鉴别电路以及相应的低压电源和电压调整电路，如图 5-2 所示。5×5APD 阵列探测模块主要有 5×5APD 阵列芯片、低压直流电源电路、高压直流电源电路、25 路跨阻放大电路、25 路高速比较电路，如图 5-3 所示。

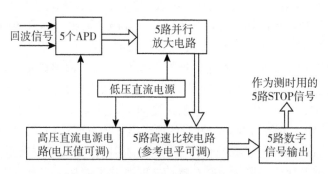

图 5-2　基本探测处理单元电路组成框图

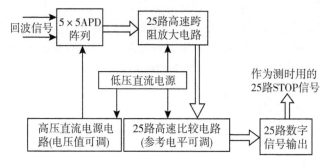

图 5-3　5×5APD 阵列探测处理电路组成框图

5.3.2　低压电源电路和 APD 高压偏置电源电路

电源是保证每个电路启动工作的前提，特别是芯片的供电更是电路稳定工作的重点，因此我们需要根据芯片的要求来设计电源电路。并行探测处理电路的电源包括一般电路所需的低压电源和 APD 高压偏置电源两部分。关于低压直流电源，我们需要根据并行探测处理电路选定的 AD8353 型号放大器、LMH6609 型号放大器、LMV7219 型号高速比较器芯片(见本书 5.3.3 节和 5.3.4)的要求进行设计。根据数据手册和电路设计需要，AD8353 型号放大器要求电源供电为 3.3V，LMH6609 型号放大器要求电源供电为正负 5V，LMV7219 型号高速比较器电源供电要求为 5V。正负 5V 线性电源是目前市场上常用的电源，所以对于 LMH6609 型号放大器和 LMV7219 型号高速比较器芯片，我们采用市场上已有的正负 5V 电源供电，而 AD8353 型号线性放大器则通过现成的 5V 电源转换成 3.3V 电源来供电。结合以上供电要求，我们采用凌力尔特公司输出电流高达 1.5A 的线性稳压电源芯片 LT1963A 来设计所需的 3.3V 电源。线性稳压电源芯片 LT1963A 的输入输出端，采用 LC 电路滤除电源的高频和低频噪声，以得到纯净的 3.3V 直流电源，免除电源噪声带来干扰，提高 APD 光电探测电路的信噪比。一个简化电路设计图如图 5-4 所示。

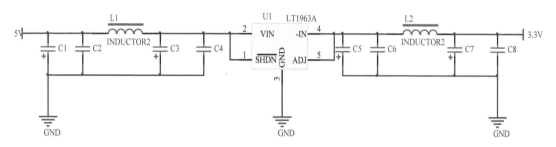

图 5-4　5V 转 3.3V 电源电路

从第 2 章的理论部分分析可知：APD 的高压偏置电源的大小决定雪崩增益值。雪崩增益值在一定的程度上决定探测距离，由于暗电流值也随着增益值的提高而增大，所以并非增益值越大越好。关于本书光纤阵列探测模块选用的 AD500-8-TO52S2 探测器，根据其数据手册，APD 增益为 100 是比较理想的取值(Pacific Silicon Sensor Inc., 2009)，此时对应的偏压范围是 110~175V。这种探测器会随着探测距离、环境温度以及背景噪声的变化而有所改变，但其具体取值需要通过实验调试确定。为了适应不同条件的探测要求，且便于调试，高压偏置电路设计成为可调模式，它由外端可调电路和高压模块两部分组成。高压模块采用天津东文高压电源厂 APD 专用高压模块，其输出电压最大值为 400V，电流值为 1mA。该高压模块给一块电路板上的 5 个 APD 以共阴极的形式同时提供偏置电压，其外围电路简化原理图如图 5-5 所示。该电路由外端 5V 电源输入高压模块，通过外围可调电路使输出的高压值在 0~400V 范围内线性可调。根据 APD 理想的工作偏压范围，这个值可以满足 APD 偏压要求。类似上述 5V 转为 3.3V 电源电路的设计，在提供给 APD 做偏置电源前，高压电源输入端接 LC 滤波电路，高压电源输出端接限流电阻，再通过高耐压值的滤波电容退耦，以保证良好的电源性能。

关于 APD 阵列探测模块选用的 25AA0.04-9 型号 5×5APD 阵列探测器，根据其数据手册，APD 增益值为 100 是比较理想的取值，这个数值对应的偏压范围是 185V 左右。另外，25 个 APD 单元共阳极，而跨阻放大电路的反馈电阻是连接到放大器的反相端。所以 APD 阵列 25 个通道的偏置电压以共阳极的形式由 1 个负高压电源提供。东文高压电源厂

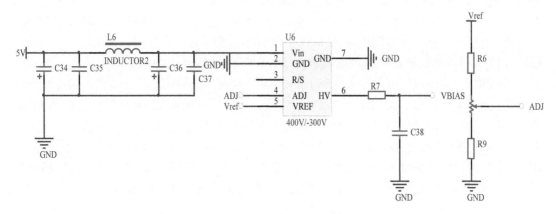

图 5-5　APD 高压偏置电源电路

能定制该高压模块，其输出电压范围为：0～−300V，输出电流为：15mA。同样，该高压模块设置为可调模式的外围电路以满足 0～−300V 连续可调，其具体的电路设计图如图 5-5 所示。

5.3.3　APD 并行探测放大电路

光纤阵列探测模块的并行探测放大电路选用 ADI 公司制造的 AD8353 线性功率放大器，其工作兼容电压 3V 和 5V，内部集成 50Ω 输入输出阻抗，总带宽为 1Hz～2.7GHz。当工作电压为 3V 时，在 900MHz 处的功率增益达到 9.1dbm（Analog Devices Inc.，2013）。可见采用两级功率放大芯片，再外接电阻到地，就极易满足 40mV 输出电压的要求。

光纤阵列探测模块的基本探测处理单元中一路 APD 探测和放大电路简化设计图如 5-6 所示。图中 APD_diode 为 AD500-8-TO52S2 型号 APD 探测器，脚 1 为阴极接高压电源，脚 3 为阳极接 1kΩ 电阻 R1 到地与第二级 AD8353 放大器输出端阻抗匹配，脚 4 为外壳通过接地可降低噪声，R2 为限流电阻，C29 为高耐压值的反向偏置高压去耦电容。

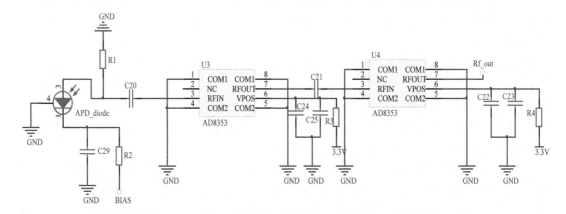

图 5-6　基本探测处理单元一路 APD 光电探测放大电路

其功能是通过交流耦合电容 C20 去除自然光产生的直流分量后把微弱电流信号引入 AD8353 线性放大。通常，由于单级放大倍数达不到放大到 40mV 左右的要求，人们还需要通过 C21 交流耦合电容输入到下一级 AD8353 放大器，实现再次放大，以达到满足放大倍数要求的功率信号，该信号从 Rf_out 输出到时刻鉴别电路。上面两级 AD8353 放大器都是采用接有限流电阻的 3.3V 电源供电。为了去除电源噪声，以确保芯片能够稳定工作，人们通常在 AD8353 芯片的电源输入引脚附近，接一对分别滤除高低频噪声的退耦电容。

关于 APD 阵列探测模块的并行放大电路采用跨阻型放大电路。跨阻放大器采用 TI 公司制造的 LMH6609 型号电压反馈运算放大器，该放大器的 Av 为 2 时的 −3db 带宽为 280MHz，它需要双电源供电，具有功耗低、输入电流噪声小并且单位增益稳定（Texas Instruments Inc.，2013）的特点。图 5-7 是该型号放大器与光电二极管典型的跨阻放大应用电路图。图中 Rf 为决定跨阻增益的反馈电阻，光电二极管的输出电流乘以 Rf 决定输出电压。由于电阻越大，其噪声也就越大。因此，Rf 的取值通常不宜太大（梁瑞林，2006）。这样，我们就需要合理选择 Rf 值。图中 Cd 为 APD 电容，Cf 为反馈电容，因为运放有输入电容，容易产生自激振荡，利用反馈电容进行相位补偿，就会使运放的自激振荡特性得到改善，通常反馈电容取值为光电探测电容的 1/2 左右，具体值还受 PCB 布线、生产加工等多个因素的影响，需要在具体电路实现后通过多次调试加以确定。

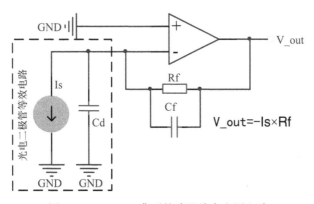

图 5-7　LMH6609 典型的跨阻放大应用电路

APD 阵列探测模块并行放大电路 A1 通道的简化电路原理图如图 5-8 所示。在这个图里，每个 APD 单元的阴极接一个 100kΩ 的保护电阻到地。APD 输出的光电流由一个 0Ω 的隔离电阻输入到跨阻放大器反向输入端；跨阻放大器的增益设置为 10K，即反馈电阻 Rf 取 10kΩ，反馈电容 Cf 选取 0.5pF 左右，具体值应该由电路调试来决定。

5.3.4　并行时刻鉴别电路

根据本书 5.2 节的分析，两套探测模块的时刻鉴别电路都采用前沿阈值比较方法，利用高速比较电路实现，简化的电路图如图 5-9 所示。高速比较器采用 TI 公司制造的 LMV7219，它是一种轨到轨输出的比较器。当工作电压为 5V 时，输出上升时间为 1.3ns；

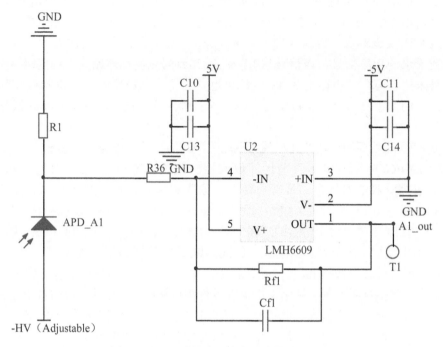

图 5-8　A1 通道的跨阻放大电路简化原理图

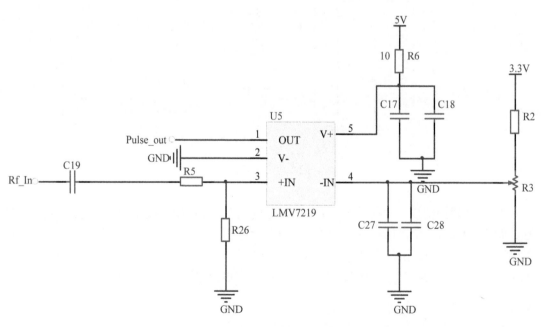

图 5-9　单个通道的并行时刻鉴别电路简化原理图

当同相端输入电压大于反向端参考电压时，其输出端电压就发生跳变；输出的逻辑高电平电源电压接近5V，低电平接近0V(Texas Instruments Inc.，2013)。该型号比较器很适合前沿定时。另外，输入比较器同相端的电压值大小将随着APD接收到的光强大小的改变而变化。比较器参考电平的取值主要由噪声决定，如果该电路设置为连续可调模式，就可以适用于不同的噪声场合。在电路设计中，反向输入端的参考电平由3.3V电源接电位器，实现0~3V电压的连续可调。比较器电源引脚外接两个高低容值搭配的电容滤波是用于去除噪声，以确保芯片工作稳定。本电路的工作过程是：第二级线性放大器输出的信号Rf_In(或者跨阻放大器输出的信号A1_out)经交流耦合电容C19和阻抗匹配电阻R5后，输入到LMV7219的同相端，当同相端输入电压大于反向端所设置的参考电平时，比较器就输出包含定时信息的脉冲形式的TTL高电平；当无回波信号或者回波信号未达到探测阈值时，比较器就输出低电平。

5.4　抗干扰处理

阵列探测处理系统要求具有较强的抗干扰能力，在电路设计完成后主要从电路的屏蔽处理和接收光学系统部分加滤光片两个方面来提高电路抗干扰能力。

5.4.1　屏蔽处理方法

滤波的功能主要是对电路中的信号进行抗干扰处理，而屏蔽是指抑制电磁干扰在空间中的传播。如果我们将电路装置放在空心导体或者金属网内使其不受外电场的影响，通常采用屏蔽线输出信号。屏蔽电场耦合干扰时，导线的屏蔽层最好不要两端连接地线使用。因为在有地环电流时，这将在屏蔽层形成磁场，干扰被屏蔽的导线。正确的做法是把屏蔽层单点接地，一般选择它的任一端接地。

在印制电路板布线时要注意以下几个方面：①电路中的电流环路应保持最小，尽可能避开环电流对电路的影响；②电源线应靠近地线；③尽量使用较大的地平面，以减小地线阻抗；④信号线和回线应尽可能接近；⑤电路中要求有一个良好的接地，电路板上除必需的信号走线和电源走线，应尽可能地铺地(余鑫晨，2012)。

5.4.2　滤光片方法

在面阵激光雷达成像过程中，根据激光信号的单色性特点，人们通常在接收光学系统中加入滤光片，以滤除激光工作波长以外的背景光噪声，这样可以大大提高接收系统的信噪比，从而提高测距系统的探测能力(赵陆，2010)。为了降低背景光的噪声，滤光片的带宽越窄越好，但是滤光片的透过率会随着带宽的减少而减小。更严重的是，滤光片的中心波长随时间和环境温度变化而漂移。当滤光片带宽过窄时，由于中心波长漂移将会使激光信号的透过率大大下降，甚至完全不能透过。因此，滤光片的带宽不宜太窄。根据激光器的实际参数，在常温时输出激光的谱线宽度为8nm，输出的激光波长随温度的变化率为0.27nm/℃(Laser components，2011)；若在5~55℃温度范围内工作，波长变化值达到13.5nm，滤光片的带宽选择在25nm左右。由此可见，滤光片的带宽应该在25nm左右。

本书选用 Edmund Optics 公司生产的#86-650 型号滤光片(见图 5-10),其中心波长为 900nm,带宽为 25nm,峰值透过率大于 90%。

图 5-10　滤波片实物图(Edmund Optics Inc.,2013)

5.5　阵列探测处理电路实现及测试分析

本书设计的光纤阵列探测处理单元电路和 APD 阵列探测处理电路,经过加工,焊接电子元器件的电路板实物分别如图 5-11(a)和图 5-11(b)所示。下面将具体描述由这两种探测处理电路搭建的接收子系统测试分析过程。

　(a) 基本探测处理单元实物图　　　　　(b) APD 阵列探测处理电路实物图

图 5-11　电路板实物图

5.5.1　光纤阵列接收子系统调试及分析

阵列探测处理电路是一个多路并行的电信号处理系统,可以说其多通道脉冲信号的调试实验是一个非常重要又繁琐的过程，探测处理电路的一些参数只有通过多次调试实验才能确定，它的调试还需要高性能的实验仪器支持。

搭建的光路调试和 APD 放大电路测试实验平台如图 5-12 所示。当激光发射模块测试到有激光发射后，将其安装到机械结构的发射光学系统后端，并初步调整好准直透镜位置，使发射激光以 35mrad 的发散角照射到约 3m 远处的白色墙面，对 APD 光电探测模块的放大电路进行调试。此时由于传输到目标的光斑被扩散，单位面积的光功率已经很弱，超出了红外激光检测卡的灵敏度范围。为此，不能用本书第 3 章介绍的检测激光的方式，改用高灵敏度的红外相机观察，通过观察目标的光斑形状，进一步调整准直透镜的位置使光斑尽可能地均匀化处理，然后微调接收透镜的位置，使 5×5 光纤阵列位于接收透镜的焦平面处，以保证接收光学系统达到最佳的接收效率。接着给 APD 电路板上电，根据AD500-8-TO52S2 型号 APD 数据手册，调整 APD 高压偏置电源部分电位器的阻值分配，使加到 APD 的偏置电压为 135V，逐一连接 5×5 光纤阵列的光纤输出端到 APD 光敏面，再把放大电路输出的电脉冲信号由探头输入示波器进行观察。从红外相机配套的显示屏上可以清楚地看到目标墙上明亮的光斑，示波器上也检测到了 APD 放大电路输出的电脉冲信号，通过与 LASER COMPONENTS 公司提供的测试报告中激光发射模块输出的脉冲信号比较，可以看到两者的形状很接近，说明采用的放大电路能够很好地还原发射激光脉冲信号。

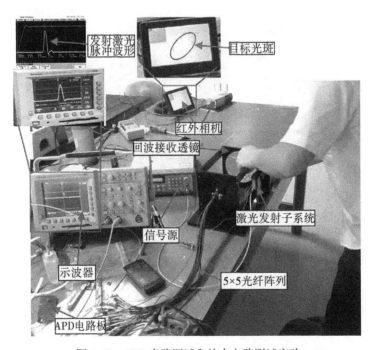

图 5-12　APD 光路调试和放大电路测试实验

在确保放大电路能够正常工作后，焊接好时刻鉴别电路部分的电子元器件及输出接口，安装到机械结构相应位置，在距离探测目标 10m 远处进行目标光斑均匀性观测、探测面积测定和 APD 阵列探测处理模块整体调试实验。由于探测距离增大目标光斑变大，单位面积的激光功率减小，即便采用红外相机也只能在黑暗环境下才能观察到目标光斑，为此，我们在夜间观测目标光斑，从图 5-13 可以看到夜间使用红外相机拍下的明暗程度不均匀的光斑。

关于单脉冲探测目标大小的测量，根据光路可逆原理，用发射红光的激光笔从光纤输出端发射到目标，然后将坐标纸紧靠探测目标承载可见的红色激光。从坐标纸上可以估算出单次激光脉冲探测面积的大小为 25cm×24cm，可见其基本满足设计指标中单脉冲探测面积的要求。

由于高速光电探测模块输入的光信号直接由分光片得到，光功率远大于接收子系统在 10m 处收到的回波信号，而它的探测处理过程类似接收子系统其中一个 APD 探测处理电路，为了吸取经验，在调试并行时刻鉴别电路之前先将高速光电探测模块输出的 Start 信号输入示波器观察进行调试。关于高速光电探测模块的调试，主要是调节 APD 的偏压和比较参考电平值，最终调试出高速光电探测模块的 APD 偏压为 60V 时就满足输出 TTL 电平的要求，高速比较器的参考电平值约为 38mV。从示波器可以看到 Start 信号幅值约为 5V，但是 Start 信号的脉宽信号远大于 8ns，主要原因是分光片分出的极小部分的反射激光功率相对 APD 的灵敏度依然很强，导致高速光电探测模块上的 APD 探测器饱和，这一问题可以通过衰减进入高速光电探测器光敏面的激光加以改善。

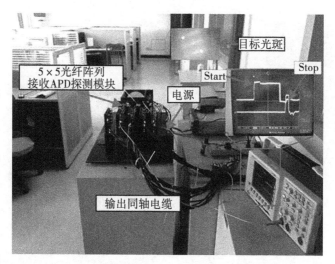

图 5-13　光纤阵列接收子系统调试实验

以放大电路调试实验得到的 135V 偏压和高速光电探测模块调试实验得到的 38mV 的参考电平值为依据，调试并行时刻鉴别电路。调节电位器使 5 个 APD 探测处理单元电路板上的偏压为 135V，比较器参考电平值为 38mV，然后逐一连接 5×5 光纤阵列的光纤输出端到 APD 光敏面，对 25 个 APD 的时刻鉴别电路输出的数字脉冲信号（即 Stop 信号），由 50Ω 同轴电缆输入示波器进行观察。在刚开始测试时发现有些通道没有数字信号输出，通过分析发现这些没有数字信号输出的通道对应探测目标的位置刚好位于激光照明目标光强比较弱的地方，需要增加偏压来提高增益，但是增益的提高噪声也随之增加，所以需要反复调节每个电路板上的偏压和参考电平到合适大小，直到各个通道有 TTL 电平的 Stop 信号输出。最后 5 个基本探测处理单元调试好的偏压分别为 143V、149V、139V、156V、145V，对应的参考电平为 41mV、45mV、40mV、46mV、43mV。调试好之后，通过示波器可观察到 Stop 信号的幅值都约为 5V，脉冲宽度为 10ns 左右，完全满足时间间隔测量电路对输入信号的要求。

5.5.2　APD 阵列接收子系统调试及分析

APD 阵列接收子系统调试实验如图 5-14 所示，探测距离为 10m，激光发射频率为 1kHz，类似光纤阵列系统。首先，调试好光路，使激光准直后的发射角为 35mrad 发射目标，照射目标的光斑均匀性调到最佳状态，接收光学系统将回波信号聚焦到 APD 阵列5×5 的光敏面。给 APD 阵列模块上电后，根据《APD 阵列芯片数据手册》（First sensor Inc.，2011），调节 APD 阵列的偏压值为 −170V，时刻鉴别电路阈值电平设置为 30mV。然后，将 APD 阵列探测处理系统各通道的数字输出信号即 Stop 信号由 50Ω 阻抗匹配同轴电缆逐一输入示波器观察，再结合输出的 Stop 信号微调偏置电压和阈值电平到最佳值，分别为 −180V、35mV。从图中示波器的测量波形可以看到，输出的 Start 信号幅值约为 5V，脉宽较大，对于得到的 Start 信号脉宽展宽的原因与光纤阵列接收子系统相同；输出的 Stop 信号幅值约为 5V，脉宽 10ns 左右，且通道间的均匀性较好，该 APD 阵列探测处理系统输出的 Stop 信号能够很好地满足时间间隔测量电路对输入信号的要求。

图 5-14　APD 阵列接收子系统调试实验

第6章　多通道高精度时间间隔测量

本章首先分析多通道时间间隔测量子系统(本章称之为"测时系统")的实现方式。然后，介绍TDC-GPX芯片的工作原理和STM32F103ZET6的微控制器芯片，并重点介绍1个STM32F103ZET6处理器控制1片TDC-GPX芯片设计并实现8路高精度测时的基本测量单元硬件电路。接着，介绍1个与基本测量单元同型号的处理器实现数据打包单元硬件电路，并介绍由事件驱动模式编程、循环FIFO和中断等技术实现数据收发准并行操作的软件。最后，介绍了测时系统的测试及32通道测时仪。

6.1　多通道时间间隔测量的实现方式

为了能够瞬间获取探测区域多点高精度的距离信息，如何并行测量多路激光回波飞行时间是APD面阵激光雷达必须解决的关键技术之一。针对这一技术，必须同时解决两个问题：一是时间的高精度测量问题；二是多通道并行测量问题(Zhou et al.，2015)。我们开发的激光雷达所要求的测时通道数至少为25个，要使整个面阵激光雷达达到±15cm的测量精度，还需考虑Start信号与25个Stop信号这些参与测时的"信号"几百皮秒抖动引起的误差，所以单就测时系统的分辨率而言，就要求每个通道的分辨率在100ps以内。

在本书2.4节介绍了时间间隔测量常用的方法，为了克服延迟线时延的变化，以抽头延迟线法或差分延迟线法为代表的数字转换法通常需要结合PLL或DLL技术来提高测量精度和稳定性。针对已发展成为主流的数字转换法，这种实现高精度时间间隔测量的具体方式，主要有现场可编程逻辑阵列(Filed Programmable Gate Array，FPGA)(或者复杂可编程逻辑器件(Complex Program Logic Device，CPLD))和TDC专用计时芯片两种。

通常FPGA本身缺乏合适的PLL和DLL技术电路来稳定延迟线的时间延迟，同时延迟线的一致性不够好(车震平，2011)，作为TDC电路其线性度可能会变差，测时精度很难保证(岱钦等，2013)；采用双边沿计数器的脉冲计数与相位延迟内插相结合这样一种改善的数字时间测量方法，其测量精度得到了改善，但是只实现了一个通道的测量(张金等，2011)。根据这些分析可知，采用FPGA方案实现多通道高精度时间测量的要求，难度极大，开发周期将会很长。

TDC专用计时芯片方式，目前高精度的测时芯片主要有美国力科公司的8通道500ps分辨率MTD133B芯片；欧洲粒子物理实验室研究的最多可以并行测量32路时间、分辨率为100ps的HPTDC芯片；德国ACAM公司推出的三个系列TDC产品：TDC-GP1、TDC-GP2和TDC-GPX，其中前两个系列只有两个测量通道，而TDC-GPX具有8路并行的测时通道，分辨率也高达81ps(周祥，2014)。这些专用计时芯片所给出的是比较理想条件下的测时分辨率，在具体电路实现时还需考虑外部的晶振精度、供电电压波动和工作温度等带来的误差，所以在选择芯片的测时分辨率时需要留有富余，结合相关工程经验，以测时精度按照芯片分辨率的 3 倍为选型依据。对于目前这几种专用测时芯片，显然 HPTDC 芯片功能最强大，其精度和并行测量通道数都满足 25 路激光飞行时间的测量要求，但其价格昂贵、操作复杂，主要应用于高能物理实验，而第一种型号的芯片在精度上满足不了要求。

TDC-GP21 拥有 90ps 的典型精度，而且在双精度或四精度模式下可以分别达到 45ps 和 22ps（ACAM Inc.，2011），完全能够满足激光雷达测距的精度要求。但是，由于每片 TDC-GP21 只能同时进行两个通道的时间采集工作，而 25 点的雷达数据采集工作需要 13 片 TDC-GP21，这对数据采集系统而言是一个负担，因此需要解决众多芯片在电路板上的布置问题和单片机与众多 TDC-GP21 之间的通信问题。

德国 ACAM 公司系列产品中功能最强大的 TDC-GPX 多通道时间间隔测量芯片，其数据输出总线为 28 位或 16 位两种形式，地址线为 4 位（ACAM Inc.，2007），只需在微处理器的操作下使用 4 片 TDC-GPX 芯片就足以满足 25 路激光飞行时间测量。意法半导体（ST）公司生产的 ARM Cortex-M3 架构 STM32F103ZET6 处理器系统，时钟频率为 72MHz，其多 I/O 口、多串口的结构（STMicroelectronics Inc.，2009）能够很好地满足 TDC-GPX 芯片寄存器配置和测时数据的读取，且性价比高，适合本测时系统使用。下面具体讨论基于 TDC-GPX 的多通道测时系统设计。

6.2 基于 TDC-GPX 多通道时间间隔测量

6.2.1 TDC-GPX 和 MCU 介绍及框图设计

TDC-GPX 这种高性能的时间数字转换器芯片，采用数字转换抽头延迟线法，由逻辑门电路实现延时，精度可调模式下逻辑门延时的摆动被锁相环调整电压固定下来，从而有很高的精度。工作过程是由 Start 信号触发后开始计时。接收到 Stop 信号后停止计时。完成时间测量后，在测量时间上加上通道代码、Start 触发数目、边沿方式位，经封装处理分成两组放在两个 FIFO 中等待 MCU 读取。根据读取的数据结合 TDC 数据结构就可以知道对应的通道号，从而实现了多通道高精度时间间隔的测量。I 模式下该 TDC-GPX 芯片对 Start 信号和 Stop 信号的电平要求是 LVTTL 电平（ACAM Inc.，2007）。

ARM Cortex-M3 内核的 STM32F103ZET6 是一款价格低廉、操作简便的微控制器，它的时钟频率可由外部 8MHz 晶振倍频到 72MHz，有多达 112 个快速 I/O 口，所有 I/O 口可以映像到 16 个外部中断，串口数为 5 个，闪存存储器容量为 512K（STMicroelectronics Inc.，2009）。这很好地满足了 TDC 芯片对数据传输、数据缓存、寄存器配置、标志位中断以及数据打包单元多串口接收数据再转发等要求，且该微处理器成本低，因此我们选用这款高性价比的 STM32F103ZET6 微处理器控制 TDC-GPX 芯片，并将其作为数据打包单元的微控制器。

研发的测时系统由 4 个基本测量单元和 1 个数据打包单元构成，测时系统硬件框图如图 6-1 所示。图 6-1 中每个单元都包含 1 片 STM32F103ZET6 处理器，整个测时系统硬件形成了一个多核并行处理机，而且扩展性好，适用性强。考虑到 TDC-GPX 芯片价格较高，同时为了提高通用性和互换性，每个基本测量单元均包含两块子电路板即 MCU 子板和 TDC-GPX 子板，两块子板都设计为双面板，并通过 2.54 双排插针和双排母连接。子板 1 包含 1 片 TDC-GPX 芯片可测量 8 路激光飞行时间，子板 2 上包含 1 片 ARM STM32F103ZET6 处理器，用于配置子板 1 中的 TDC-GPX 芯片并读取其测量数据，再由串口输出测量数据。数据打包单元中的 STM32F103ZET6 处理器通过串口 2~5 接收 4 个基本测量单元输出的测量数据，经存储打包后再由串口 1 上传至上位 PC 机(Zhou et al., 2014, 2015)。

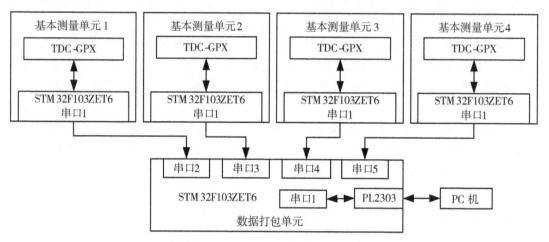

图 6-1　测时系统硬件框图(周国清等，2005；周祥，2014)

6.2.2　基本测量单元硬件电路

图 6-2 为基本测量单元硬件框图，Start 为 TDC-GPX 芯片进行时间间隔测量的 Start 信号，来自高速光电探测模块的输出。Stop1 至 Stop8 为 8 路 Stop 信号，来自 25 路探测模块的输出。由于 PCB 板上 1cm 的铜导线将引起几十皮秒的传输延迟，因此 8 路 Stop 信号在 PCB 板上尽可能等长布线，并位于同一布线层。PuResN 为 TDC-GPX 芯片复位信号，低电平有效，连接 STM32F103ZET6 的 PB9 脚；AluTriggier 为主复位信号，用于清空 TDC-GPX 片内的 FIFO，连接 PE3 脚；StopDis1 至 StopDis4 共 4 个信号，为 8 路 Stop 信号 Stop1 至 Stop8 的输入使能，分别连接 STM32F103ZET6 的 PC0、PE6、PC1、PC2；CSN、OEN、RD、WR 分别为 TDC-GPX 的片选、测量数据输出使能、读信号、写信号，分别连接到 PB13、PE0、PB14、PB15；Addr0 至 Addr3 为 4 位地址总线，分别连接到 PF0、PE5、PE2、PE4；D0 至 D27 为 28 位数据总线，连接到 STM32F103ZET6 的 PD 口高 12 位，即 PD4~PD15 和 PG 口，共 28 位；IrFlag 为 TDC-GPX 中断请求信号，连接到 PC10；EF1、EF2 分别表示 TDC-GPX 内部的 IFIFO1 和 IFIFO2 的状态，为 1 时表示对应的 IFIFO 为空，连接到 PB8 和 PB6 脚。

TDC-GPX 芯片计时精度跟电源的稳定度和温度密切相关，且涉及多个电源，为保证

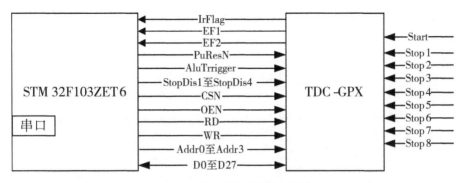

图 6-2　基本测量单元硬件框图

TDC-GPX 正常工作和计时精度，稳压电源的设计是重要环节。TDC-GPX 芯片又分为三类多个电源引脚：①时间间隔测量单元的振荡器电源 Vddc-o 和 Hardmacro（硬宏）电源 Vddc-h；②除测量单元外所有数字电路部分的核心电压 Vddc 以及外围电路环、I/O 输入缓冲的电源 Vddo；③差动输入缓冲电源 Vdde。其中，Vddo 和 Vdde 的电源采用 LM1117-3.3V 固定输出 3.3V 稳压电源供电，Vddc 和 Vddc-o/h 电压根据数据手册要求，Vddc 和 Vddo 电压的差值以及 Vddc 和 Vddc-o/h 电压的差值均应小于 0.6V，为此将 3.3V 的电源通过一个肖基特二极管降压得以保证。PLL 锁相环电路的目的是通过调节 Vddc-o/h 在 2.4~3.6V 来维持振荡器和 Hardmacro 的速度为常数，采用可调稳压芯片 LM1117ADJ 设计合适的外围电阻电路来满足输出电压为 2.4~3.6V 的要求，所以说 Vddc 和 Vddc-o/h 电压的电源电路至关重要，其具体电路实现如图 6-3 所示。

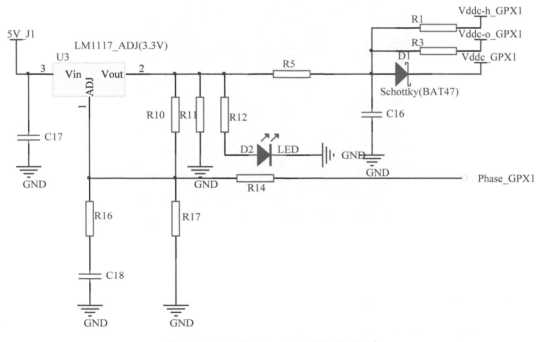

图 6-3　Vddc 和 Vddc-o/h 电压的电源电路

　　基本测量单元硬件电路 Stop 信号的输入端采用 SMB 高频接头，在完成电路设计和 PCB 布局布线后，交由快捷电子加工制作成电路板。MCU 子电路板的尺寸为 10cm×15cm，TDC-GPX 子电路板的尺寸为 11cm×17cm，基本测量单元 MCU 子板和 TDC-GPX 子板 PCB 布线图分别如图 6-4、图 6-5 所示，焊接好元器件后的实物如图 6-6 所示。

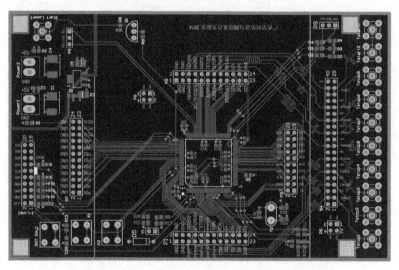

图 6-4　基本测量单元 MCU 子板 PCB 布线图

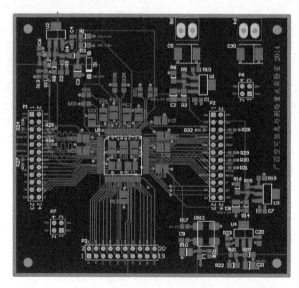

图 6-5　基本测量单元 TDC-GPX 子板 PCB 布线图

6.2.3　数据打包单元设计

　　每个基本测量单元都将测得的 8 路时间间隔数据，由各自 STM32F103ZET6 处理器的

图 6-6 基本测量单元实物图

串口 1 输出。4 个基本测量单元的串口 1 分别连接到数据打包单元处理器的串口 2 至串口
5，数据打包单元将收到 25 路时间间隔测量数据打包、存储后由串口 1 输出到 USB 转串
口转换芯片 PL2303，这样 25 路测量数据就由 USB 口上传至 PC 机进行显示、处理及存
储。如图 6-7 所示，USB 转串口接口电路中 PL2303 的 RXD、TXD 连接数据打包单元处理

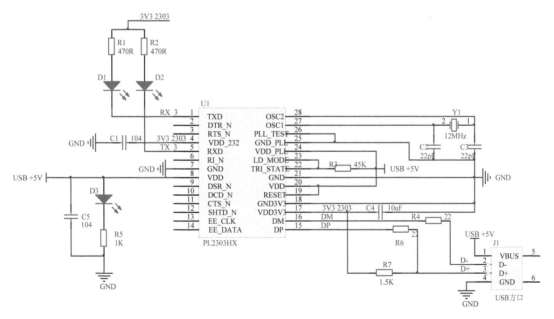

图 6-7 USB 转串口接口电路(周国清等，2014)

器的串口 1(PA9, PA10), DM、DP 通过 22Ω 电阻分别连接到 Mini-USB 插头的数据口 D−
和 D+; 该转换电路必须在数据口 D+上拉 1.5K 电阻到 3.3V(PL2303 的 17 脚), 这样上位
PC 机中的 USB 主机才可以判断是否有高速 USB 设备接入, 否则接入的 USB 设备不能被
识别。

　　设计完成的数据打包单元 PCB 板, 交由快捷电子加工制作成电路板, 电路板的尺寸
为 10cm×15cm, 焊接好元器件的实物如图 6-8 所示。

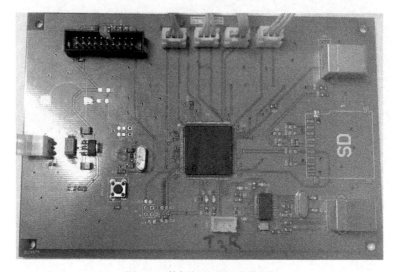

图 6-8　数据打包单元实物图

6.3　基于 TDC-GPX 软件设计

6.3.1　基本测量单元主程序方法

　　本测时系统软件部分包括基本测量单元软件和数据打包单元软件(周祥, 2014)。基
本测量单元的测量主程序工作流程如图 6-9 所示, 该程序运行在基本测量单元
STM32F103ZET6 处理器上。

　　第一步, 初始化处理器主要包括:

　　①时钟初始化, 使用 8MHz 外部时钟倍频产生 72MHz 系统时钟。

　　②I/O 初始化, 主要配置与 TDC-GPX 连接的相关 I/O, 28 位数据总线 D0-D27 支持双
向操作。由于 ARM Cortex-M3 架构的处理器为 16 位外部数据总线(王永虹等, 2008), 而
本书 TDC-GPX 使用非标准的 28 位数据总线, 因此采用通用 I/O 模拟 28 位数据总线的读、
写时序, 读操作前必须将 D0 至 D27 配置为输入, 写操作前又必须将 D0 至 D27 配置为输
出; 4 位地址总线 Addr0 至 Addr3 配置为输出; 读写控制线 RD、WR 配置为输出, 4 根
Stop 信号输入使能线 StopDis1 至 StopDis4 配置为输出; TDC-GPX 的复位 PuResN、主复位

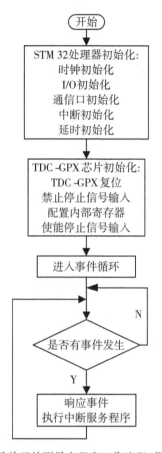

图 6-9 基本测量单元的测量主程序工作流程(周国清等, 2015)

Alutrigger、片选 CSN、数据输出使能 OEN 均配置为输出;TDC-GPX 的中断线 IrFlag、IFIFO0 空标志 EF1、IFIFO1 空标志 EF2 均配置为输入,IrFlag 配置为 STM32F103ZET6 的一个外部中断源,上升沿触发。

③串口初始化,使用串口 1,波特率为 38.4kbps。

④中断初始化,用于初始化串口 1 中断,IrFlag 外部中断。

⑤延时初始化,配置延时函数,以供程序调用。

第二步,TDC-GPX 芯片初始化:通过清零 PuResN 复位 TDC-GPX;对 StopDis1 至 StopDis4 置 1 禁止 Stop 信号输入;配置 TDC-GPX 内部相关寄存器设定其工作方式,配置的工作方式为:I 模式,选择 Start 信号和 Stop 信号触发方式为上升沿触发,Mtimer 定时到则触发 IrFlag 中断;对 4 个引脚 StopDis1 至 StopDis4 清零,使能 Stop 信号输入则 TDC-GPX 进入时间间隔测量状态。

第三步,测量程序进入事件循环,等待事件发生,由于主程序按事件驱动模式设计,因此该循环永不返回。如果没有事件发生,程序一直处于等待状态;若有事件发生,程序就会跳转到相应事件的中断处理程序入口,然后执行事件处理的中断服务程序,执行完后回到事件循环继续等待下一个事件发生。本程序主要处理两个事件：

①TDC-GPX 产生的 IrFlag 外部中断事件，请求处理器读取 8 路测量数据，处理器将测量数据读入到内部开辟的 8kB 循环 FIFO 中。

②串行口 1 数据发送中断事件，每次中断处理器从循环 FIFO 中读取 1 字节送至串行口发送。

6.3.2　IrFlag 中断服务程序

TDC-GPX 执行测量后向处理器发出中断请求信号 IrFlag，随后处理器响应中断并执行 IrFlag 中断服务程序。图 6-10 为 IrFlag 中断程序流程图。

第一步，判断 EF1 信号是否为 0，如果 EF1 = 0，STM32F103ZET6 从数据总线 D0 至 D27 上读取来自 IFIFO0 中的 1 ~ 4 通道测量结果，并写入片内 RAM 中开辟的 8KB 循环 FIFO 中。如果 EF1 = 1，表示 TDC-GPX 的 IFIFO0 为空，即 1 ~ 4 通道没有测量数据，程序转入下一步。

第二步，判断 EF2 信号是否为 0，如果 EF2 = 0，处理器从数据总线 D0 至 D27 上读取来自 IFIFO1 的 5 ~ 8 通道测量结果，并写入片内 RAM 中开辟的 8KB 循环 FIFO 中。如果 EF2 = 1，表示 TDC-GPX 的 IFIFO1 为空，即 5 ~ 8 通道没有测量数据。

第三步，程序对 TDC-GPX 进行主复位，即对信号 Alutrigger 置 1 后再清零，用于清空 TDC-GPX 内部 FIFO 中数据，准备下一轮测量。

第四步，STM32F103ZET6 启动串口 1 发送上述第一步和第二步写入循环 FIFO 中的测量数据。

最后，IrFlag 中断退出，程序返回事件循环。

6.3.3　数据打包单元软件

数据打包单元的 STM32F103ZET6 在串口 2 至串口 5 的中断服务程序中分别接收 4 个基本测量单元从各自串口 1 发送的时间间隔测量数据，并将收到的数据写入其内部 RAM 中开辟的 32kB 循环 FIFO 中，这就实现了 25 路时间间隔测量数据的打包存储，同时 STM32F103ZET6 也在串口 1 中断服务程序中读取 32kB 循环 FIFO 中的数据并发送。串口 1 输出的数据经 PL2303 芯片转换为 USB 数据流进入上位 PC 机进行显示、处理及存储。数据打包单元 STM32F103ZET6 配置串口 1 波特率为 115.2kbps，串口 2 至串口 5 波特率为 38.4kbps，串口 1 至串口 5 中断均配置为子优先级方式，不允许抢占运行，这是因为串口 2 至串口 5 写入的与串口 1 读出的都是同一块 32kB 循环 FIFO，只有采用子优先级方式，才能保证并行操作下数据读写的正确性。

6.3.4　循环 FIFO 实现

4 个基本测量单元上的 STM32F103ZET6 片内 RAM 中开辟了 8kB 循环 FIFO 作为串口 1 的发送缓冲区。在数据打包单元上的 STM32F103ZET6 片内 RAM 中开辟了 32kB 循环 FIFO 作为串口 2 ~ 5 接收 4 个基本测量单元串口所发送的数据及其串口 1 上传数据的公共缓冲区。为了尽量避免数据缓冲区溢出引发的串口通信处理异常的问题，将数据收发缓冲区设

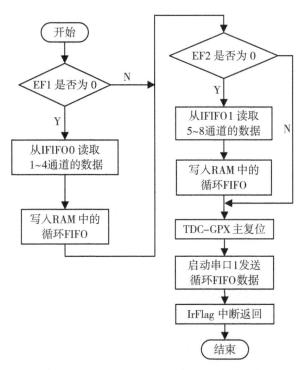

图 6-10 IrFlag 中断程序工作流程图(周国清等，2015)

计成一个循环队列(张飙等，2011；刘军等，2013)。

该循环 FIFO 设置有读写两种类型的指针。每当 FIFO 中有一个数据被写入或者被读走，对应的写或者读指针就沿数据缓冲区指向下一位。判别循环 FIFO 是空或者已满的状态极其方便，图 6-11 中的语句组摘自基本测量单元 STM32F103ZET6 串口 1 发送中断服务程序，其中 SEND_BUF_SIZE = 8192，即循环 FIFO 大小为 8kB，Scom1 定义了串口 1 操作的结构体。

```
①  if (pScom1->pRD_SendBuf != pScom1->pWR_SendBuf)
    {
②      USART1->DR = *pScom1->pRD_SendBuf;
③      if (pScom1->pRD_SendBuf+1 == pScom1->SendBuf+SEND_BUF_SIZE)
④          pScom1->pRD_SendBuf = pScom1->SendBuf;
    else
⑤          pScom1->pRD_SendBuf++;
    }
```

图 6-11 基本测量单元 STM32F103ZET6 串口 1 发送中断服务程序中部分语句组

第①句判断循环 FIFO 是否为空，即判断读指针 pRD_SendBuf 是否等于写指针 pWR_SendBuf，如果相等则表示循环 FIFO 为空，跳出该判断分支；如果不等则表示循环 FIFO 中有数据，随即执行第②句，从循环 FIFO 读出 1 字节送串口 1 进行发送。第③句判断循环 FIFO 读指针 pRD_SendBuf 是否已经指向循环 FIFO 的最后 1 个单元，如果为真，则执行第④句调整读指针使其指向循环 FIFO 的第 1 个单元，覆盖已发送的测量数据，这就实现了 FIFO 的循环操作，只要缓冲区大小设置合理，循环 FIFO 中被覆盖的数据必定是已发送了的过时数据；如果第③句判断为假，则执行第⑤句，对读指针+1 使其指向循环 FIFO 下一个待发送的数据单元。

6.4 时间间隔测量系统测试及 32 通道测时仪

设计的测时系统是一个 32 通道的并行高精度计时器，为了测试其 32 通道并行测时功能，我们需要一个在产生一路 Start 脉冲信号后，再产生 32 路停止脉冲信号的信号源。市面上显然没有这种现成的信号源仪器可以提供，需要我们自行设计。为此，在测试之前，我们以 STM32 微处理器为核心设计了 32 通道脉冲信号源电路板(见图 6-12)，用于 32 通道计时器的测试工作。

图 6-12 32 通道脉冲信号源电路板

如图 6-13 为测时系统测试平台，具体测试过程说明如下。考虑到测时系统每个基本测量单元电路板上的电源比较多，一旦有电源稳压芯片工作不正常，将致使测时子系统不能工作。因此，上电后我们首先用万用表逐一检测各电压值是否为设计值大小；然后用示波器观察晶振电路输出频率是否为芯片时钟要求，TDC-GPX 的 PLL 引脚是否为交错的高低电平变化；当这几个方面确保正确无误后，将调试好的程序分别下载到测时系统和自制的信号源电路板；接着，从自制的脉冲信号源电路板 SIG_Start 信号输出端，接 50Ω 同轴电缆引入测时系统的 TDC_Start 脉冲信号输入端；从自制信号源电路板的 32 个 SIG_Stop 信号输出端，同样由 50Ω 同轴电缆分别引入测时系统的 32 个 TDC_Stop 信号输入端。信号线连接完毕后，先启动测时子系统工作，然后启动自制的信号源电路板工作。测量结果通过 USB 转串口发送到 PC 机，各通道测量得到的时间间隔值，与自制信号源电路板设定的各 SIG_Stop 脉冲信号相对 SIG_Start 脉冲信号的时延差一致，表明研制的测时系统能够正常工作。

图 6-14 是由测试通过的测时系统封装成的 32 通道测时仪。该测时仪,除了可用于面阵激光雷达仪,还可用于其他对精度和通道数要求高的时间间隔测量,如核与粒子物理实验领域的粒子飞行时间测量。

由于测时系统或者 32 通道测时仪所采用的 TDC-GPX 芯片的高分辨率性能是建立在良好的测时脉冲信号基础之上,而我们缺乏这种产生高质量的测时脉冲信号源。因此,本章只用自制的信号源电路板测试测时系统是否能够正常工作,不能对该测时系统的性能进行测试。不过,第 9 章面阵激光雷达测距性能试验分析所得到的面阵激光雷达测距精度,可以从侧面反映出测时系统的时间间隔测量性能。

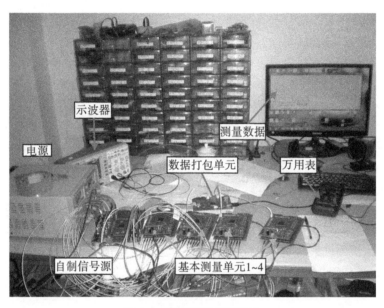

图 6-13　测时系统测试平台

（a）前面板　　　　　　　　　　　（b）后面板

图 6-14　32 通道测时仪实物图

第7章 面阵激光雷达仪三维几何成像数学模型及模拟

本章首先根据面阵激光雷达的特点，建立面阵激光雷达仪三维几何成像数学模型。然后，建立各参考坐标系实现机载激光扫描测距平台到 WGS-84 坐标之间的转换，并详细分析各坐标系之间的关系及转换的数学模型。接着，考虑理想飞行状态下，各飞行参数对面阵激光雷达成像数学模型的影响，并将这些参数考虑到面阵雷达成像三维数学模型中去，并建立相应的数学模型，根据这些数学模型进行三维模拟实验及精度分析。随后，探讨非理想飞行状态下，地面激光脚点的三维坐标与 INS 传感器、GPS 传感器、激光测距传感器以及相应误差因子之间的关系，并得出相应的数学模型，进行模拟实验及精度分析。最后，对面阵激光雷达数据与单点扫描激光雷达 3D 数据精度进行比较分析，得出本书提出的面阵激光雷达测量系统要优于单点扫描激光雷达测量系统。

7.1 面阵激光雷达仪几何成像模型

图 7-1(a)是面阵激光雷达投射到地面的激光点图，激光雷达发射器向地面发射一束激光，投射在地面的发散角为 θ，形成一个直径为 D_s 的圆形光斑，有人机系统的高度为 H，这三者之间的关系可以表示为：

$$D_s = 2H\tan\left(\frac{\theta}{2}\right) \tag{7-1}$$

如果一个 5×5APD 阵列探测器应用于激光雷达，在一个正方面对角线长度为 D_s 的区域内的激光将会反射到接收透镜，并且聚焦到 APD 阵列。图 7-1(a)中的红点代表激光在这个光斑区域将会反射回到 APD 阵列探测器接收系统。地面上红点之间的间距以及面阵激光雷达的分辨率 D_g 可以表示为：

$$D_g = \frac{\sqrt{2}D_s}{8} = \frac{\sqrt{2}H}{4}\tan\left(\frac{\theta}{2}\right) \tag{7-2}$$

由式(7-2)可以知道，机载面阵激光雷达的分辨率是由有人机系统的飞行高度和激光发射透镜的发散角来决定的，它可以通过改正飞行高度或发散角来改变其分辨率。

图 7-1(b)是面阵激光雷达光路反射图，激光通过地面反射回来，聚焦到激光接收透镜，最近投射到 APD 阵列探测器上。在这个过程中，图 7-1(a)中激光反射回来的红点对应到图 7-1(b)中的红点。由于地表面的高程不是相同的，所以每个激光点反射回来的时间也不是相同的，并且这些不同的时间由 APD 阵列探测器记录下来，因此我们可以由不同的时间间隔以及激光的传播速度计算出每个激光点到有人机系统的距离。

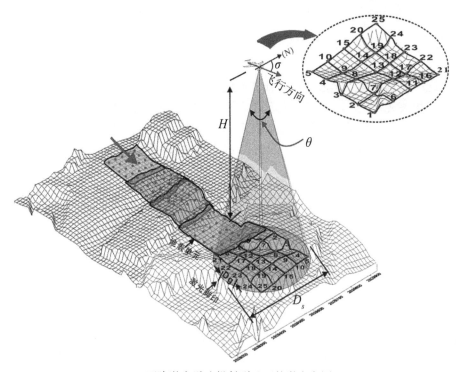

（a）面阵激光雷达投射到地面的激光点图

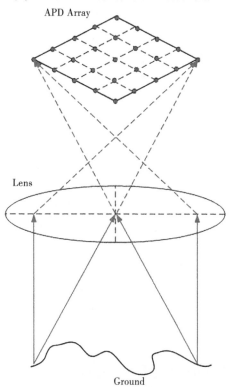

（b）面阵激光雷达光路反射图

图 7-1 面阵激光雷达投射点和光路反射图

7.2　面阵激光三维(3D)坐标数学模型

从传统的单点扫描激光雷达点云计算地面 3D 坐标的数学模型已经有现成的模型，读者可以参考相关文献(张小红，2007)。然而，这些三维(3D)坐标计算模型都是基于单点扫描成像模式，也就是说，这些模型没有考虑面阵激光雷达成像模式。因此，本书以 5×5 面阵激光雷达成像为例，描述面阵激光三维(3D)坐标数学模型。

7.2.1　各参考坐标系建模

在进行机载面阵激光雷达测量系统的定位原理研究时，必须定义好参考坐标系，这样才能在各参考坐标系的基础上，建立面阵激光雷达对地定位几何模型，并在各个参考坐标系之间相互转换。各参考坐标系平台如下：

①当激光脚点照射到地面时，可以定义瞬时激光束参考坐标系。此时，以激光发射器的发射点为坐标原点 O，飞机飞行的方向为 X 轴方向，激光束照射的方向为 Z 轴方向，Y 轴方向为与 O-XYZ 构成右手系所指的方向。

②定义激光扫描参考坐标系。该坐标系以激光发射器的发射点为坐标原点 O，以飞机飞行的方向为 X 轴方向，以扫描角为零的时刻作为 Z 轴方向，Y 轴方向为与 O-XYZ 构成右手系所指的方向。

③IMU 参考坐标系。该坐标系以惯性平台参考点为坐标原点 O，以飞机飞行的方向为 X 轴方向，以垂直飞机飞行方向，并指向飞机右翼的方向为 Y 轴方向，Z 轴方向垂直向下，并与 O-XYZ 构成右手系。

④当地水平面参考坐标系。该坐标系以 GPS 天线相位中心作为坐标原点 O，以正北方向为 X 轴方向，以 Z 轴沿椭球体法向方向反射指向地心的方向为 Z 轴方向，Y 轴方向与 O-XYZ 构成右手系。

⑤当地垂直参考坐标系，该坐标系以 GPS 天线相位中心作为坐标原点 O，以正北方向为 X 轴方向，以 Z 轴平行大地水准面的向下法向量方向为 Z 轴方向，Y 轴方向指向东，并与 O-XYZ 构成右手系。

⑥WG-S84 参考坐标系。该坐标系是以地心为坐标原点 O，以 IERS 参考子午线(IERS Reference Meridian，IRM)为 X 轴方向，以 IERS 参考极(IERS Reference Pole，IRP)指向的方向为 Z 轴方向，Y 轴与 O-XYZ 构成右手系。

在建立激光雷达测量系统对地定位几何模型的时候，首先从瞬时激光束参考坐标系开始，对激光脚点坐标进行转换，最终得到 WGS-84 坐标系下的激光脚点坐标(张小红，2007)。

7.2.2　从激光测距 r 到瞬时激光束坐标系数学模型

面阵式激光雷达测量系统在进行工作时，在某一瞬间，面阵式激光雷达测得的激光发射点到地面目标点之间的距离(rang)为 $r_i (i=1, 2, \cdots, 25)$，此时，激光脚点在瞬时激光束坐标系(见图 7-2)中的坐标为 $(x_{La}, y_{La}, z_{Lz})_i^T$，则

$$\begin{bmatrix} x_{\text{La}}^{i} \\ y_{\text{La}}^{i} \\ z_{\text{La}}^{i} \end{bmatrix} = \begin{bmatrix} 0 \\ 0 \\ r_i \end{bmatrix} \quad (i = 1, 2, \cdots, 25) \tag{7-3}$$

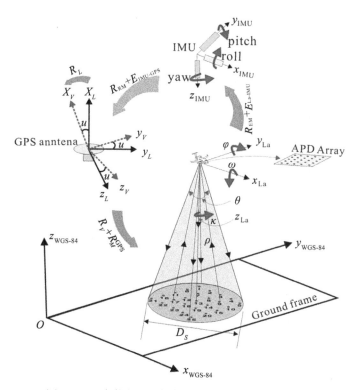

图 7-2 面阵激光雷达各激光脚点坐标系转换示意图

对于面阵激光雷达的 25 个激光脚点来说，每个激光脚点与飞行垂线方向的夹角关系如图 7-3 所示，这些夹角参数都是面阵雷达传感器给定的参数。这些夹角在坐标系转换过程中引起的变化必须要考虑进去，具体讨论如下：

情况 1：当地表单元(ground cell)位于中心的，即 $i=13$，$j=1$ 和 $\theta=0$，如图 7-3(a) 所示。

情况 2：当地表单元(ground cell)分别位于 8、12、14 和 18，即 $i=8, 12, 14, 18$，$j=2$ 和 $\theta=\arctan(D_g/H)$ 的四个地表单元，如图 7-3(b)所示。

情况 3：当地表单元(ground cell)分别位于 7、9、17 和 19，即 $i=7, 9, 17, 19$，$j=3$ 和 $\theta=\sqrt{2}\arctan(D_g/H)$ 的四个地表单元，如图 7-3(c)所示。

情况 4：当地表单元(ground cell)分别位于 3、11、15 和 23，即 $i=3, 11, 15, 23$，$j=4$ 和 $\theta=2\arctan(D_g/H)$ 的四个地表单元，如图 7-3(d)所示。

情况 5：当地表单元(ground cell)分别位于 2、4、6、10、20、22 和 24，即 $i=2, 4, 6, 10, 20, 22, 24$，$j=5$ 和 $\theta=\sqrt{5}\arctan(D_g/H)$ 的八个地表单元，如图 7-3(e)所示。

情况 6：当地表单元（ground cell）分别位于 1、5、21 和 25，即 $i=1$，5，21，25，$j=6$ 和 $\theta=2\sqrt{2}\arctan(D_g/H)$ 的四个地表单元，如图 7-3(f) 所示。

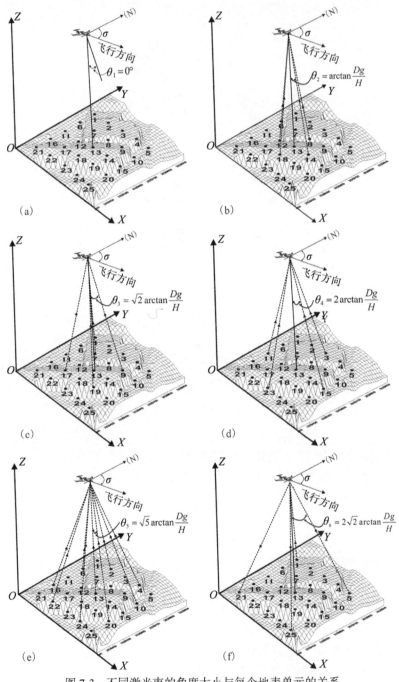

图 7-3 不同激光束的角度大小与每个地表单元的关系

根据以上的分析，三维（3D）坐标在单一的脚迹内第 i-th 地表单元在瞬时激光束的坐标系中的坐标可表示为：

$$\begin{bmatrix} x_{SL}^i \\ y_{SL}^i \\ z_{SL}^i \end{bmatrix} \begin{bmatrix} 1 & 0 & 0 \\ 0 & \cos\theta_j & -\sin\theta_j \\ 0 & \sin\theta_j & \cos\theta_j \end{bmatrix} \begin{bmatrix} x_{La}^i \\ y_{La}^i \\ z_{La}^i \end{bmatrix} = \boldsymbol{R}_{SZ}^i \begin{bmatrix} x_{La}^i \\ y_{La}^i \\ z_{La}^i \end{bmatrix}, \quad i = 1, 2, \cdots, 25; \ j = 1, 2, \cdots, 6$$

(7-4)

式中，$\boldsymbol{R}_{SL}^j$ 可以表示为：

$$\boldsymbol{R}_{SL}^j = \begin{bmatrix} 1 & 0 & 0 \\ 0 & \cos\theta_j & -\sin\theta_j \\ 0 & \sin\theta_j & \cos\theta_j \end{bmatrix}, \quad j = 1, 2, \cdots, 6$$

当坐标转换过程中考虑这些夹角时，在瞬时激光束坐标系中的激光脚点三维坐标可以表示为：

$$\begin{bmatrix} x_{SL} \\ y_{SL} \\ z_{SL} \end{bmatrix}_i = \boldsymbol{R}_{SL} \begin{bmatrix} x_{La} \\ y_{La} \\ z_{La} \end{bmatrix}_i, \quad i = 1, 2, 3, \cdots, 25$$

(7-5)

式中，旋转矩阵 $\boldsymbol{R}_{SL}$ 可以表示为：

$$\boldsymbol{R}_{SL} = \begin{bmatrix} 1 & 0 & 0 \\ 0 & \cos\theta_j & -\sin\theta_j \\ 0 & \sin\theta_j & \cos\theta_j \end{bmatrix}, \quad j = 1, 2, 3, \cdots, 6$$

(7-6)

7.2.3 从瞬时激光束坐标系到惯性平台参考坐标系中几何模型

在瞬时激光束坐标系中，激光雷达参考坐标系在激光发射参考位置，惯性平台参考坐标系的原点在惯性平台参考中心，它们两者不是同一个原点，之间存在偏移量 $E_{La\text{-}IMU} = (\Delta x_{IMU}^{La}, \Delta y_{IMU}^{La}, \Delta z_{IMU}^{La})^T$，该偏移量是该激光雷达测量系统本身存在的机械误差，一般在飞行作业前可以检校出来。在设计的时候，应该让惯性平台参考坐标系与激光雷达参考坐标系的坐标轴平行，但由于在实际操作过程中，它们之间存在安装误差角 κ，φ，ω，产生安装误差角矩阵 R_{EM}。此时，激光脚点在惯性平台参考坐标系(如图 7-2 所示)中的坐标为 $(x_{IMU}, y_{IMU}, z_{IMU})_i^T$(杨波，2013)，则

$$\begin{bmatrix} x_{IMU} \\ y_{IMU} \\ z_{IMU} \end{bmatrix}_i = \boldsymbol{R}_{EM} \begin{bmatrix} x_{SL} \\ y_{SL} \\ z_{SL} \end{bmatrix}_i + \begin{bmatrix} \Delta x_{IMU}^{La} \\ \Delta y_{IMU}^{La} \\ \Delta z_{IMU}^{La} \end{bmatrix}_i, \quad i = 1, 2, 3, \cdots, 25$$

(7-7)

式中，$\boldsymbol{R}_{EM} = \boldsymbol{R}(\kappa) \cdot \boldsymbol{R}(\varphi) \cdot \boldsymbol{R}(\omega)$，其中

$$\boldsymbol{R}(\kappa) = \begin{bmatrix} \cos\kappa & -\sin\kappa & 0 \\ \sin\kappa & \cos\kappa & 0 \\ 0 & 0 & 1 \end{bmatrix}, \quad \boldsymbol{R}(\varphi) = \begin{bmatrix} \cos\varphi & 0 & \sin\varphi \\ 0 & 1 & 0 \\ -\sin\varphi & 0 & \cos\varphi \end{bmatrix},$$

$$\boldsymbol{R}(\omega) = \begin{bmatrix} 1 & 0 & 0 \\ 0 & \cos\omega & -\sin\omega \\ 0 & \sin\omega & \cos\Omega \end{bmatrix}$$

$$\boldsymbol{R}_{EM} = \begin{bmatrix} \cos\kappa\cos\varphi & -\sin\kappa\cos\omega + \cos\kappa\sin\varphi\sin\omega & \sin\kappa\sin\omega + \cos\kappa\sin\varphi\cos\omega \\ \sin\kappa\cos\varphi & \cos\kappa\cos\omega + \sin\kappa\sin\varphi\sin\omega & \sin\kappa\sin\varphi\cos\omega - \cos\kappa\sin\omega \\ -\sin\varphi & \cos\varphi\sin\omega & \cos\varphi\cos\omega \end{bmatrix} \quad (7\text{-}8)$$

令

$$\boldsymbol{R}_{EM} = \begin{bmatrix} a_1 & a_2 & a_3 \\ b_1 & b_2 & b_3 \\ c_1 & c_2 & c_3 \end{bmatrix}$$

则 $a_1 = \cos\kappa\cos\varphi$，$a_2 = -\sin\kappa\cos\omega + \cos\kappa\sin\varphi\sin\omega$，$a_3 = \sin\kappa\sin\omega + \cos\kappa\sin\varphi\cos\omega$，$b_1 = \sin\kappa\cos\varphi$，$b_2 = \cos\kappa\cos\omega + \sin\kappa\sin\varphi\sin\omega$，$b_3 = \sin\kappa\sin\varphi\cos\omega - \cos\kappa\sin\omega$，$c_1 = -\sin\varphi$，$c_2 = \cos\varphi\sin\omega$，$c_3 = \cos\varphi\cos\omega$。

7.2.4 从惯性平台参考坐标系到当地水平坐标系中几何模型

在惯性平台参考坐标系中，惯性平台参考坐标系的原点为惯性平台参考中心，当地水平参考坐标系的参考中心为天线相位中心，它们两者不是同一个原点，之间存在偏移量 $E_{\text{IMU-GPS}} = (\Delta x_{\text{IMU}}^{\text{GPS}}, \Delta y_{\text{IMU}}^{\text{GPS}}, \Delta z_{\text{IMU}}^{\text{GPS}})^{\text{T}}$，由于该偏移量是激光雷达测量系统本身存在的一个机械误差，在飞行作业前可以通过实验检校出来，得出该偏移量。此时，激光脚点在当地水平参考坐标系(如图 7-2 所示)中的坐标为 $(x_L, y_L, z_L)^{\text{T}}$(杨波，2013)，则

$$\begin{bmatrix} x_L \\ y_L \\ z_L \end{bmatrix}_i = \boldsymbol{R}_{RM} \begin{bmatrix} x_{\text{IMU}} \\ y_{\text{IMU}} \\ z_{\text{IMU}} \end{bmatrix}_i + \begin{bmatrix} \Delta x_{\text{IMU}}^{\text{GPS}} \\ \Delta y_{\text{IMU}}^{\text{GPS}} \\ \Delta z_{\text{IMU}}^{\text{GPS}} \end{bmatrix}_i, \quad i = 1, 2, 3, \cdots, 25 \quad (7\text{-}9)$$

式中，$\boldsymbol{R}_{RM} = \boldsymbol{R}(\sigma) \cdot \boldsymbol{R}(P) \cdot \boldsymbol{R}(R)$，其中

$$\boldsymbol{R}(P) = \begin{bmatrix} \cos P & 0 & \sin P \\ 0 & 1 & 0 \\ -\sin P & 0 & \cos P \end{bmatrix}$$

$$\boldsymbol{R}(R) = \begin{bmatrix} 1 & 0 & 0 \\ 0 & \cos R & -\sin R \\ 0 & \sin R & 0 \end{bmatrix}$$

$$\boldsymbol{R}(\sigma) = \begin{bmatrix} \cos\sigma & -\sin\sigma & 0 \\ \sin\sigma & \cos\sigma & 0 \\ 0 & 0 & 1 \end{bmatrix}$$

$$\boldsymbol{R}_{RM} = \begin{bmatrix} \cos\sigma\cos P & -\sin\sigma\cos R + \cos\sigma\sin P\sin R & \sin\sigma\sin R + \cos\sigma\sin P\cos R \\ \sin\sigma\cos P & \cos\sigma\cos R + \sin\sigma\sin P\sin R & \sin\sigma\sin P\cos R - \cos\sigma\sin R \\ -\sin P & \cos P\sin R & \cos P\cos R \end{bmatrix} \quad (7\text{-}10)$$

$$\boldsymbol{R}_{RM} = \begin{bmatrix} \alpha_1 & \alpha_2 & \alpha_3 \\ \beta_1 & \beta_2 & \beta_3 \\ \chi_1 & \chi_2 & \chi_3 \end{bmatrix}$$

则 $\alpha_1 = \cos\sigma\cos P$，$\alpha_2 = -\sin\sigma\cos P + \cos\sigma\sin P\sin R$，$\alpha_3 = \sin\sigma\sin R + \cos\sigma\sin P\cos R$，$\beta_1 = \sin\sigma\cos P$，$\beta_2 = \cos\sigma\cos R + \sin\sigma\sin P\sin R$，$\beta_3 = \sin\sigma\sin P\cos R - \cos\sigma\sin R$，$\chi_1 = -\sin P$，$\chi_2 = \cos P\sin R$，$\chi_3 = \cos P\cos R$。

7.2.5　从当地水平坐标系到当地垂直坐标系中几何模型

当地水平参考坐标系是以地球参考椭球的法线为基准，而当地垂直参考坐标系是以大地水准面的法线为基准，它们之间存在垂线偏差，因此，激光脚点在当地垂直参考坐标系（如图 7-2 所示）中的坐标为 $(x_V,\ y_V,\ z_V)^T$（杨波，2013），则

$$\begin{bmatrix} x_V \\ y_V \\ z_V \end{bmatrix}_i = \boldsymbol{R}_L\boldsymbol{R}_{RM}\left[\boldsymbol{R}_{EM}\boldsymbol{R}_{SL}\begin{bmatrix} 0 \\ 0 \\ r \end{bmatrix}_i + \begin{bmatrix} \Delta x_{IMU}^{La} \\ \Delta y_{IMU}^{La} \\ \Delta z_{IMU}^{La} \end{bmatrix}_i + \begin{bmatrix} \Delta x_{IMU}^{GPS} \\ \Delta y_{IMU}^{GPS} \\ \Delta z_{IMU}^{GPS} \end{bmatrix}_i\right],\ i=1,\ 2,\ 3,\ \cdots,\ 25 \quad (7\text{-}11)$$

式中，$\boldsymbol{R}_L$ 为由垂线偏差产生的坐标旋转矩阵，垂线偏差角 u 示意图如图 7-4 所示。

$$\boldsymbol{R}_L = \begin{bmatrix} 1 & 0 & 0 \\ 0 & \cos u & -\sin u \\ 0 & \sin u & \cos u \end{bmatrix}$$

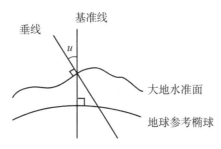

图 7-4　垂线偏差角 u 示意图

7.2.6　从当地垂直坐标系到 WGS-84 坐标系中几何模型

WGS-84 坐标系是由当地垂直坐标系通过旋转矩阵 R_V 转换过来的，R_V 为该点经纬度的函数。激光脚点在 WGS-84 坐标系（如图 7-2 所示）中的坐标为 $(X_{WGS\text{-}84}^{GPS},\ Y_{WGS\text{-}84}^{GPS},\ Z_{WGS\text{-}84}^{GPS})^T$，则

$$\begin{bmatrix} x_{WGS\text{-}84} \\ y_{WGS\text{-}84} \\ z_{WGS\text{-}84} \end{bmatrix}_i = \boldsymbol{R}_V\boldsymbol{R}_L\boldsymbol{R}_{RM}\left[\boldsymbol{R}_{EM}\boldsymbol{R}_{SL}\begin{bmatrix} 0 \\ 0 \\ r \end{bmatrix}_i + \begin{bmatrix} \Delta x_{IMU}^{La} \\ \Delta y_{IMU}^{La} \\ \Delta z_{IMU}^{La} \end{bmatrix}_i + \begin{bmatrix} \Delta x_{IMU}^{GPS} \\ \Delta y_{IMU}^{GPS} \\ \Delta z_{IMU}^{GPS} \end{bmatrix}_i\right] + \begin{bmatrix} X_{WGS\text{-}84}^{GPS} \\ Y_{WGS\text{-}84}^{GPS} \\ Z_{WGS\text{-}84}^{GPS} \end{bmatrix} \quad (7\text{-}12)$$

式中，$i=1,\ 2,\ 3,\ \cdots,\ 25$；$r_i(i=1,\ 2,\ \cdots,\ 25)$ 为激光发射点到地面脚点的距离；$(x_{WGS\text{-}84},\ y_{WGS\text{-}84},\ z_{WGS\text{-}84})_i^T$ 是第 i-th 地表单元在 WGS-84 坐标系中的坐标；$(X_{WGS\text{-}84}^{GPS},\ Y_{WGS\text{-}84}^{GPS},\ Z_{WGS\text{-}84}^{GPS})^T$ 是 GPS 天线中心的三维(3D)坐标；$(\Delta x_{IMU}^{La},\ \Delta y_{IMU}^{La},\ \Delta z_{IMU}^{La})^T = \boldsymbol{E}_{La\text{-}IMU}$ 为激光发射参考中心与惯性导航系统参考中心之间的偏移量，该偏移量通常在系统检校中获得；

$(\Delta x_{\mathrm{IMU}}^{\mathrm{GPS}}, \ \Delta y_{\mathrm{IMU}}^{\mathrm{GPS}}, \ \Delta z_{\mathrm{IMU}}^{\mathrm{GPS}})^{\mathrm{T}} = \boldsymbol{E}_{\mathrm{IMU\text{-}GPS}}$ 为惯性导航系统与 GPS 天线之间的偏移量，该偏移量通常在系统检校中获得；$\boldsymbol{R}_{EM}$ 等于瞬时角旋转矩阵，它是三个旋转角 ω，φ，κ 的函数，即

$$\boldsymbol{R}_{EM} = \boldsymbol{R}(\omega) \cdot \boldsymbol{R}(\phi) \cdot \boldsymbol{R}(\kappa) = \begin{bmatrix} \cos\kappa\cos\phi & -\sin\kappa\cos\omega + \cos\kappa\sin\phi\sin\omega & \sin\kappa\sin\omega + \cos\kappa\sin\phi\cos\omega \\ \sin\kappa\cos\phi & \cos\kappa\cos\omega + \sin\kappa\sin\phi\sin\omega & \sin\kappa\sin\phi\cos\omega - \cos\kappa\sin\omega \\ -\sin\phi & \cos\phi\sin\omega & \cos\phi\cos\omega \end{bmatrix}$$

$$(7\text{-}13)$$

$\boldsymbol{R}_{RM}$ 是 IMU 相对惯性参考坐标系的旋转矩阵，它是分别沿 x，y，z 三轴旋转的三个姿态角，俯仰（pitch（P））、横滚（roll（R））和航向（yaw（σ））的旋转矩阵，表示为：

$$\boldsymbol{R}_{RM} = \boldsymbol{R}(P) \cdot \boldsymbol{R}(R) \cdot \boldsymbol{R}(\sigma) = \begin{bmatrix} \cos\sigma\cos P & -\sin\sigma\cos R + \cos\sigma\sin P\sin R & \sin\sigma\sin R + \cos\sigma\sin P\cos R \\ \sin\sigma\cos P & \cos\sigma\cos R + \sin\sigma\sin P\sin R & \sin\sigma\sin P\cos R - \cos\sigma\sin R \\ -\sin P & \cos P\sin R & \cos P\cos R \end{bmatrix}$$

$$(7\text{-}14)$$

$\boldsymbol{R}_L$ 是垂直偏差角 u 的旋转矩阵。垂直偏差被定义为局部椭圆体法线和大地水准面中的一个点的垂直线之间的角度，即

$$\boldsymbol{R}_L = \begin{bmatrix} 1 & 0 & 0 \\ 0 & \cos u & -\sin u \\ 0 & \sin u & \cos u \end{bmatrix} \tag{7-15}$$

$\boldsymbol{R}_V$ 是纬度和经度的旋转矩阵，是用来描述面阵成像脚点中地表单元从水平坐标系到 WGS-84 坐标系变化的旋转矩阵。

7.3　理想飞行状态下面阵激光雷达成像模拟

7.3.1　面阵激光雷达测距 r 的模拟模型

在模拟激光测距 r 的时候，可以通过原有的 DEM 数据和 GPS 天线相位中心的三维坐标数据计算出此时的激光测距 r_i（$i = 1$，2，3，$\cdots$，25）。假设在某一时刻，GPS 天线相位中心的 (X, Y, Z) 坐标为 $(X_{\mathrm{WGS\text{-}84}}^{\mathrm{GPS}}, \ Y_{\mathrm{WGS\text{-}84}}^{\mathrm{GPS}}, \ Z_{\mathrm{WGS\text{-}84}}^{\mathrm{GPS}})^{\mathrm{T}}$，天线中心相位坐标正下方的地面点 M 的坐标为 $(X_{\mathrm{WGS\text{-}84}}^{M}, \ Y_{\mathrm{WGS\text{-}84}}^{M}, \ Z_{\mathrm{WGS\text{-}84}}^{M})^{\mathrm{T}}$，$M$ 点三维坐标是通过原始 DEM 数据采用最邻近点插值法得到。此时，可以得出 GPS 传感器到地面点 M 的距离 r_i（$i = 1$，2，3，$\cdots$，25）为：

$$r_i = \sqrt{(X_{\mathrm{WGS\text{-}84}}^{\mathrm{GPS}} - X_{\mathrm{WGS\text{-}84}}^{M_i})^2 + (Y_{\mathrm{WGS\text{-}84}}^{\mathrm{GPS}} - Y_{\mathrm{WGS\text{-}84}}^{M_i})^2 + (Z_{\mathrm{WGS\text{-}84}}^{\mathrm{GPS}} - Z_{\mathrm{WGS\text{-}84}}^{M_i})^2} \tag{7-16}$$

对于其余 24 个地面激光脚点，它们的 (X, Y) 坐标可以通过 M 点坐标、面阵激光雷达格网间距大小（由飞机飞行高度决定）以及航向角来确定，得到这些点的 (X, Y) 坐标以后，我们可以根据原始 DEM 数据，采取最邻近点插值法，得到各激光脚点的 Z 坐标，从而得出所有激光脚点的三维坐标，最终模拟计算出所有激光测距 r_i（$i = 1$，2，$\cdots$，25）。

7.3.2　理想状态下的面阵激光雷达成像数学模型

在理想状态下，我们假设安装误差角 $\kappa = 0$，$\varphi = 0$，$\omega = 0$，面阵雷达传感器发射的激

光到地面点之间的距离为 $r_i(i=1, 2, 3, \cdots, 25)$，由 IMU 测得的飞机的三个姿态角分别为 R、P 和 σ，它们分别对应的误差为 err_R、err_P、err_σ；GPS 天线相位中心的三维坐标为 $(X_{\mathrm{WGS\text{-}84}}^{\mathrm{GPS}}, Y_{\mathrm{WGS\text{-}84}}^{\mathrm{GPS}}, Z_{\mathrm{WGS\text{-}84}}^{\mathrm{GPS}})$ 它们分别对应的误差为 $\mathrm{err}_{X_{\mathrm{GPS}}}$、$\mathrm{err}_{Y_{\mathrm{GPS}}}$、$\mathrm{err}_{Z_{\mathrm{GPS}}}$。此时，飞机的三个姿态角和 GPS 天线相位中心的三维坐标分别可以表示为(杨波，2013)：

$$R' = R + \mathrm{err}_R \tag{7-17}$$

$$P' = R + \mathrm{err}_P \tag{7-18}$$

$$\sigma' = \sigma + \mathrm{err}_\sigma \tag{7-19}$$

$$X_{\mathrm{WGS\text{-}84}}^{\mathrm{GPS}\prime} = X_{\mathrm{WGS\text{-}84}}^{\mathrm{GPS}} + \mathrm{err}_{X_{\mathrm{GPS}}} \tag{7-20}$$

$$Y_{\mathrm{WGS\text{-}84}}^{\mathrm{GPS}\prime} = Y_{\mathrm{WGS\text{-}84}}^{\mathrm{GPS}} + \mathrm{err}_{Y_{\mathrm{GPS}}} \tag{7-21}$$

$$Z_{\mathrm{WGS\text{-}84}}^{\mathrm{GPS}\prime} = Z_{\mathrm{WGS\text{-}84}}^{\mathrm{GPS}} + \mathrm{err}_{Z_{\mathrm{GPS}}} \tag{7-22}$$

根据基于面阵雷达成像系统的自检校，激光发射传感器与 IMU 传感器之间的位置补偿可以计算出来，为 $\boldsymbol{E}_{\mathrm{La\text{-}IMU}} = (\Delta x_{\mathrm{IMU}}^{\mathrm{La}}, \Delta x_{\mathrm{IMU}}^{\mathrm{La}}, \Delta x_{\mathrm{IMU}}^{\mathrm{La}})^{\mathrm{T}}$，IMU 传感器与 GPS 传感器之间的位置补偿也可以计算出来，为 $\boldsymbol{E}_{\mathrm{IMU\text{-}GPS}} = (\Delta x_{\mathrm{IMU}}^{\mathrm{GPS}}, \Delta y_{\mathrm{IMU}}^{\mathrm{GPS}}, \Delta z_{\mathrm{IMU}}^{\mathrm{GPS}})^{\mathrm{T}}$，假设旋转矩阵 $\boldsymbol{R}_V$ 和 $\boldsymbol{R}_L$ 为单位矩阵，则式(7-12)可以表示为：

$$x_i^{\mathrm{WGS\text{-}84}} = \cos\sigma\cos P \cdot (\Delta x_{\mathrm{IMU}}^{\mathrm{La}} + \Delta x_{\mathrm{IMU}}^{\mathrm{GPS}}) + (-\sin\sigma\cos R + \cos\sigma\sin P\sin R) \cdot (-\sin\theta_j \cdot r_i + \Delta y_{\mathrm{IMU}}^{\mathrm{La}} + \Delta y_{\mathrm{IMU}}^{\mathrm{GPS}}) +$$
$$(\sin\sigma\sin R + \cos\sigma\sin P\cos R) \cdot (\cos\theta_j \cdot r_i + \Delta z_{\mathrm{IMU}}^{\mathrm{La}} + \Delta z_{\mathrm{IMU}}^{\mathrm{GPS}}) + X_{\mathrm{WGS\text{-}84}}^{\mathrm{GPS}} \tag{7-23}$$

$$y_i^{\mathrm{WGS\text{-}84}} = \sin\sigma\cos P \cdot (\Delta x_{\mathrm{IMU}}^{\mathrm{La}} + \Delta x_{\mathrm{IMU}}^{\mathrm{GPS}}) + (\cos\sigma\cos R + \sin\sigma\sin P\sin R) \cdot (-\sin\theta_j \cdot r_i + \Delta y_{\mathrm{IMU}}^{\mathrm{La}} + \Delta y_{\mathrm{IMU}}^{\mathrm{GPS}}) +$$
$$(\sin\sigma\sin P\sin R - \cos\sigma\sin R) \cdot (\cos\theta_j \cdot r_i + \Delta z_{\mathrm{IMU}}^{\mathrm{La}} + \Delta z_{\mathrm{IMU}}^{\mathrm{GPS}}) + X_{\mathrm{WGS\text{-}84}}^{\mathrm{GPS}} \tag{7-24}$$

$$z_i^{\mathrm{WGS\text{-}84}} = -\sin P \cdot (\Delta x_{\mathrm{IMU}}^{\mathrm{La}} + \Delta x_{\mathrm{IMU}}^{\mathrm{GPS}}) + \cos P\sin R \cdot (-\sin\theta_j \cdot r_i + \Delta y_{\mathrm{IMU}}^{\mathrm{La}} + \Delta y_{\mathrm{IMU}}^{\mathrm{GPS}}) +$$
$$\cos P\cos R \cdot (\cos\theta_j \cdot r_i + \Delta z_{\mathrm{IMU}}^{\mathrm{La}} + \Delta z_{\mathrm{IMU}}^{\mathrm{GPS}}) + Z_{\mathrm{WGS\text{-}84}}^{\mathrm{GPS}} \tag{7-25}$$

在理想状态下，即 $\mathrm{err}_{X_{\mathrm{GPS}}} = \mathrm{err}_{Y_{\mathrm{GPS}}} = \mathrm{err}_{Z_{\mathrm{GPS}}} = 0$，$\mathrm{err}_\sigma = \mathrm{err}_\sigma = \mathrm{err}_\sigma = 0$ 和 $R = 0°$，$P = 0°$，$\sigma = 90°$，并且飞机的飞行高度为 H，由式(7-17)~式(7-22)可得到：

$$R' = 0°$$

$$P' = 0°$$

$$\sigma' = 90°$$

$$X_{\mathrm{WGS\text{-}84}}^{\mathrm{GPS}\prime} = X_{\mathrm{WGS\text{-}84}}^{\mathrm{GPS}}$$

$$Y_{\mathrm{WGS\text{-}84}}^{\mathrm{GPS}\prime} = Y_{\mathrm{WGS\text{-}84}}^{\mathrm{GPS}}$$

$$Z_{\mathrm{WGS\text{-}84}}^{\mathrm{GPS}\prime} = Z_{\mathrm{WGS\text{-}84}}^{\mathrm{GPS}}$$

此时，式(7-23)、式(7-24)、式(7-25)可以表示为：

$$x_i^{\mathrm{WGS\text{-}84}} = -\sin\theta_j \cdot r_i + \Delta y_{\mathrm{IMU}}^{\mathrm{La}} + \Delta y_{\mathrm{IMU}}^{\mathrm{GPS}} + X_{\mathrm{WGS\text{-}84}}^{\mathrm{GPS}}, \quad i = 1, 2, \cdots, 25 \tag{7-26}$$

$$y_i^{\mathrm{WGS\text{-}84}} = \Delta x_{\mathrm{IMU}}^{\mathrm{La}} + \Delta x_{\mathrm{IMU}}^{\mathrm{GPS}} + Y_{\mathrm{WGS\text{-}84}}^{\mathrm{GPS}}, \quad i = 1, 2, \cdots, 25 \tag{7-27}$$

$$z_i^{\mathrm{WGS\text{-}84}} = \cos\theta_j \cdot r_i + \Delta z_{\mathrm{IMU}}^{\mathrm{La}} + \Delta z_{\mathrm{IMU}}^{\mathrm{GPS}} + Z_{\mathrm{WGS\text{-}84}}^{\mathrm{GPS}}, \quad i = 1, 2, \cdots, 25 \tag{7-28}$$

7.3.3 实验数据

本次的实验样区是位于美国弗吉尼亚州的 Wytheville，面积为 $1200 \times 420 \mathrm{m}^2$，整个区域地形表面比较复杂，地势也有比较大的起伏。使用的 Lidar 数据是从 Optech 1210 Lidar 系统获得的。

图 7-5 和图 7-6 分别为采用最近距离法内插生成的试验区的 DSM 表面图和 a—a'、b—b'断面图。为了较好地保持建筑物的边缘轮廓，采用的最近距离内插法生成 DSM 表面图，从图 7-5(a)中可以看出，整个区域表面比较复杂，地势有一定的起伏。

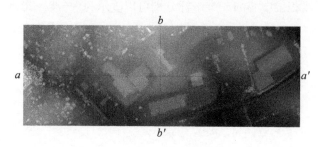

图 7-5　DSM 表面图

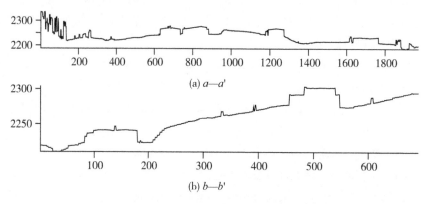

(a) a—a'

(b) b—b'

图 7-6　a—a'和 b—b'断面图

7.3.4　地面控制点(GCP)

从 DEM 数据中人工选取了 102 个具有地面标识的点作为地面控制点(GCP)，这些具有标识的点有时候称为地标地面控制点(LGCP)，它们覆盖了整个实验区。如图 7-6 所示，选取三类特征地物：房屋边缘、平滑的地面、森林地区，其中每类特征地物各选取 34 个地面控制点，它们基本覆盖了特征区域，这样就保证了精度评定的准确性。在图 7-7 中，"□"代表地面，"○"代表房屋边缘，"★"代表森林地区。

7.3.5　理想状态下模拟试验及精度分析

G. X. Wang 等人提出了基于重构轮廓的 DEM 精度评估(王光霞等，2010)；Desmet (1997)研究了插值误差对 DEM 数据精度的影响；Rees(2000)、David(2003)等人通过数据插值来建立更高分辨率的数字高程模型，以 7.3.3 中的实验数据作为真值，对各种飞行情况下生成的 DEM 数据按照式(7-25)进行精度评定(王光霞等，2006；禄丰年和张云端，2007)。

图 7-7 已测量的地面控制点以及其分布位置

$$\sigma_Z = \sqrt{\frac{(Z-Z')^2}{n}} \qquad (7\text{-}29)$$

式中，σ_Z 为各类 DEM 数据在高程上的均方根误差；Z 为各类 DEM 数据中地面控制点的高程值；Z' 为标准数据中对应 x，y 坐标下的高程值；n 为地面检查点的个数。

根据式(7-29)，可以计算得出在理想飞行状态下，各飞行参数下生成的 DEM 数据精度评定结果。

理想状态下，设置的姿态角参数、GPS 定位误差参数、飞行参数如表 7-1 所示。

表 7-1 姿态角参数、GPS 定位误差参数、飞行参数

组合	1	2	3	4	5	6	7	8	9	10	11	12
姿态角(度)	$\text{err}_R = 0$，$\text{err}_P = 0$，$\text{err}_\sigma = 0$											
GPS 定位误差(m)	$\|\text{err}_{X_{GPS}}\| \le 0.15\text{m}$，$\|\text{err}_{Y_{GPS}}\| \le 0.15\text{m}$，$\|\text{err}_{Z_{GPS}}\| \le 0.15\text{m}$											
飞行高度(m)	400	400	400	400	200	200	200	200	100	100	100	100
飞行速度(m/s)	60	40	25	15	60	40	25	15	60	40	25	15
频率(Hz)	9	6	4	2	18	12	8	4	36	24	16	8

通过上述 DEM 精度评定模型，对所有飞行条件下 DEM 数据进行精度评定，得出一系列 DEM 数据中各类特征地物 Z 方向上的精度，将各种情况下的 DEM 数据通过三维可视化软件进行可视化分析，得出一系列的 DEM 三维图像，其中"白色线条"代表真实房屋边缘，"黑色线条"代表实际测得的房屋边缘，如图 7-8 所示。

在图 7-8 中，g1、g2、g3、g4 分别代表在理想状态下，飞行高度为 400m，飞行速度为 60m/s、40m/s、25m/s、15m/s 的情况下生成的 DEM 三维图像；g5、g6、g7、g8 分别代表在理想状态下，飞行高度为 200m，飞行速度为 60m/s、40m/s、25m/s、15m/s 的情况下生成的 DEM 三维图像；g9、g10、g11、g12 分别代表在理想状态下，飞行高度为 100m，飞行速度为 60m/s、40m/s、25m/s、15m/s 的情况下生成的 DEM 三维图像。

在理想飞行状态下，面阵式激光雷达生成的 DEM 数据精度评定结果如图 7-8 所示。从图 7-9 中可以看出以下三点：

①地面的平均精度为 0.17~0.22m，房屋边缘的平均精度为 0.84~0.9m，森林的平均精度可以达到 4.2~4.9m。

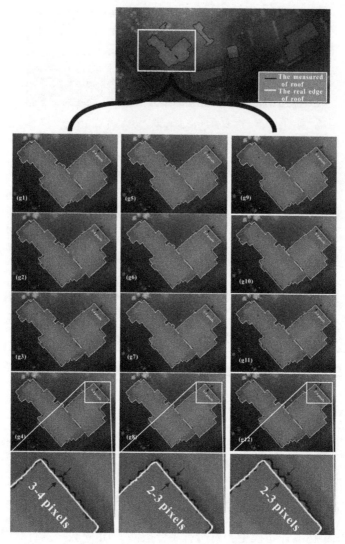

图 7-8 房屋边缘轮廓 DEM 三维图像

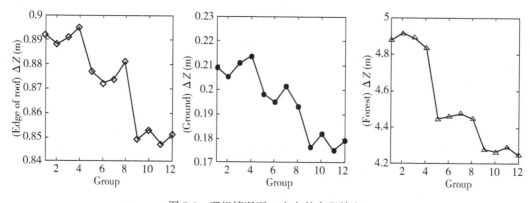

图 7-9 理想情况下 Z 方向的高程精度

②对于不同特征地物来说，它们之间的数据精度差距比较大。对于平坦的地面来说，采用插值法来获取面阵激光脚点周围点的可靠性强；而对于森林地区，由于森林地区的树木参差不齐，以及地形的复杂性，使得采用插值法获取激光脚点周围点的可靠性极低，以至于它们之间的数据精度相差很大。

③对于同一特征地物来说，它们在不同的飞行高度和不同的飞行速度情况下，生成的 DEM 三维数据的精度基本上不变，所以可以得出这样的结论：在一定的飞行高度及飞行速度范围内，机载面阵激光雷达生成的地面 DEM 三维数据是可靠的，能满足一般用户的需求。

7.4　非理想飞行状态下面阵激光雷达成像模拟

7.4.1　模拟激光量测的距离

假定 $(X_L^{GPS}, Y_L^{GPS}, Z_L^{GPS})$ 是安装在机载飞行器 GPS 上的坐标，H 是飞行高度，当面阵激光雷达成像仪通过某一地表时，在某一瞬间，一个地表单元的激光量测的距离 r_i 能通过下式计算得到(参考图 7-10)：

$$r_A = \frac{H-h}{\cos\theta} \tag{7-30}$$

式中，h 是地表单元 A 的高程，在图 7-10 中应该是 Z_A；θ 是激光束偏离正摄的角；h 值能通过双线性内插地表 DSM 数据的方法来计算，即

$$h = Z_A = \frac{1}{(X_{22}-X_{11})(Y_{22}-Y_{11})} \big[Z_{11}(X_{22}-X_A)(Y_{22}-Y_A) + Z_{21}(X_A-X_{11})(Y_{22}-Y_A) +$$
$$Z_{12}(Z_{22}-X_A)(Y_A-Y_{11}) + Z_{22}(X_A-X_{11})(Y_A-Y_{11}) \big] \tag{7-31}$$

式中，(X_A, Y_A) 是地表单元 A 的坐标，它可以通过式(7-32)来计算：

$$\begin{cases} X_A = X_L^{GPS} \pm j \cdot D_g，当 j 趋向东时，"\pm"取"+" \\ Y_A = Y_L^{GPS} \pm j \cdot D_g，当 j 趋向北时，"\pm"取"+" \end{cases} \tag{7-32}$$

7.4.2　非理想状态下的面阵激光雷达成像数学模型

面阵激光雷达仪的总体误差来源于仪器各部分的非对准(重合)，分别描述如下：

校准 GLidar：包括垂线和每个地表单元激光束夹角带来的误差，可以通过校准 GLidar 的方法加以纠正。

GPS 天线中心和 GLidar 激光发射单元的偏移：GPS 天线几何中心和 GLidar 激光发射单元几何中心的偏移关系必须精确测量出来。

GPS 定位误差：误差是由 GPS 的性能决定的，包括多路径、几何精度因子、整体模糊的解算、周跳。

姿态传感器的误差：包括姿态传感器测量的横滚、俯仰、航向旋转角度误差。

导航传感器和 GLidar 激光发射单元之间的孔径校准：姿态传感器和激光发射单元之间的坐标系关系，必须精确地测量。

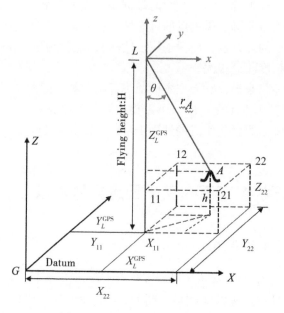

图 7-10 几何图解激光距离模拟

由于上述的误差，我们假设 3 个旋转角为 $\varphi \neq 0$，$\omega \neq 0$，$\kappa \neq 0$；由 IMU 测量的 3 组姿态角为 R、P、σ，它们对应的误差是 e_R、e_P、e_σ；GPS 天线中心的坐标是（$X_{\text{WGS-84}}^{\text{GPS}}$，$Y_{\text{WGS-84}}^{\text{GPS}}$，$Z_{\text{WGS-84}}^{\text{GPS}}$），它们对应的误差是 $e_{X_{\text{GPS}}}$、$e_{Y_{\text{GPS}}}$、$e_{Z_{\text{GPS}}}$。考虑到 $R = 0°$，$P = 0°$，$\sigma = 90°$，通过数学关系，整体误差可以表示为：

$$
\begin{cases}
R' = R \pm e_R = \pm e_R \\
P' = P \pm e_P = \pm e_P \\
\sigma' = \sigma \pm e_\sigma = 90° \pm e_\sigma
\end{cases}
\tag{7-33}
$$

$$
\begin{cases}
X_{\text{WGS-84}}^{\text{GPS}'} = X_{\text{WGS-84}}^{\text{GPS}} \pm e_{X_{\text{GPS}}} \\
Y_{\text{WGS-84}}^{\text{GPS}'} = Y_{\text{WGS-84}}^{\text{GPS}} \pm e_{Y_{\text{GPS}}} \\
Z_{\text{WGS-84}}^{\text{GPS}'} = Z_{\text{WGS-84}}^{\text{GPS}} \pm e_{Z_{\text{GPS}}}
\end{cases}
\tag{7-34}
$$

如果假设 $\boldsymbol{R}_V$ 为旋转矩阵，$\boldsymbol{R}_L$ 单位矩阵，根据公式（7-12）可以得到：

$x^i = \cos(90° + e_\sigma)\cos e_P \cdot [(-\sin\omega\cos\kappa + \cos\omega\sin\varphi\sin\kappa) \cdot (-\sin\theta_j \cdot r_i) + (\sin\omega\cos\kappa + \cos\omega\sin\varphi\cos\kappa) \cdot \cos\theta_j \cdot r_i + \Delta X_{\text{IMU}}^{\text{La}} + \Delta X_{\text{IMU}}^{\text{GPS}}] + [-\sin(90° + e_\sigma)\cos e_R + \cos(90° + e_\sigma)\sin e_P\sin e_R] \cdot [(\cos\omega\cos\kappa + \sin\omega\sin\varphi\sin\kappa) \cdot (-\sin\theta_j \cdot r_i) + (\sin\omega\sin\varphi\cos\kappa - \cos\omega\sin\kappa) \cdot \cos\theta_j \cdot r_i + \Delta Y_{\text{IMU}}^{\text{La}} + \Delta Y_{\text{IMU}}^{\text{GPS}}] + [\sin(90° + e_\sigma)\sin e_R + \cos(90° + e_\sigma)\sin e_P\cos e_R] \cdot [(-\cos\varphi\sin\kappa\sin\theta_j \cdot r_i) + \cos\varphi\cos\kappa\cos\theta_j \cdot r_i + \Delta Z_{\text{IMU}}^{\text{La}} + \Delta Z_{\text{IMU}}^{\text{GPS}}] + X_{\text{WGS-84}}^{\text{GPS}} + e_{X_{\text{GPS}}}$

(7-35)

$y^i = \sin(90° + e_\sigma)\cos e_P \cdot [(-\sin\omega\cos\kappa + \cos\omega\sin\varphi\sin\kappa) \cdot (-\sin\theta_j \cdot r_i) + (\sin\omega\cos\kappa + \cos\omega\sin\varphi\cos\kappa) \cdot \cos\theta_j \cdot r_i + \Delta X_{\text{IMU}}^{\text{La}} + \Delta X_{\text{IMU}}^{\text{GPS}}] + [\cos(90° + e_\sigma)\cos e_R + \sin(90° + e_\sigma)\sin(\text{err}_P)\sin e_R] \cdot [(\cos\omega\cos\kappa + \sin\omega\sin\varphi\sin\kappa) \cdot (-\sin\theta_j \cdot r_i) + (\sin\omega\sin\varphi\cos\kappa - \cos\omega\sin\kappa) \cdot \cos\theta_j \cdot r_i +$

$$\Delta Y_{\text{IMU}}^{\text{La}} + \Delta Y_{\text{IMU}}^{\text{GPS}}] + [\sin(90° + e_\sigma)\sin e_P \cos e_R - \cos(90° + e_\sigma)\sin e_R] \cdot [(-\cos\varphi\sin\kappa\sin\theta_j \cdot r_i) +$$
$$\cos\varphi\cos\kappa\cos\theta_j \cdot r_i + \Delta Z_{\text{IMU}}^{\text{La}} + \Delta Z_{\text{IMU}}^{\text{GPS}}] + Y_{\text{WGS-84}}^{\text{GPS}} + e_{X_{\text{GPS}}} \tag{7-36}$$

$$z^i = -\sin e_P \cdot [(-\sin\omega\cos\kappa + \cos\omega\sin\varphi\sin\kappa) \cdot (-\sin\theta_j \cdot r_i) + (\sin\omega\cos\kappa + \cos\omega\sin\varphi\cos\kappa) \cdot$$
$$\cos\theta_j \cdot r_i + \Delta X_{\text{IMU}}^{\text{La}} + \Delta X_{\text{IMU}}^{\text{GPS}}] + \cos e_P \sin e_R \cdot [(\cos\omega\cos\kappa + \sin\omega\sin\varphi\sin\kappa) \cdot (-\sin\theta_j \cdot r_i) +$$
$$(\sin\omega\sin\varphi\cos\kappa - \cos\omega\sin\kappa) \cdot \cos\theta_j \cdot r_i + \Delta Y_{\text{IMU}}^{\text{La}} + \Delta Y_{\text{IMU}}^{\text{GPS}}] + \cos e_P \cos e_R \cdot [(-\cos\varphi\sin\kappa\sin\theta_j \cdot r_i) +$$
$$\cos\varphi\cos\kappa\cos\theta_j \cdot r_i + \Delta Z_{\text{IMU}}^{\text{La}} + \Delta Z_{\text{IMU}}^{\text{GPS}}] + Z_{\text{WGS-84}}^{\text{GPS}} + e_{Z_{\text{GPS}}}, \quad i = 1, 2, \cdots, 25 \tag{7-37}$$

INS 和 GPS 天线中心之间的偏移量、GPS 天线中心和 GLidar 的偏移量，这两者是必须要校准的。分别假设它们的平均值和方差如下：

$$e_{X_{\text{GPS}}, Y_{\text{GPS}}, Z_{\text{GPS}}} = \mu_{XYZ}^{\text{alt}} \pm \sigma_0^{\text{alt}} = 0.12\text{m} \pm 0.05\text{m} \tag{7-38}$$

$$e_{P, R\sigma} = \mu_{PR\sigma}^{\text{alt}} \pm \sigma_0^{\text{alt}} = 0.2\text{mrad} \pm 0.05\text{mrad} \tag{7-39}$$

式(7-38)和式(7-39)意味着飞行持续时间的每一个时间点，随机误差由随机函数生成，平均值和方差分别是 0.12m、0.2mrad 和±0.05m、±0.05mrad。

在非理想状态下模拟研究，飞行高度、飞行速度、激光频率以及来源于 IMU 和 GPS 的误差设计如表 7-2 所示。

表 7-2 **非理想状态下模拟研究设计**

实验#：		1	2	3	4	5	6
飞行高度(m)		400			200		
飞行速度(m/s)		60	40	25	60	40	25
激光频率(Hz)		9	6	4	18	12	8
误差来源	GPS 定位	$e_{X_{\text{GPS}}}$, $e_{Y_{\text{GPS}}}$, $e_{Z_{\text{GPS}}}$					
	IMU 姿态 Case 1	e_R					
	Case 2	e_P					
	Case 3	e_σ					
	Case 4	e_P, e_R					
	Case 5	e_R, e_σ					
	Case 6	e_P, e_σ					
	Case 7	e_P, e_R, e_σ					

7.4.3 非理想状态下面阵激光雷达数据模拟试验及精度分析

1. 权重

观测值 $L_i (i = 1, 2, \cdots, n)$ 的权重可以定义为：

$$p_i = \frac{\eta_0^2}{\eta_i^2} \tag{7-40}$$

111

式中，η_0^2 为单位权方差，η_i^2 为观测值 $L_i(i=1，2，\cdots，n)$ 的方差。假设给定一个常数 η_0^2，η_i^2 随着观测值 $L_i(i=1，2，\cdots，n)$ 的变化而变化，由权的定义可以得出各观测值权重间的比例关系为：

$$p_1：p_2：\cdots：p_n = \frac{\eta_0^2}{\eta_1^2}：\frac{\eta_0^2}{\eta_2^2}：\cdots：\frac{\eta_0^2}{\eta_n^2} \tag{7-41}$$

设姿态角 roll、pitch、yaw 各单位的权方差 η_0^2 为 $0.5^2\mathrm{mrad}^2$，GPS 的 x、y、z 方向上坐标的各单位权方差 η_0^2 为 $0.15^2\mathrm{m}^2$，roll、pitch、yaw 的观测值方差分别为 $0.5^2\mathrm{mrad}^2$、$0.5^2\mathrm{mrad}^2$、$0.5^2\mathrm{mrad}^2$，x、y、z 方向坐标的观测方差分别为 $0.15^2\mathrm{m}^2$，$0.15^2\mathrm{m}^2$ 和 $0.15^2\mathrm{m}^2$，则三个姿态角及 x、y、z 方向上坐标的权重分别为：

$$\text{roll：} p_i^R = \frac{0.5^2\mathrm{mrad}^2}{0.5^2\mathrm{mrad}^2} = 1.0 \tag{7-42}$$

$$\text{pitch：} p_i^P = \frac{0.5^2\mathrm{mrad}^2}{0.5^2\mathrm{mrad}^2} = 1.0 \tag{7-43}$$

$$\text{yaw：} p_i^\sigma = \frac{0.5^2\mathrm{mrad}^2}{0.5^2\mathrm{mrad}^2} = 1.0 \tag{7-44}$$

$$X\text{方向 GPS 坐标：} p_i^{X_{\mathrm{GPS}}} = \frac{0.15^2\mathrm{m}^2}{0.15^2\mathrm{m}^2} = 1.0 \tag{7-45}$$

$$Y\text{方向 GPS 坐标：} p_i^{Y_{\mathrm{GPS}}} = \frac{0.15^2\mathrm{m}^2}{0.15^2\mathrm{m}^2} = 1.0 \tag{7-46}$$

$$Z\text{方向 GPS 坐标：} p_i^{Z_{\mathrm{GPS}}} = \frac{0.15^2\mathrm{m}^2}{0.15^2\mathrm{m}^2} = 1.0 \tag{7-47}$$

由式(7-42)～式(7-47)可知，roll、pitch、yaw 三个姿态角在整个飞行过程中的权重比为 $1：1：1$，x、y、z 方向坐标的权重比为 $1：1：1$。

2. 误差大小的确定

目前，在机载激光雷达测量系统中，IMU 的精度好坏对整个系统的影响非常大，国外目前已经能生产出姿态角精度达到 $0.01°$ 的 IMU 传感器，所以在此次实验中，认为 IMU 姿态角精度在 $0.01°$ 左右，roll、pitch、yaw 三个姿态角的权重比为 $1：1：1$，可以得出：

$$|\,\mathrm{err}_R\,| \leqslant 0.01°，|\,\mathrm{err}_P\,| \leqslant 0.01°，|\,\mathrm{err}_\sigma\,| \leqslant 0.01° \tag{7-48}$$

GPS 测量精度是由 GPS 测量系统决定的，在此次实验中所实用的 GPS 精度在 0.15m 左右，由 x、y、z 方向坐标的权重比为 $1：1：1$，可以得出：

$$|\,\mathrm{err}_{X_{\mathrm{GPS}}}\,| \leqslant 0.15\mathrm{m}，|\,\mathrm{err}_{Y_{\mathrm{GPS}}}\,| \leqslant 0.15\mathrm{m}，|\,\mathrm{err}_{Z_{\mathrm{GPS}}}\,| \leqslant 0.15\mathrm{m} \tag{7-49}$$

因此，三个姿态角误差都在 $\pm0.01°$ 范围随机变化，GPS 测量的 x、y、z 方向坐标误差都在 $\pm0.15\mathrm{m}$ 范围随机变化。

非理想飞行状态下，面阵式激光雷达测量系统存在系统机械误差，在飞行作业时还存在测量误差，如 INS 姿态测量误差、GPS 定位误差、激光测距误差。因此，在进行面阵数据插值模拟研究时，必须将这些误差考虑进去，以得到与实际情况更为接近的 DEM 数据。面阵式激光雷达测量系统的机械误差是系统本身存在的，一般在飞行前可以检校出来，这部分误差在模拟研究时可以忽略，激光测距产生的距离误差相对于 INS 姿态误差和 GPS

定位误差对 DEM 数据的影响较小，本次实验中也忽略不计，所以现在只需考虑对生成 DEM 数据影响比较大的两个影响因子：INS 姿态测量误差和 GPS 定位误差。

由上面可知，INS 姿态角侧滚角（roll）、仰俯角（pitch）、航向角（yaw）都在±0.01°的范围内随机波动，如图 7-11 所示。

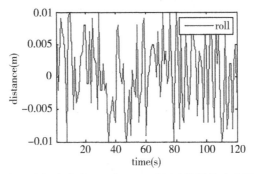

（a）无人机姿态角 roll 在 120s 时间内的误差变化图

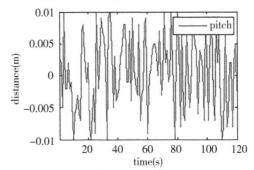

（b）无人机姿态角 pitch 在 120s 时间内的误差变化图

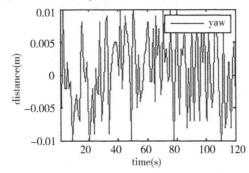

（c）无人机姿态角 yaw 在 120s 时间内的误差变化图

图 7-11　无人机姿态角的误差变化图

由上面可知，GPS 测量在 x、y、z 方向的值的误差都在±0.15m 的范围内随机波动，如图 7-12 所示。

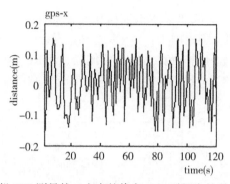

（a）无人机 GPS 测量的 X 方向的值在 120s 时间内的误差变化图

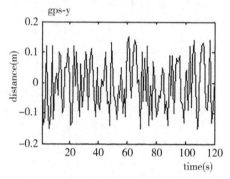

（b）无人机 GPS 测量的 Y 方向的值在 120s 时间内的误差变化图

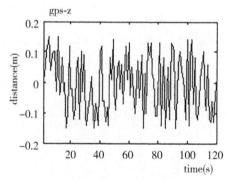

（c）无人机 GPS 测量的 Z 方向的值在 120s 时间内的误差变化图

图 7-12　无人机 GPS 测量的误差变化图

　　非理想飞行状态下，面阵式激光雷达测量系统中每个误差因子都随时间变化，每个误差因子对整个激光雷达测量系统生成 DEM 数据精度的影响不同。

　　为了帮助分析面阵激光雷达几何成像模型可达到的准确性，我们将通过视觉来检查，由模拟实验和 Optech ALTM 3100 分别获取的图像中房子的边缘，并按照下列组合来确定不同误差因子对生成的 DEM 数据精度的影响。

3. 非理想状态下面阵激光雷达数据精度分析

（1）考虑误差角 roll、GPS 定位误差

输入姿态角参数：roll 为±0.01°范围内随机变化的函数，姿态角 pitch、yaw 的值都设

置为 0；输入 GPS 定位误差参数：GPS 的 x、y、z 方向误差值都设置为±0.15m 范围内随机变化的函数；输入飞行高度分别为 400m 和 200m；输入飞行速度分别为 60m/s、40m/s、25m/s。各自对应的频率如表 7-3 所示，按照不同组合生成各飞行情况下的 DEM 数据，对应 DEM 数据的精度如图 7-13 所示，对应生成的 DEM 三维图像如图 7-14 所示，图中(h)、(i)分别为(c)、(g)放大后的轮廓误差分析图。

表 7-3　　　　　　　　　　**姿态角参数、GPS 定位误差参数、飞行参数**

组合	1	2	3	4	5	6
姿态角(度)	| err_R | ≤0.01°，　　　$err_P = 0$，$err_\sigma = 0$					
GPS 定位误差(m)	| $err_{X_{GPS}}$ | ≤0.15m，| $err_{Y_{GPS}}$ | ≤0.15m，| $err_{Z_{GPS}}$ | ≤0.15m					
飞行高度(m)	400	400	400	200	200	200
飞行速度(m/s)	60	40	25	60	40	25
频率(Hz)	9	6	4	18	12	8

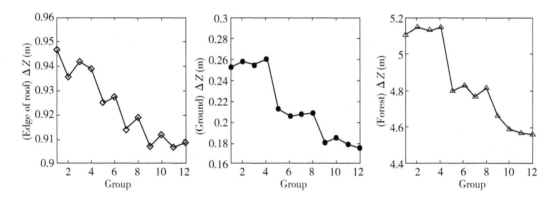

图 7-13　在存在误差角 roll 和 GPS 定位误差的情况下 Z 方向的高程精度

在存在误差角 roll 和 GPS 定位误差的情况下，图 7-14 中(b)、(c)、(d)分别代表在飞行高度为 400m 时，飞行速度为 60m/s、40m/s、25m/s 的情况下生成的 DEM 三维图像。(e)、(f)、(g)分别代表在飞行高度为 200m 时，飞行速度为 60m/s、40m/s、25m/s 的情况下生成的 DEM 三维图像。

精度评估：在存在误差角 roll 和 GPS 定位误差的情况下，选取与理想状态下相同的特征地物对 DEM 数据进行精度评定(Huising and Pereira, 1998)，如房屋中心、房屋边缘、地面/森林等，实验结果如图 7-13 所示。从图中可以看出两点：一是房屋边缘的平均精度可以达到 0.9～0.95m，地面的平均精度可以达到 0.17～0.26m，森林的精度可以达到 4.5～5.2m；二是在加有误差角 roll、GPS 误差的时候，与理想状态下各特征地物所获得的 DEM 精度大概相同。

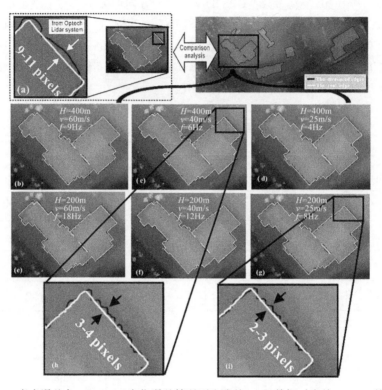

图 7-14　考虑误差角 roll、GPS 定位误差情况下生成的 DEM 数据对应的 DEM 三维图像

（2）考虑误差角 pitch、GPS 误差

输入误差角参数：pitch 为±0.01°范围内随机变化的函数，姿态角 roll、yaw 的值都设置为 0；输入 GPS 定位误差参数：GPS 的 x、y、z 方向误差值都设置为±0.15m 范围内随机变化的函数；输入飞行高度分别为 400m 和 200m；输入飞行速度分别为 60m/s、40m/s、25m/s。各自对应的频率如表 7-4 所示，按照不同组合生成各飞行情况下的 DEM 数据，对应 DEM 数据的精度如图 7-15 所示，对应生成的 DEM 三维图像如图 7-16 所示，图中（h）、（i）分别为（c）、（g）放大后的轮廓误差分析图。

表 7-4　　　　　　　姿态角参数、GPS 定位误差参数、飞行参数

组合	1	2	3	4	5	6
姿态角（度）	$\|\operatorname{err}_P\| \leqslant 0.01°$，　　$\operatorname{err}_R = 0$, $\operatorname{err}_\sigma = 0$					
GPS 定位误差（m）	$\|\operatorname{err}_{X_{GPS}}\| \leqslant 0.15m$, $\|\operatorname{err}_{Y_{GPS}}\| \leqslant 0.15m$, $\|\operatorname{err}_{Z_{GPS}}\| \leqslant 0.15m$					
飞行高度（m）	400	400	400	200	200	200
飞行速度（m/s）	60	40	25	60	40	25
频率（Hz）	9	6	4	18	12	8

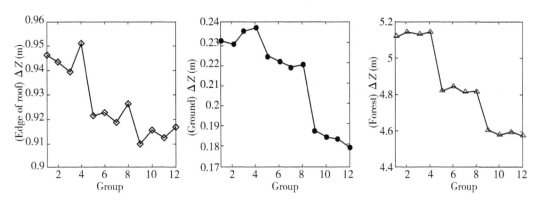

图 7-15　在存在误差角 pitch 和 GPS 定位误差的情况下 Z 方向的高程精度

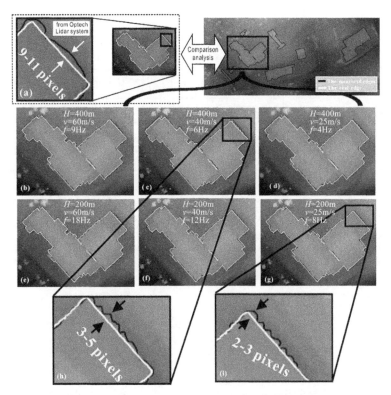

图 7-16　考虑误差角 pitch、GPS 误差下生成的 DEM 数据对应的 DEM 三维图像

　　在存在误差角 pitch 和 GPS 定位误差的情况下，图 7-16 中（b）、（c）、（d）分别代表在飞行高度为 400m，飞行速度为 60m/s、40m/s、25m/s 的情况下生成的 DEM 三维图像。（e）、（f）、（g）分别代表在飞行高度为 200m，飞行速度为 60m/s、40m/s、25m/s 的情况下生成的 DEM 三维图像。

　　精度评估：在存在误差角 pitch 和 GPS 定位误差的情况下，选取与理想状态下相同的特征地物对 DEM 数据进行精度评定（如房屋边缘、地面、森林等），实验结果如图 7-15 所示。从图中可以看出两点：一是房屋边缘的平均精度可以达到 0.91~0.96m，地面的平均精度可以达到 0.18~0.24m，森林的精度可以达到 4.58~5.18m；二是在加有误差角 pitch、GPS 误差的时候，与理想状态下各特征地物所获得的 DEM 精度大概相同。

（3）考虑误差角 yaw、GPS 误差

输入误差角参数：yaw 为 ±0.01° 范围内随机变化的函数，姿态角 roll、pitch 的值都设置为 0；输入 GPS 定位误差参数：GPS 的 x、y、z 方向误差值都设置为 ±0.15m 范围内随机变化的函数；输入飞行高度分别为 400m 和 200m；输入飞行速度分别为 60m/s、40m/s、25m/s。各自对应的频率如下表 7-5 所示，按照不同组合生成各飞行情况下 DEM 数据，对应 DEM 数据的精度如图 7-17 所示，对应生成的 DEM 三维图像如图 7-18 所示，图中（h）、（i）分别为（c）、（g）放大后的轮廓误差分析图。

表 7-5　　　　　　　　姿态角参数、GPS 定位误差参数、飞行参数

组合	1	2	3	4	5	6
姿态角（度）	$\lvert \mathrm{err}_\sigma \rvert \leqslant 0.01°$, $\mathrm{err}_P = 0$, $\mathrm{err}_R = 0$					
GPS 定位误差（m）	$\lvert \mathrm{err}_{X_{\mathrm{GPS}}} \rvert \leqslant 0.15m$, $\lvert \mathrm{err}_{Y_{\mathrm{GPS}}} \rvert \leqslant 0.15m$, $\lvert \mathrm{err}_{Z_{\mathrm{GPS}}} \rvert \leqslant 0.15m$					
飞行高度（m）	400	400	400	200	200	200
飞行速度（m/s）	60	40	25	60	40	25
频率（Hz）	9	6	4	18	12	8

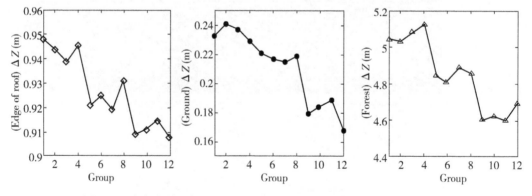

图 7-17　在存在误差角 yaw 和 GPS 定位误差的情况下 Z 方向的高程精度

在存在误差角 yaw 和 GPS 定位误差的情况下，图 7-18 中（b）、（c）、（d）分别代表在飞行高度为 400m，飞行速度为 60m/s、40m/s、25m/s 的情况下生成的 DEM 三维图像；（e）、（f）、（g）分别代表在飞行高度为 200m，飞行速度为 60m/s、40m/s、25m/s 的情况下生成的 DEM 三维图像。

精度评估：在存在误差角 yaw 和 GPS 定位误差的情况下，选取与理想状态下相同的特征地物对 DEM 数据进行精度评定（如房屋边缘、地面、森林等），实验结果如图 7-17 所

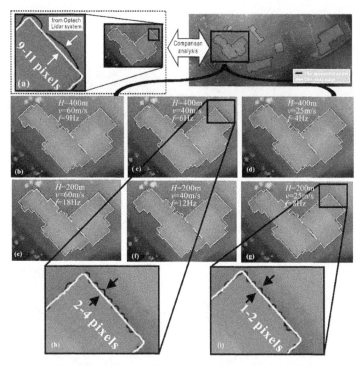

图 7-18　考虑误差角 yaw 和 GPS 误差下生成的 DEM 数据对应的 DEM 三维图像

示。从图中可以看出，房屋边缘的平均精度可以达到 0.91~0.95m，地面的平均精度可以达到 0.17~0.24m，森林的精度可以达到 4.6~5.1m。

（4）考虑误差角 roll、pitch、GPS 误差

输入误差角参数：roll、pitch 为 ±0.01° 范围内随机变化的函数，姿态角 yaw 的值设置为 0；输入 GPS 定位误差参数：GPS 的 x、y、z 方向误差值都设置为 ±0.15m 范围内随机变化的函数；输入飞行高度分别为 400m 和 200m；输入飞行速度分别为 60m/s、40m/s、25m/s。各自对应的频率如表 7-6 所示，按照不同组合生成各飞行情况下 DEM 数据，对应 DEM 数据的精度如图 7-19 所示，对应生成的 DEM 三维图像如图 7-20 所示，图中（h）、（i）分别为（c）、（g）放大后的轮廓误差分析图。

表 7-6　　　　　　　　　　　姿态角参数、GPS 定位误差参数、飞行参数

组合	1	2	3	4	5	6
姿态角(度)	$\mid err_R \mid \leqslant 0.01°$		$\mid err_P \mid \leqslant 0.01°$,		$err_\sigma = 0$	
GPS 定位误差(m)	$\mid err_{X_{GPS}} \mid \leqslant 0.15m$,		$\mid err_{Y_{GPS}} \mid \leqslant 0.15m$,		$err_{Z_{GPS}} \mid \leqslant 0.15m$	
飞行高度(m)	400	400	400	200	200	200
飞行速度(m/s)	60	40	25	60	40	25
频率(Hz)	9	6	4	18	12	8

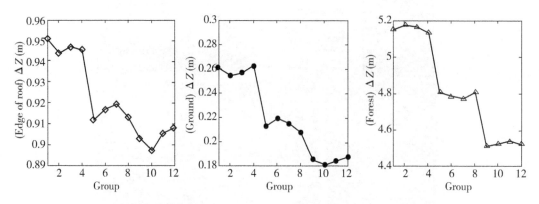

图 7-19　在存在误差角 roll、pitch 和 GPS 定位误差的情况下 Z 方向的高程精度

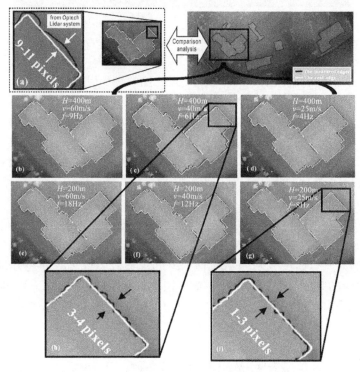

图 7-20　考虑误差角 roll、pitch 和 GPS 误差下生成的 DEM 数据对应的 DEM 三维图像

　　在存在误差角 roll、pitch 和 GPS 定位误差的情况下，图 7-20 中（b）、（c）、（d）分别代表在飞行高度为 400m，飞行速度为 60m/s、40m/s、25m/s 的情况下生成的 DEM 三维图像；（e）、（f）、（g）分别代表在飞行高度为 200m，飞行速度为 60m/s、40m/s、25m/s 的情况下生成的 DEM 三维图像。

　　精度评估：在存在误差角 roll、pitch 和 GPS 定位误差的情况下，选取与理想状态下相同的特征地物对 DEM 数据进行精度评定（如房屋边缘、地面、森林等），实验结果如图 7-19 所示。

从图中可以看出两点：一是房屋边缘的平均精度可以达到 0.89~0.95m，地面的平均精度可以达到 0.18~0.27m，森林的精度可以达到 4.5~5.2m；二是该状态下的 DEM 精度比理想状态下及存在一个姿态角误差的情况下的 DEM 精度要略微低一点，但整体影响不大。

（5）考虑误差角 roll、yaw、GPS 误差

输入误差角参数：roll、yaw 为±0.01°范围内随机变化的函数，姿态角 pitch 的值设置为 0；输入 GPS 定位误差参数：GPS 的 x、y、z 方向误差值都设置为±0.15m 范围内随机变化的函数；输入飞行高度分别为 400m 和 200m；输入飞行速度分别为 60m/s、40m/s、25m/s。各自对应的频率如表 7-7 所示，按照不同组合生成各飞行情况下 DEM 数据，对应 DEM 数据的精度如图 7-21 所示，对应生成的 DEM 三维图像如图 7-22 所示，图中（h）、（i）分别为（c）、（g）放大后的轮廓误差分析图。

表 7-7　　　　　　　姿态角参数、GPS 定位误差参数、飞行参数

组合	1	2	3	4	5	6
姿态角（度）	$\|err_R\| \leqslant 0.01°$　　$\|err_\sigma\| \leqslant 0.01°$，　　　　$err_P = 0$					
GPS 定位误差（m）	$\|err_{X_{GPS}}\| \leqslant 0.15m$，　$\|err_{Y_{GPS}}\| \leqslant 0.15m$，　$\|err_{Z_{GPS}}\| \leqslant 0.15m$					
飞行高度（m）	400	400	400	200	200	200
飞行速度（m/s）	60	40	25	60	40	25
频率（Hz）	9	6	4	18	12	8

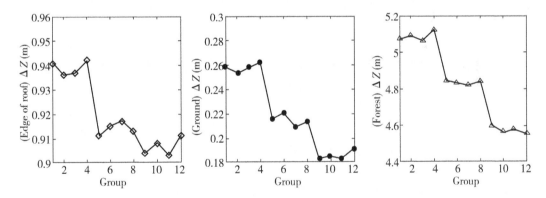

图 7-21　在存在误差角 roll、yaw 和 GPS 定位误差的情况下 Z 方向的高程精度

在存在误差角 roll、yaw 和 GPS 定位误差的情况下，图 7-22 中，（b）、（c）、（d）分别代表在飞行高度为 400m，飞行速度为 60m/s、40m/s、25m/s 的情况下生成的 DEM 三维图像；（e）、（f）、（g）分别代表在飞行高度为 200m，飞行速度为 60m/s、40m/s、25m/s 的情况下生成的 DEM 三维图像。

精度评估：在存在误差角 roll、yaw 和 GPS 定位误差的情况下，选取与理想状态下相同的特征地物对 DEM 数据进行精度评定（如房屋中心、房屋边缘、地面、森林等），实验

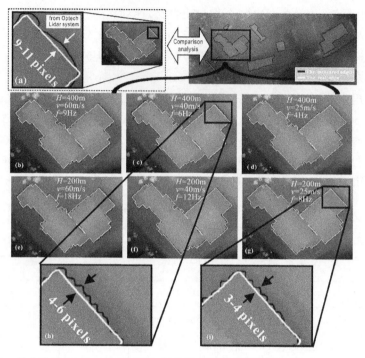

图 7-22　考虑误差角 roll、yaw 和 GPS 误差下生成的 DEM 数据对应的 DEM 三维图像

结果如图 7-21 所示。从图中可以看出，房屋边缘的平均精度可以达到 0.9~0.94m，地面的平均精度可以达到 0.18~0.26m，森林的精度可以达到 4.6~5.2m。

　　(6)考虑误差角 pitch、yaw、GPS 误差

　　输入误差角参数：pitch、yaw 为±0.01°范围内随机变化的函数，姿态角 roll 的值设置为 0；输入 GPS 定位误差参数：GPS 的 x、y、z 方向误差值都设置为±0.15m 范围内随机变化的函数；输入飞行高度分别为 400m 和 200m；输入飞行速度分别为 60m/s、40m/s、25m/s。各自对应的频率如表 7-8 所示，按照不同组合生成各飞行情况下 DEM 数据，对应 DEM 数据的精度如图 7-23 所示，对应生成的 DEM 三维图像如图 7-24 所示，图中(h)、(i)分别为(c)、(g)放大后的轮廓误差分析图。

表 7-8　　　　　　　　　姿态角参数、GPS 定位误差参数、飞行参数

组合	1	2	3	4	5	6
姿态角(度)	$|err_R| \leqslant 0.01°$			$err_P = 0,\ err_\sigma = 0$		
GPS 定位误差(m)	$|err_{X_{GPS}}| \leqslant 0.15m,\ |err_{Y_{GPS}}| \leqslant 0.15m,\ |err_{z_{GPS}}| \leqslant 0.15m$					
飞行高度(m)	400	400	400	200	200	200
飞行速度(m/s)	60	40	25	60	40	25
频率(Hz)	9	6	4	18	12	8

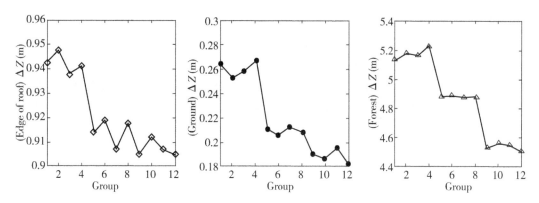

图 7-23 在存在误差角 pitch、yaw 和 GPS 定位误差的情况下 Z 方向的高程精度

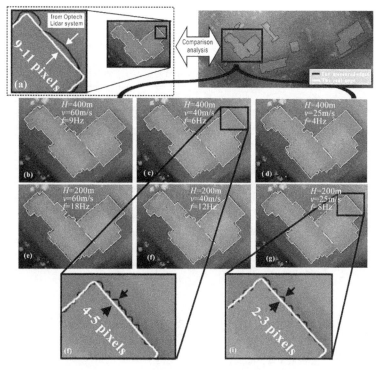

图 7-24 考虑误差角 pitch、yaw 和 GPS 误差下生成的 DEM 数据对应的 DEM 三维图像

在存在误差角 pitch、yaw 和 GPS 定位误差的情况下，图 7-24 中(b)、(c)、(d)分别代表飞行高度为 400m，飞行速度为 60m/s、40m/s、25m/s 的情况下生成的 DEM 三维图像。(e)、(f)、(g)分别代表飞行高度为 200m，飞行速度为 60m/s、40m/s、25m/s 的情况下生成的 DEM 三维图像。

精度评估：在存在误差角 pitch、yaw 和 GPS 定位误差的情况下，选取与理想状态下相同的特征地物对 DEM 数据进行精度评定(如房屋中心、房屋边缘、地面、森林等)，实验结果如图 7-23 所示。从图中可以看出，房屋边缘的平均精度可以达到 0.90~0.95m，地面的平均精度可以达到 0.18~0.26m，森林的精度可以达到 4.5~5.2m。

（7）考虑误差角 roll、pitch、yaw、GPS 误差

输入误差角参数：roll、pitch、yaw 为±0.01°范围内随机变化的函数；输入 GPS 定位误差参数：GPS 的 x、y、z 方向误差值都设置为±0.15m 范围内随机变化的函数；输入飞行高度分别为：400m、200m；输入飞行速度分别为：60m/s、40m/s、25m/s。各自对应的频率如下表 7-9 所示，按照不同组合生成各飞行情况下 DEM 数据，对应 DEM 数据的精度如图 7-25 所示，对应生成的 DEM 三维图像如图 7-26 所示，图中（h）、（i）分别为（c）、（g）放大后的轮廓误差分析图。

表 7-9　　　　　　　　**姿态角参数、GPS 定位误差参数、飞行参数**

组合	1	2	3	4	5	6
姿态角（度）	$\lvert err_R \rvert \leqslant 0.01°$，$\lvert err_P \rvert \leqslant 0.01°$，$err_\sigma = 0.01°$					
GPS 定位误差（m）	$\lvert err_{X_{GPS}} \rvert \leqslant 0.15m$，$\lvert err_{Y_{GPS}} \rvert \leqslant 0.15m$，$\lvert err_{Z_{GPS}} \rvert \leqslant 0.15m$					
飞行高度（m）	400	400	400	200	200	200
飞行速度（m/s）	60	40	25	60	40	25
频率（Hz）	9	6	4	18	12	8

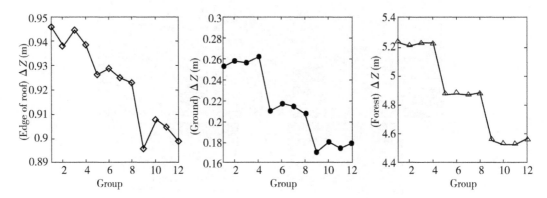

图 7-25　在存在误差角 roll、pitch、yaw 和 GPS 定位误差的情况下 Z 方向的高程精度

在存在误差角 roll、pitch、yaw 和 GPS 定位误差的情况下，图 7-26 中（b）、（c）、（d）分别代表飞行高度为 400m，飞行速度对应为 60m/s、40m/s、25m/s 的情况下生成的 DEM 三维图像；（e）、（f）、（g）分别代表飞行高度为 200m，飞行速度对应为 60m/s、40m/s、25m/s 的情况下生成的 DEM 三维图像。

精度评估：在存在误差角 roll、pitch、yaw 和 GPS 定位误差的情况下，选取与理想状态下相同的特征地物对 DEM 数据进行精度评定（如房屋边缘、地面、森林等），实验结果如图 7-25 所示。从图中可以看出，房屋边缘的平均精度可以达到 0.89~0.95m，地面的平均精度可以达到 0.16~0.26m，森林的精度可以达到 4.5~5.2m。

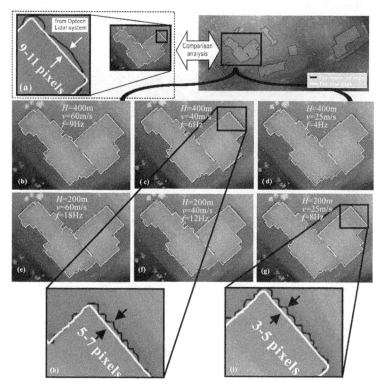

图 7-26　考虑误差角 roll、pitch、yaw 和 GPS 误差下生成的 DEM 数据对应的 DEM 三维图像

非理性飞行状态下,通过比较七种不同组合的图,我们发现在房子的边缘面阵激光雷达比传统的扫描激光雷达有较低的插值误差。这种现象与理想状态下是一致的。此外,从图之间的比较可以看到,飞机在空中的飞行高度越高,则误差越大;激光发射频率的变化和飞机空中飞行速度的变化不会引起误差显著的改变。

7.5　点阵扫描激光雷达数据精度分析

对于点阵激光雷达数据来说,本试验也选取三类特征地物作为地面控制点,分别为:房屋边缘、平滑的地面以及森林地区,对于每类特征地物选取 22 个地面控制点,每类特征点基本覆盖了整个实验区。通过对这三类特征点做精度评定,得出结果如表 7-10 所示,生成的 DEM 三维图如图 7-27 所示(杨波,2013)。

表 7-10　　　　　　　　　　　点阵扫描激光雷达精度评定结果

		Max(m)	Min(m)	RMSE(m)
单点扫描	地面	0.705	0.013	0.372
	房屋边缘	2.591	0.125	1.284
	森林	8.541	0.145	7.047

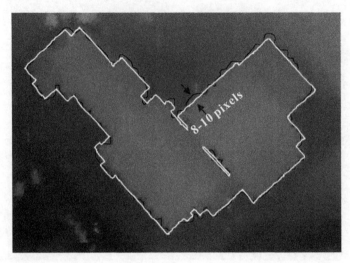

图 7-27   单点扫描式激光雷达生成的激光脚点数据对应的三维 DEM 图像

7.6   面阵激光雷达数据与单点扫描激光雷达 3D 数据精度对比分析

通过模拟试验，可以很清楚地看出：对于面阵激光雷达点云数据，不管是在理想状态下还是在非理想状态下，它们的数据精度相差不大，房屋边缘的平均精度为 0.8~1.0m，地面的平均精度为 0.15~0.26m，森林地区的精度为 4.2~5.2m；对于点阵激光雷达点云数据来说，从表 7-12 可以看出，房屋边缘的平均精度大概为 1.28m，地面的平均精度大概为 0.37m，森林地区的平均精度大概为 7.05m。通过对比本实验面阵与点阵激光雷达数据的精度可以看出，我们设计的面阵激光雷达测量系统的整体精度比单点扫描式的激光雷达数据精度要高。从它们各自生成的房屋边缘 DEM 三维图像可以看出，面阵测量系统生成的房屋边缘的三维图更加规则有序，而点阵激光雷达测量的激光脚点数据由于是扫描式，激光脚点之间存在很大的间距，需要通过内插来得到未扫描到的地面区域的点，得到的房屋边缘图像显现出更多毛刺形状，因此面阵激光雷达仪更能满足普通用户的需求。

第8章 面阵激光雷达成像仪初始误差校准及系统评价

本章首先分析影响面阵激光雷达成像仪测距精度的诸多因素。然后，针对面阵激光雷达成像仪的误差校正方法开展讨论，找出实用的多路激光测距误差初始校正方法。接着，分别测试光纤阵列激光雷达和 APD 阵列激光雷达的测距性能，通过分析测量所得到的数据，总结初始校正后的面阵激光雷达依然存在的随机误差。最后，给出面阵激光雷达仪的精度评估。

8.1 面阵激光雷达成像仪误差来源

阵列激光雷达采用了多个 APD、多通道处理电路、多路时间间隔测量并行体系结构，其性能相比点扫描激光雷达有着显著的优势。但是，这种并行的体系结构存在各种不同的误差，从成像仪本身的研究来考虑，其误差源包括：多个 APD 性能不一致、多通道处理电路延迟不一致、多路时间间隔测量电路不一致，加之激光照射目标产生的光斑强度不均匀、开始信号在测量单元间传输引起的传输延迟等诸多因素。这些因素严重影响测距的精度，为此国际上都在研究如何减少这些因素的影响，这也成为国际上面阵列激光雷达研究的难题之一。下面给出这些影响因子的具体分析：

①多个 APD 性能不一致：这是由购买的 APD 阵列芯片属性所决定，单元之间的均匀性典型值为±5%。

②多通道处理电路延迟不一致：每一个通道采用的芯片和 PCB 走线长度等存在的不一致性，导致多通道处理电路延迟不一致。

③多路时间间隔测量电路不一致：TDC-GPX 每一个通道和 PCB 走线长度等存在的不一致性，导致多路时间间隔测量电路不一致。

④激光照射目标产生的光斑强度不均匀：所采用的半导体激光器是 3×3 的激光二极管作为光源，其直接输出的激光是 3 条明亮的光斑，这种光源通过发射光学系统处理后也不能输出完全均匀的激光光斑照射目标。

⑤开始信号在测量单元间传输引起的传输延迟：每一个电路板对应的开始信号外接所使用的同轴电缆长度不一致性，导致传输延迟不一致。

基于以上分析，研究和分析多路激光测距误差校正方法是一项必须要做的工作。

8.2　误差校正方法

　　关于本章所写的校准方法，只是属于在研制激光雷达仪时最初始的误差校准，只能消减多路并行光电探测处理电路、多通道测时电路、同轴电缆等存在的固定延迟误差。这种校准是在研制激光雷达阶段需要完成的工作。针对这个阶段的校正，国际上公开的资料极少，所披露的校正方法主要是：以概率论中大数定律为理论依据，利用多次测量求均值的误差校正方法，需要对同一探测目标进行很多次探测后，求出其均值（车震平，2011；张金等，2011）。该方法如果直接运用到阵列激光雷达，则会丧失探测的实时性，不能跟踪运动目标。

8.2.1　按距离分段的误差校正方法

　　本书提出一种按距离分段的误差校正方法，可一次性减小或消除上述提及的多项误差，并且计算复杂度低、易于实施。该方法通过实验预先计算出补偿系数矩阵，并存储在硬件中，这样阵列激光雷达就可以在单脉冲探测下直接获得校正后的测距数据。该误差校正方法选择墙面为探测目标，按以下三个步骤实施：

　　第一步，获得未经误差校正的原始测距数据。分别在距离目标墙面 2m，3m，4m，…，Nm 处用阵列激光雷达进行测量，其中 N 为测量的最远距离（单位：m），获得各个距离下不同通道的距离测量值，每个距离重复测量 100 次。

　　第二步，计算校正系数。计算各个通道在同一距离下，100 次测量结果的均值，共获得 25 个均值，然后用真值分别除以这 25 个均值，计算得到 25 个通道的校正系数。经实验发现，同一个通道测量不同距离时，计算所得的校正系数也不同，因此本书提出了按照距离分段的误差校正方法。这里按 1m 分段分别计算出 25 个通道在不同米数的校正系数，从而构成了一个行、列数为 $25 \times N$ 的校正系数矩阵，其中 N 为测量的最远距离（单位：m），"25"表示 25 个通道。

　　第三步，将校正系数矩阵作为常数表格，存入测量单元的微处理器中，以后每进行一次测量，根据通道号和测距值从校正系数矩阵中读取相应的校正系数，然后用该校正系数乘上测距值，就可以立即获得补偿后的测距值。

8.2.2　误差校正方法的测试及精度分析

　　受限于所购买的脉冲激光器峰值功率只有 220W，设计的阵列激光雷达在所有 25 通道都能收到信号的条件下，最大探测距离只有 13m，这里给出了 8m、9m、10m 处的测距数值，以此对本书提出的误差校正方法的有效性进行说明。校正前后的测距数值以及按距离分段的校正系数如表 8-1 所示，校正前的测距数值包含上述各项误差。从表 8-1 中最后两行可以看到：校正前的测距值与距离真值的误差最大达到 1.536m，校正后的测距值与距离真值误差降低到了 0.231m。

表 8-1   **25 通道的距离分布(张飙等，2016)**

	校正前测距值（m）	校正系数	校正后测距值（m）	校正前测距值（m）	校正系数	校正后测距值（m）	校正前测距值（m）	校正系数	校正后测距值（m）
距离真值(m)	8.233		8.232	9.287		9.230	10.249		10.237
Ch1	7.749	1.062	8.072	8.869	1.047	9.045	9.834	1.042	10.116
Ch2	7.783	1.058	8.077	8.960	1.037	8.999	9.938	1.031	10.101
Ch3	7.538	1.092	8.251	8.695	1.068	9.214	9.658	1.061	10.150
Ch4	7.615	1.081	8.213	8.782	1.058	9.069	9.765	1.050	10.134
Ch5	7.607	1.082	8.231	8.719	1.065	9.122	9.659	1.061	10.139
Ch6	7.584	1.086	8.114	8.649	1.074	9.110	9.524	1.076	10.082
Ch7	7.603	1.083	8.173	8.670	1.071	9.162	9.600	1.068	10.151
Ch8	7.606	1.082	8.188	8.688	1.069	9.161	9.628	1.064	10.135
Ch9	8.575	0.960	8.134	9.762	0.951	9.170	10.789	0.950	10.156
Ch10	8.546	0.963	8.152	9.739	0.954	9.181	10.775	0.951	10.174
Ch11	8.433	0.976	8.168	9.528	0.975	9.186	10.480	0.978	10.233
Ch12	8.434	0.976	8.209	9.557	0.972	9.217	10.559	0.971	10.200
Ch13	8.622	0.955	8.158	9.758	0.952	9.199	10.771	0.952	10.201
Ch14	8.503	0.968	8.170	9.689	0.958	9.205	10.714	0.957	10.186
Ch15	8.473	0.972	8.214	9.681	0.959	9.033	10.701	0.958	10.179
Ch16	8.461	0.973	8.226	9.603	0.967	9.238	10.557	0.971	10.237
Ch17	9.035	0.911	8.218	10.256	0.906	9.240	11.293	0.908	10.226
Ch18	9.085	0.906	8.207	10.361	0.896	9.232	11.406	0.899	10.227
Ch19	8.960	0.919	8.248	10.266	0.905	9.152	11.785	0.870	10.256
Ch20	8.888	0.926	8.274	10.138	0.916	9.202	11.349	0.903	10.199
Ch21	8.705	0.946	8.226	9.920	0.936	9.221	10.980	0.933	10.219
Ch22	8.900	0.925	8.250	10.125	0.917	9.227	11.228	0.913	10.224
Ch23	8.925	0.922	8.243	10.131	0.917	9.207	11.276	0.909	10.194
Ch24	8.929	0.922	8.368	10.116	0.918	9.248	11.334	0.904	10.261
Ch25	8.501	0.968	8.274	9.587	0.969	9.234	10.663	0.961	10.201
平均(m)	8.362		8.202	9.530		9.171	10.571		10.183

续表

	校正前测距值（m）	校正系数	校正后测距值（m）	校正前测距值（m）	校正系数	校正后测距值（m）	校正前测距值（m）	校正系数	校正后测距值（m）
最小值(m)	7.538		8.072	8.649		8.999	9.524		10.082
最大值(m)	9.085		8.368	10.361		9.248	11.785		10.261
最大值-真值(m)	0.852		0.136	1.074		0.018	1.536		0.024
最小值-真值(m)	-0.695		-0.030	-0.638		-0.231	-0.725		-0.155

由表 8-1，可以看到测量距离为 10.249m 时，出现最大误差，为此我们对此距离下的误差数据从系统误差和随机误差两方面进行分析。图 8-1 为校正前（原始测量数据）25 通道的高斯分布密度图，每个小图下方的第一行数字为均值 σ，第二行数字为方差 μ。观察图 8-1 发现：每个通道的随机误差，围绕着其均值呈现出高斯分布特性；通道间的均值差别较大，因此可推断出测量的结果同时存在高斯型随机误差和系统误差。图 8-2 为校正后的 25 通道高斯分布密度图，由图 8-2 可发现：各通道的均值已接近真值；通道内的随机误差，围绕着其均值呈现出高斯分布特性，而且分布密度的形状与图 8-1 中的基本相似。进一步分析还能发现：同一通道校正前后的方差也很接近。通过以上分析可以得知，本书

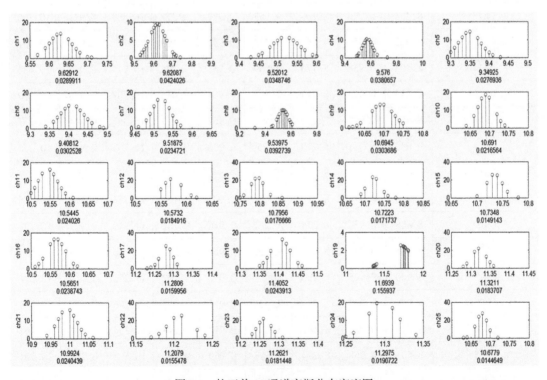

图 8-1　校正前 25 通道高斯分布密度图

提出的误差校正方法有效地消除了测量中的系统误差，提高了阵列激光雷达的测距精度，并且校正系数矩阵容易计算。但是，该方法对于测量中的随机误差，没有消除或改善的能力。

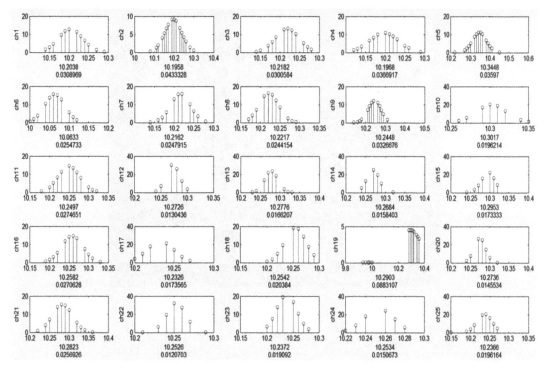

图 8-2　校正后 25 通道高斯分布密度图

8.3　面阵激光雷达测距性能验证试验

在完成面阵激光雷达研制（包括 8.2 节初始误差校正）工作后，我们为了测试面阵激光雷达测距性能，分别对光纤阵列激光雷达和 APD 阵列激光雷达开展测距试验，并通过分析测量所得到的数据，总结初始校正后的面阵激光雷达误差来源。

8.3.1　光纤阵列激光雷达测距试验及分析

为了测试所研发的 5×5 光纤阵列耦合 APDs 面阵激光雷达实验室样机的测距性能，我们用该面阵激光雷达实验室样机进行试验。实验室样机主控制器和触发信号模块分别采用 PC 机和信号源，该试验平台包含光纤阵列激光雷达、示波器、激光测距仪等设备（周国清等，2015），如图 8-3 所示。实验步骤如下：

①将试验平台移到实验室内，距被照射白色墙面约 11m 处。

②用测量精度±3mm 的 Leica DISTO A3 激光测距仪，精确标定被测距离。

③触发脉冲激光发射模块发射激光照射墙面，进行连续测试。试验过程中，时间间隔测量子系统测到的数据自动上传至 PC 机。

④将实验装置向被照射墙面推进 1m，重复步骤②、③，直至实验装置推进到距墙面 6m 处，结束实验。

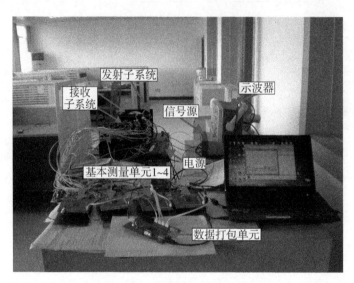

图 8-3　光纤阵列激光雷达测距实验

由于研发的激光雷达最终需搭载于运动平台上，不可能对同一目标进行很多次测量，再利用统计方法获得校正后的测量距离，因此我们关心的是激光雷达单次测量情况下能够达到的精度。在完成测试试验后，对获得的 6 个不同距离的 6 组距离数据分别进行了统计分析，如表 8-2 所示。表 8-2 第一行中的距离值是用 Leica DISTO A3 毫米级精度激光测距仪测量获得的，2~4 行分别给出了所有 25 通道的距离数据与实际测量距离偏差的最大值、最小值以及标准偏差最大值，随后详细分析了第一个距离值即 11.267m 处的情况。

表 8-2　　　　　　　　统计的 6 组所有 25 通道距离偏差数据（周祥，2014）

作用距离（m）	11.267	10.10	9.131	8.012	7.018	5.971
偏差最大值（cm）	10.58	11.01	10.86	10.73	10.56	10.51
偏差最小值（cm）	-6.41	-6.50	-6.56	-6.71	-6.81	-7.21
标准偏差最大值（cm）	4.22	4.53	4.45	4.26	4.21	4.32

在 11.267m 处，根据基本测距公式（2-8），将测得的 25 个通道的时间间隔值转化为距离值，然后与真实距离进行比较，得出每个通道每次的距离偏差值 ΔL。经统计分析得出，所有 25 通道的距离偏差范围为：$-6.41\text{cm} < \Delta L \leqslant 10.58\text{cm}$，各通道的距离标准偏差值如图 8-4 所示，其中 ch1，ch2，…，ch25 分别表示通道 1 至通道 25，距离标准偏差最大

值为 4.22cm，位于 ch18。为了更清晰地获知 25 通道单次测量距离偏差值的分布情况，把所有通道的距离偏差值分成 4 个区间：（−6.41cm，0）、（0，5cm）、（5cm，10cm）、（10cm，10.58cm），统计出各通道每个区间偏差值的百分比，各通道区间偏差值的分布情况如图 8-5 所示。从图 8-5 可以看出，对于所有的 25 个通道，在（−6.41cm，0）区间的距离偏差，比例最小值位于 ch10，占该通道的 0.44%；比例最大值位于 ch18，占该通道的 21.49%。在（0，5cm）区间的距离偏差，比例最小值位于 ch1，占该通道的 55.26%；比例最大值位于 ch14，占该通道的 92.11%。在（5cm，10cm）区间的距离偏差，比例最小值位于 ch14，占该通道的 5.26%；比例最大值位于 ch21，占该通道的 25.44%。在（10cm，10.58cm）区间的距离偏差，只有 6 个通道出现且最多只占该通道的 0.88%。可见全部 25 通道的距离偏差基本上集中在（−10cm，10cm）范围内。

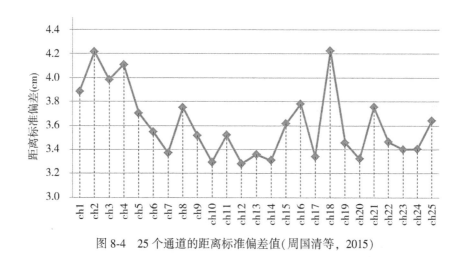

图 8-4　25 个通道的距离标准偏差值（周国清等，2015）

根据上面的结果从三个方面分析该套面阵激光雷达的试验误差（周祥，2014）：

①从偏差范围可以看到，正方向偏差大于负方向，主要原因是：高速光电探测模块从收到取样激光脉冲至产生 Start 信号的延时，要小于光纤阵列探测模块从接收到激光回波至产生 Stop 信号的延时，进而 Stop−Start 的时间差将比实际的激光飞行时差偏大，最终导致了测量值向正方向偏移。这两种探测模块的延时不一致，原因是高速光电探测模块收到的取样激光信号远大于光纤阵列探测模块各 APD 单元收到的回波信号，导致前者放大电路得到的模拟信号幅值和上升速度远大于后者，而这两种探测模块是采用前沿固定阈值时刻鉴别的方式。

②可以看到各通道之间，任意一个区间占本通道的距离偏差百分比不一样，即各通道距离偏差存在非一致性。通过分析，主要原因是照射到目标的激光光斑能量分布不均匀，使得各个通道接收到的回波信号强度不同，导致定时的时刻点不一致，引起 25 路 Stop 信号不能同时输入 TDC-GPX 芯片的各 Stop 信号引脚，进而有 Sotp1-Start，Sotp2-Start，…，Sotp25-Start 之差不一致的情况。

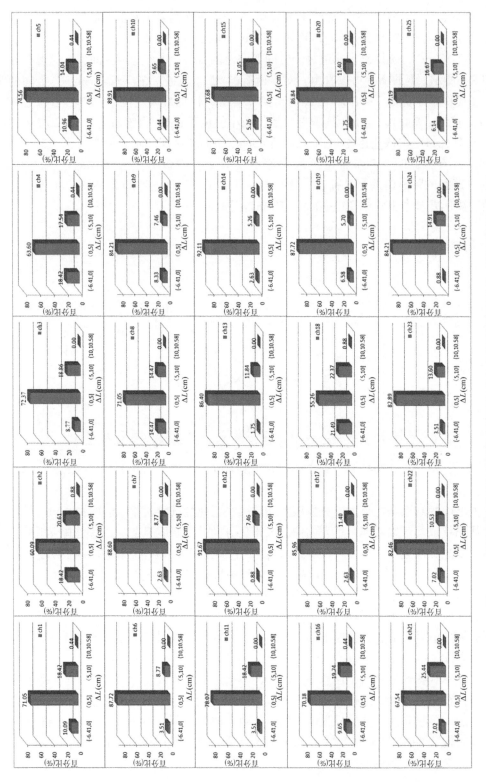

图 8-5 25 通道测量结果与实际距离的偏差分布在各区间的百分比（周国清等，2015）

③可以发现各通道的测距精度,相比 TDC-GPX 芯片 81ps(对应±1.215cm)的分辨率有一定的差距。通过分析原因,主要是激光雷达系统并行光电探测处理电路时引起的误差,由高速示波器可以观察到各 Stop 信号有几百皮秒的抖动。

综合测得的所有 6 组数据可知,光纤阵列面阵激光雷达的单次测距偏差范围为-8~12cm。误差来源,主要是 Start 信号与各 Stop 信号这一参与测时的"信号"引起的,即时间间隔测量子系统的前端所导致。同时,也可以得出一个结论:时间间隔测量子系统的测量精度应优于测试面阵激光雷达实验室样机得到的距离偏差。

8.3.2 APD 阵列激光雷达测距试验及分析

同样为了验证所研发的 5×5APD 阵列激光雷达实验室样机的测距性能,利用该面阵激光雷达实验室样机进行试验。实验室样机的主控制器和触发信号模块分别采用 PC 机、信号源,该试验平台包含 APD 阵列激光雷达、示波器、激光测距仪等设备(周国清等,2014),如图 8-6 所示。实验步骤如下:

①将试验平台移到实验室内,距被照射白色墙面约 11m 处。

②用测量精度±3mm 的 Leica DISTO A3 激光测距仪,精确标定被测距离。

③触发脉冲激光发射模块发射激光照射墙面,进行连续测试。试验过程中,时间间隔测量子系统测到的数据自动上传至 PC 机。

④将实验装置向被照射墙面推进 1m,重复步骤②、③,直至实验装置推进到距墙面 6m 处,结束实验。

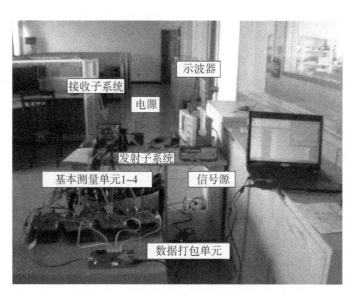

图 8-6　APD 阵列激光雷达测距实验

考虑到 25 路系统的复杂性以及 APD 阵列激光雷达各通道的可重复性,在 APD 面阵激光雷达正常工作的情况下,从实验中抽取其中 8 个通道的 3 次测量数据,如表 8-3 所示。表中第一行中的距离值是用 Leica DISTO A3 毫米级精度激光测距仪测量获得的。下面对该表的数据进行分析。

表 8-3　　　　　　　　　　　　　　　测距实验数据(周祥, 2014)

通道号	次数	测得的时间值(ns)					
		11. 175m 处	10. 051m 处	9. 118m 处	7. 982m 处	6. 997m 处	5. 941m 处
通道 1	第 1 次	74. 81	67. 6	60. 96	53. 43	46. 95	39. 91
	第 2 次	74. 80	67. 76	60. 96	53. 43	46. 95	39. 91
	第 3 次	74. 80	67. 59	60. 96	53. 59	47. 12	39. 75
通道 3	第 1 次	73. 99	67. 20	60. 47	52. 78	46. 38	38. 94
	第 2 次	74. 16	66. 95	60. 23	52. 78	46. 25	38. 94
	第 3 次	74. 24	67. 10	60. 31	52. 94	46. 31	39. 1
通道 9	第 1 次	74. 8	67. 60	60. 96	53. 67	47. 12	<u>40. 32</u>
	第 2 次	74. 88	67. 68	61. 04	53. 75	47. 34	40. 15
	第 3 次	74. 88	67. 76	61. 2	53. 75	47. 28	40. 07
通道 12	第 1 次	74. 24	67. 03	60. 47	53. 11	46. 71	39. 59
	第 2 次	74. 16	67. 19	60. 47	53. 11	46. 63	39. 67
	第 3 次	74. 4	67. 27	60. 64	53. 19	46. 79	39. 67
通道 15	第 1 次	74. 56	67. 27	60. 64	52. 94	46. 47	39. 26
	第 2 次	74. 48	67. 35	60. 72	52. 87	46. 47	39. 26
	第 3 次	74. 72	67. 35	60. 72	53. 12	46. 47	39. 34
通道 17	第 1 次	75. 05	<u>68. 08</u>	60. 72	53. 03	46. 31	<u>38. 86</u>
	第 2 次	75. 21	67. 84	60. 95	53. 03	46. 22	39. 02
	第 3 次	75. 13	<u>67. 67</u>	60. 88	53. 03	46. 31	38. 86
通道 21	第 1 次	74. 39	67. 27	60. 64	53. 27	46. 71	39. 91
	第 2 次	74. 32	67. 27	60. 72	53. 27	47. 03	39. 91
	第 3 次	74. 48	67. 27	60. 8	53. 59	46. 95	39. 91
通道 25	第 1 次	74. 15	67. 12	60. 39	52. 78	46. 06	38. 94
	第 2 次	74. 23	67. 03	60. 23	52. 78	46. 22	38. 94
	第 3 次	74. 16	67. 74	60. 47	52. 86	45. 98	38. 94

注: 下画线处为观察到的现象 1、2、3 中最大偏差值所对应的数据。

　　由表 8-3 观察到现象 1: 同一通道对同一被测距离的三次重复测量中, 偏差值最大处出现在 10. 051m 处, 通道 17 的第一次测量与第三次测值的差为 0. 41ns, 对应 6. 15cm。

　　由表 8-3 观察到现象 2: 不同测量通道对同一被测距离的测量中, 偏差值最大处出现在 5.941m 处，通道 9 第一次测量值与通道 17 第一次测量值的差值为 1.46ns，对应 21.9cm。

由表 8-3 观察到现象 3：不同测量通道对同一被测距离测量产生的最大偏差值，显著大于同一通道对该被测距离测量产生的最大偏差值。

通过分析，产生现象 1 的原因主要是由半导体激光模块发出的每一个激光脉冲不能保证完全相同所造成。产生现象 2 与现象 3 的原因主要在于：所使用的激光发射模块照射目标的激光光斑强度难以保证一致，以致 APD 阵列探测器中对应目标区域不同点的 APD 单元接收到的激光回波功率不一致，从而引起了各通道时刻鉴别电路对停止信号鉴别时刻的不同，进而导致了时间间隔测量子系统通道间测得的时间偏差较大，这与光纤阵列激光雷达出现误差的现象和原因分析基本一致。

综合两套 APD 面阵激光雷达的测距实验，结果表明测距精度都达到了 ±15cm。如果需要进一步提高测距精度，减小随机误差，则必须从硬件设计着手，彻底解决停止信号鉴别时刻漂移的问题，这也是我们有待继续研究的重要内容之一。

8.4 绝对精度评估

为了更清晰地获知面阵激光雷达成像仪的实用性能，在完成激光雷达测距试验(即相对精度评估)之后，我们对该成像仪进一步开展绝对精度评估。所谓的"绝对"精度评估，意味着将被测量的 25 个目标单元的距离与其他量测仪器(如全站仪)、激光测距仪测得的距离进行比较。

相对于 LGCPs 的几何精度，我们用均方根误差(RMS)来评估三维坐标(X, Y, Z)，即

$$RMS = \frac{\Delta X + \Delta Y + \Delta Z}{3} \tag{8-1}$$

式中，

$$\Delta X = \sqrt{\sum_{i=1}^{n} \frac{(X_i - X_i')^2}{n}} \tag{8-2}$$

其中，X_i 表示来自 GLiDAR 模拟的(X_i, Y_i, Z_i)坐标；X_i' 表示人工量测的 LGCP 的三维坐标(X_i', Y_i', Z_i')；n 是 LGCPs 的数量。下面分别讨论这两种精度评估。

精度评估的具体实验如下：

(1)实验平台设置

我们在实验室的走廊里建立了一个简单、低成本但高精确度的验证场，如图8-7所示。首先，我们把半径不同的黑白同心圆人工标志贴在墙上，为了方便测量，将黑白同心圆的圆心标记为"十"。不同标志之间的距离以及不同标志与面阵激光雷达仪之间的关系，分别由南方 NTS-362 全站仪测定。一个以原点在墙角、Z 轴与深度方向相反、天顶方向为 X 轴("东")的局部右手坐标系($G\text{-}XYZ$)被建立，如图 8-7(a)所示。

(2)验证步骤

验证实验使用两个步骤进行。首先，GLiDAR 成像仪被安装在一个移动车上，移动车

安装一个"水平仪"，然后小心地沿 X 轴和 Z 轴方向平移，以便使俯仰角和横滚角等于零，再将移动车沿 Y 轴移动，以使航向角等于零。与此同时，用手将一个波长为 650nm 的红色激光输入到每个光纤连接器（如图 8-7（b）中所示），以便"可视地""验证"反射在墙壁上脚迹（如图 8-7（d）中所示）。根据本书 7.2 节中的公式，这些用 GLiDAR 成像仪测量的距离被转化为三维坐标（$\varphi=0°$，$\omega=0°$，$\kappa=90°$）。与此同时，这些拍摄的三维（3D）网格纸的红色激光足印坐标由全站仪测定计算得到。

（3）通过四个场景来验证精度

我们用四个场景（如图 8-7 所示）来验证 GLiDAR 能达到的精度。其中的操作过程是重复上述实验步骤。用于可视化三维点云数据的软件系统将在第 10 章中介绍。该软件系统能够去噪、识别有无返回信号、点云数据内插成网格数据并在局部坐标系中可视化点云数据。详细的描述可以参考相关文献（Zhou et al.，2015；黎明焱，2016）。如图 8-8 所示是四个场景的可视化图。

（4）准确度评价

37 个红色激光足印的三维坐标使用径向进给法（radial traversing）计算，所得到的值作为"真"值。在这 4 个区域中，37 个地表单元的三维坐标用开发的模型计算，所得到的值被作为测量值。我们使用式（8-1）来进行三维坐标精度评价，相对于"真"值，面阵激光雷达仪 GLiDAR 测量的 XYZ 坐标系均方根误差值大约是 15cm，如表 8-4 所示。

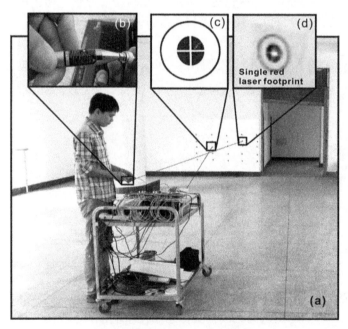

（a）室内试验场，（b）人工输入红色激光到激光光纤，（c）放大的目标点，（d）红色激光目标点脚印

图 8-7　精确评估的实验场景

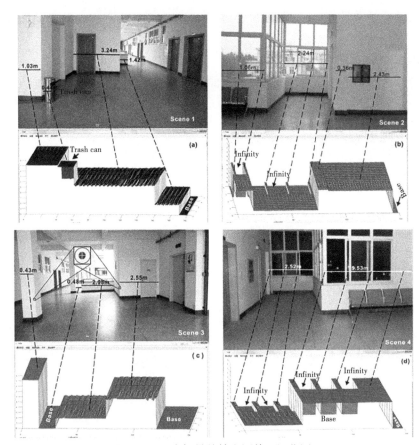

图 8-8 四个场景的精度评估可视化图

表 8-4   四个场景的误差分析

	场景 1	场景 2	场景 3	场景 4
平均误差（cm）	11.6	12.5	11.3	12.1
最小误差(cm)	4.7	5.7	4.5	4.3
最大误差(cm)	16.9	19.3	15.9	15.6

通过测距试验和"绝对"精度的实验验证，我们可以得出结论，本书中设计并实现的面阵激光雷达是可行的，并具有足够的精度，所达到的精度可以与其他国际面阵激光雷达（如 DragonEye3D、AG SR4000）所达到的精度相媲美。GLiDAR 成像仪的优点主要有：

①不会产生机械扫描错误，并具有比单点扫描激光雷达成像仪更高的精度。

②可以有效地避免因内插误差而导致数字表面模型（DSM）的精度下降。

③相对于单点扫描激光雷达成像仪来说，面阵激光雷达成像仪能够快速、高精度成像，从而能够有效地实现实时的大面积三维制图。

④随着技术的发展，更多单元的 APD 阵列将被研制出来，面阵激光雷达仪单脉冲将

能获取更大的目标图像。Figer 等在 2011 年报道了他们实验室正在研究的 256×256 单元 APD 阵列。

但面阵激光雷达成像仪也有缺点：

①面阵激光雷达仪在一瞬间需照射大面积的地表，因此它要求发射功率更大的激光器。

②面阵激光雷达成像仪当前还是原理样机，有待进一步精制成商业产品。

第9章 面阵激光雷达数据预处理及三维可视化系统

本章首先介绍激光测距过程中出现的异常数据的分析，并对其进行分类、识别和处理。然后，介绍对不规则性异常数据采用加权的均值化滤波处理方法和再按比例或纯时滞补偿处理方法。接着，介绍如何对那些规则性异常数据采用调整时滞的方法进行补偿线路时滞，并介绍测量过程中出现的细小误差信号进行辨识方法以及面阵测距邻近点平面化绘图处理方法，包括面阵激光多幅点云进行数据配准及拼接处理。最后，介绍面阵激光三维成像软件和对不同测距目标的快速三维重建方法。

9.1 面阵激光测距点云异常数据分类

由于在激光测距过程中电路性能的不稳定性、环境温度变化等因素的影响，造成测距数据存在随机异常。这些异常数据可能会使系统出现资源损耗过大、宕机等现象。因此，如何快速、准确地识别数据异常，并进行合理的数据处理显得尤为重要。也就是说，只有准确、规范的测距数据才能真实重现目标面的三维表面模型。若不对测距系统中的数据异常进行处理，则可能获取到精度较低、杂乱无章的表面模型。另外，要实现对异常数据进行处理，首先要对面阵激光测距系统中出现的各种异常数据情况进行识别、分类。

我们经过大量试验发现，异常数据主要包含以下几种情况(黎明焱，2016)：

①规则性异常数据。在面阵激光雷达成像系统中，由于每一路 APD 探测处理电路存在电气参数差异或者信号传输时滞，导致每一次测距均存在一个固定的时间差，经过计算后表现为每次测距均存在一个固定的距离差。如图 9-1 所示，当面阵激光雷达成像系统对一个光滑平整墙面测量时，总是出现可重叠的凹凸三维(3D)表面。

②不规则性异常数据。这一类异常数据的主要特征是异常出现的时间和异常情况毫无规律，且每个 APD 所对应的测距通道异常数据变化也都不尽一样。图 9-2 是面阵激光雷达成像系统对楼道间几个平整墙面测量的结果，从图中我们发现：中间出现的杂乱凹凸变化即为不规则性异常数据。

③无回收数据。这一类异常数据主要有以下三种情况：第一种情况，由于激光器工作异常，没有发出激光，导致 APD 阵列无法接收到回波信号；第二种情况，当激光束发射到特殊目标面(玻璃面或墙壁光滑边缘等)时，没有产生反射信号或者回波信号很微弱，以至于回波信号不能被 APD 探测器识别；第三种情况，当 APD 元件损坏时，导致无法响应反射回来的激光信号。图 9-3 是数据异常的实例，该实例来自一个 5×5 APD 阵列中 1~17 通道 APD 没有通电工作的情况。对于该例无数据异常情况，我们规定：它的测距为 0，

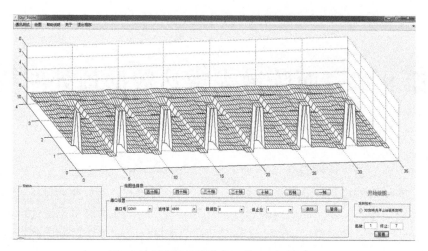

图 9-1　规则性异常数据三维(3D)可视化

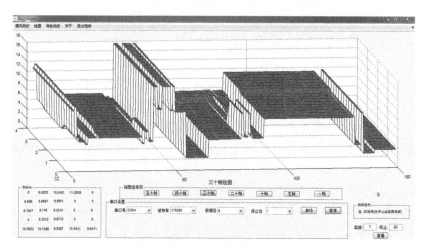

图 9-2　不规则性异常数据三维(3D)可视化

在灰度距离成像中表现为黑色区块。

④电路异常。由于 APD 工作时受到施加在器件上的反向偏置电压引发雪崩效应，而且 APD 的雪崩增益会随着器件温度的变化而改变，这一特性又称为 APD 温度特性。因此，在一个典型线性雪崩增益系统中，需要 APD 保持恒定增益，反向偏置电压源必须能够实时补偿因温度变化而造成的雪崩增益系数变化。APD 电路异常的表现为当面阵激光雷达仪工作一段时间后，APD 电路板温度升高而出现异常触发计时器工作，导致测距超出激光雷达有效测距范围的情况。

⑤多次回波信号异常。由于目标面可能存在的遮挡(遮挡面积小于测距系统最小平面精度)，从而使得 APD 可能出现多次激光反射信号触发计时，表现为在一组测距数据中一个 APD 像元出现多组测距数据。由于只考虑目标面表面三维模型，因此目前只取第一次

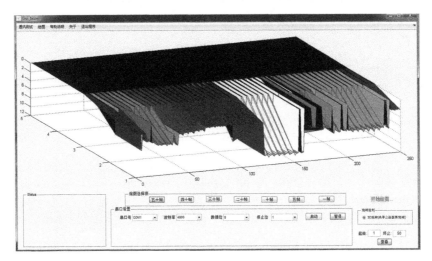

图 9-3 无回收数据三维(3D)可视化

出现的测距值(即最小测距值),对于多次回波产生的数据作保留处理(后续可能用于对遮挡目标检测时使用)。

9.2 点云异常数据补偿方法

针对以上不同的异常情况,我们需要发展与之对应的补偿方法,包括利用算法的软件数据补偿方法和利用硬件的补偿矫正方法(黎明焱,2016)。以下分别描述:

1. 规则性异常数据补偿方法

对于规则性异常数据的补偿方法,我们在实验室针对不同测距范围进行多次测量,且对每一路 APD 分别进行测量,并在"面阵激光雷达数据处理软件包"中对每一路 APD 进行相对应的时滞校正。

2. 不规则性异常数据补偿方法

这一类异常数据的出现毫无规律,在排除硬件故障外,主要是与外界环境干扰和整体系统电气性能稳定性有关。对于不规则性异常数据,我们采用加权平均的方法对最邻近数据进行均值处理。在本书描述的面阵激光雷达仪 GLiDAR-II 采集的 20 组数据中,"面阵激光雷达数据处理软件包"首先对 20 次测距数据做预处理,然后将每一个通道 20 次测距数值进行统计,记录测距值大小及对应次数(按照测距值出现频率的高低进行排序),最后将这些数值按照出现次数从多到少的顺序与加权平均的计算结果进行对比,取最接近加权平均的数值作为当前通道的测距数据。其数学模型可以描述为:假设我们将所有出现的测距值分别记为 x_1, x_2, $\cdots$, x_n, 其对应出现的次数记为 m_1, m_2, $\cdots$, m_n 次,其中 $n \leqslant 20$, $m_1 + m_2 + \cdots + m_n = 20$, 则加权平均 $\overline{X}$ 计算为:

$$\overline{X} = \frac{x_1 m_1 + x_2 m_2 + \cdots + x_n m_n}{m_1 + m_2 + \cdots + m_n} \tag{9-1}$$

假设测距值出现次数从大到小依次为 m_1, m_2, $\cdots$, m_n, 我们依次将对应的 x_1, x_2, $\cdots$, x_n 与 X 进行比较, 取与加权平均最接近的测距值作为该通道测距的最后值。若存在两个测距值 x_i, x_j 与 X 之间差值完全一样, 即

$$x_i - X = X - x_j \ (假设\ x_i > x_j) \tag{9-2}$$

则以出现频率较高的 x_i 作为当前通道测距数据的最后值。

3. 无回收数据补偿方法

在排除 APD 硬件损坏, 导致不能正常工作的情况下, 无回收数据主要是由于 APD 阵列单元没有收到激光回波信号导致的。这种情况主要分为以下两种情况: 第一, 有效测程范围内无目标面发生发射信号; 第二, 激光束正好打到墙面拐角光滑处, 反射光没有进入 APD 接收范围。我们规定: 在无回收数据时, 统一将测距值填充为 0。由于面阵激光雷达成像系统采用匀速水平推帚式成像, 所以第一种情况将可能出现接收不到回波信号, 也就是说, 如果激光发射频率设置为 20Hz 时, 至少出现 20 次没有收到激光回波信号; 第二种情况, 当面阵激光雷达仪在移动时会接收到激光发射的回波信号, 因此对于无回收数据的处理方式依然采用不规则性加权均值的方式进行处理。其方法见上文的描述, 这里不再详细介绍。在"面阵激光雷达数据处理软件包"里, 我们规定: 若某 APD 像元测距值经过数据预处理以后是 0, 则表示有效测程内目标面对应的位置无反射或者回波信号太弱, 三维可视化绘图时按无穷远处理。

4. 电路异常补偿方法

激光雷达系统经常存在通道延时不一致、APD 偏置电路未做温度补偿等问题。针对这种类型的异常情况, 在经过大量的实验之后, 我们对面阵激光雷达仪 GLiDAR-II 的每一个 APD 像元按通道号、测距范围分段建立补偿系数, 包含时滞补偿系数(纯时滞修正只做调试时使用, 最终会写入计时电路中)和比例补偿系数(Zhou et al., 2015)。时滞补偿系数主要是用于对规则性异常进行补偿, 比例补偿系数则用于补偿 APD 因温度变化而产生的增益变化补偿, 这些参数是在一定温度条件下测试获得的(环境温度: 26℃)。如图 9-4 所示, 当上位机三维绘图程序通过 TDC-GPX(高精度计时芯片)读取 25 通道测距数据时, 它同时读取数据补偿参数文件 Rectification. xls。这种补偿方法是采用该文件中的修正参数表来对数据进行补偿矫正。另外, 现场操作员还可以通过对原始测试数据进行比对、校正计算修正参数并适时调整 Rectification. xls 文件。在修正系数 Rectification. xls 文件中, 数据格式为 25 行 15 列, 每一行对应一个 APD 像元, 而从第 1 列到第 15 列分别表示 1~15m 每一米测距范围对应的修正系数, 同时所有系数初始值为 1, 默认不做任何修正。

如图 9-4 所示, 当对测距数据进行修正时, 所有测距数据都会经过修正系数处理, 再进行绘图和后台历史数据的备份(修正数据=测距数据×修正系数)。

5. 多次回波信号异常

由于只需要获取目标面表面三维模型, 因此只需要读取各 APD 通道在有效测程范围内的最小测距值。

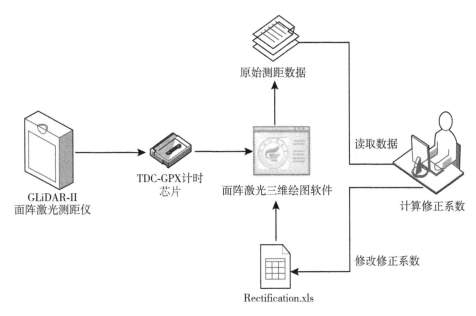

图 9-4 异常数据修正方法(Zhou et al. , 2015)

9.3 点云异常数据预处理

面阵激光雷达采用激光泛光照射在目标面形成正方形的光照区域, 15m 处照射区域约为 $24\times24cm^2$ 大小, 面阵激光雷达仪 GLiDAR-II 通过 5×5 的 APD 阵列获取 25 个测距点实现目标面距离测量和图像重构。在现场测试过程中由于每一路 APD 的电气性能有细微差别, 导致每个通道数据都不尽一致, 都有细小误差。考虑到测距精度为 5cm, 所以对于距离相差 4cm(小于最小测距精度)以内的测距脚点可以看做是一个平面。这就需要对绘图数据预处理, 主要包含以下四个方面:

第一, 绘图数据单独一行、一列的任意相邻点数据处理。根据我们实验测试结果显示, 目标面绘图凹凸主要体现在列与列、行与行相邻激光测距脚点之间的差异。假设相邻测距脚点测距值相差小于 4cm, 则表明是两激光脚点位于同一平面。

第二, 绘图数据相邻两列、一行之间的数据处理。实际测距中相邻两列、两行数据有很大的关系。若是平面, 则两列、两行数据应相等; 若相差超过 5cm, 则表示有凹凸情况。那么我在处理时若两列、两行数据均值相差小于 4cm, 则将相邻两列、两行所有激光脚点看做是位于同一平面。

第三, 两帧相邻数据之间的关系处理。由于面阵激光雷达仪 GLiDAR-II 是匀速推帚式扫描, 因此还需要处理前一帧数据和后一帧数据的拼接问题。若拼接处相邻两点测距值相差小于 4cm, 则看做是处于同一个平面。

第四, 对于点云数据中出现数值为 0 的点, 在排除超出最大测程和对应通道 APD 损坏的情况下, 可用相邻点测距值均值化处理实现对 0 数据区域的补齐。如图 9-5 所示, 左边出现 0 值数据点表明是无测距数据异常, 根据最邻近均值化处理将中间白色的 0 区域处

理为 $3\left(\dfrac{4+3+3+2}{4}\right)$。由于只有 25 个测距脚点，因此这种面补偿方式只适用于大面积、凹凸变化明显(变化远大于最小分辨率 5cm 的情况)的目标面，否则地形突变可能会使得线补偿后的三维绘图与实物出现极不一致的情况。

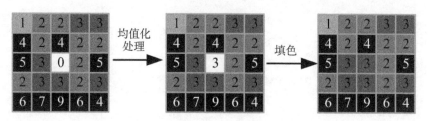

图 9-5　最邻近均值化处理示意图

9.4　点云异常数据处理程序设计及测试结果

根据前几节的理论分析，针对每一帧数据中 25 个测距点，我们设计了数据补偿方法，该方法的部分代码如图 9-6 所示。首先，我们对无回收数据通道做数据补偿；然后，对相邻两行任意两激光脚点间测距进行处理；最后，对相邻两列任意两相邻激光脚点测距进行比较、分析和三维可视化绘图。

```
%s3为实验输入25个点数据
s3=[1,3,2.1,0.5,5.2;1.4,3.2,2.2,0.6,5.3;1.2,2.9,2.2,0.4,5.1;
    1,3.3,2.3,0.5,5.2;0.8,3.4,1.9,0.5,5.2;];
%相邻两行相邻测距点之间的预处理
for i=1:1:5
    if s3(1,i)~=0&&(s3(1,i)<s3(2,i)+0.5)&&(s3(1,i)>s3(2,i)-0.5)
        s3(2,i)=s3(1,i);
    end
end
for i=1:1:5...
for i=1:1:5...
for i=1:1:5...
%相邻两列之间的预处理
row1=mean(s3(:,1));row2=mean(s3(:,2));row3=mean(s3(:,3));
row4=mean(s3(:,4));row5=mean(s3(:,5));

if row1>row2-0.4 && row1<row2+0.4
    for i=1:1:5
        s3(i,2)=s3(i,1);
    end
end
if row2>row3-0.4 && row2<row3+0.4
    for i=1:1:5...
end
if row3>row4-0.4 && row3<row4+0.4
    for i=1:1:5...
end
if row4>row5-0.4 && row4<row5+0.4
    for i=1:1:5...
end
surf(s3);
```

图 9-6　绘图数据预处理方法部分代码

为了验证数据预处理方法的有效性、正确性，我们设计了两组针对性数据进行了测试。其中第一组数据毫无规律，第二组数据则可以处理为平面，两组数据分别测试程序模块的正确性和准确性。正确性即对无规律的数据处理不会使其丢失其原有数据特性，准确性即对于有规律的数据可以修改原有数据实现我们要实现的效果。第一组数据如图9-7(a)所示，处理之后的结果如图9-7(b)所示。由于测距数据有大范围的变化，所有数据均未达到小于 4cm 的情况，所以程序并没有对数据进行处理。

s4 <5x5 double>

	1	2	3	4	5
1	1	1	0.7000	0.8000	0.9000
2	2	2	2.2000	2.3000	2.1000
3	0.8000	0.9000	0.8000	0.9000	1
4	1.4000	1.2000	1.3000	1.2000	1
5	2.3000	2.4000	2.3000	2.3000	2.1000

s3 <5x5 double>

	1	2	3	4	5
1	1	1	0.7000	0.8000	0.9000
2	2	2	2.2000	2.3000	2.1000
3	0.8000	0.9000	0.8000	0.9000	1
4	1.4000	1.2000	1.3000	1.2000	1
5	2.3000	2.4000	2.3000	2.3000	2.1000

（a）毫无规律的原始数据　　　　　　　　　（b）处理后的数据

图 9-7　第一组数据

第二组数据如图 9-8(a)所示，这是一组有规律分布的数据，会呈现出阶梯变化的画面。不过由于相邻激光测距脚点间的数据有细微的差距(小于测距精度 5cm 以内)，导致三维可视化效果不好。如图 9-8(b)所示是处理后的数据，从图 9-8(b)中可以看出：对于相邻激光脚点测距差值小于 5cm 的情况，本软件均可以处理。由图 9-9(a)所示的三维可视化图形可以看出：目标表面有颜色变化表明不是属于一个平面。经过数据预处理之后的可视化图如图 9-9(b)所示，从图 9-9(b)可以看出：对于原始数据中的细微误差数据，本软件均可以处理。因此可以得出结论：本软件可以处理有规律分布的数据。

另外，为了避免增加的程序模块对原有程序造成太大的影响，我们还对该模块的运行时间损耗进行了测试。通过多次测试，测试结果显示为 0.000031 秒。因此得出结论：对于目前面阵激光雷达成像频率为 1Hz 成像仪来说，没有任何计算速度影响。

s4 <5x5 double>

	1	2	3	4	5
1	1.3900	3.1200	2.1200	0.5200	5.2100
2	1.4800	3.1500	2.1400	0.5600	5.2400
3	1.4200	3.1100	2.1100	0.4900	5.1900
4	1.4000	3.1400	2.0900	0.5000	5.2000
5	0.8200	3.1300	2.1000	0.5300	5.2000

s3 <5x5 double>

	1	2	3	4	5
1	1.3900	3.1200	2.1200	0.5200	5.2100
2	1.4800	3.1200	2.1200	0.5200	5.2100
3	1.4200	3.1200	2.1200	0.5200	5.2100
4	1.4200	3.1200	2.1200	0.5200	5.2100
5	0.8200	3.1200	2.1200	0.5200	5.2100

（a）有规律分布的原始数据　　　　　　　　（b）处理后的数据

图 9-8　第二组数据

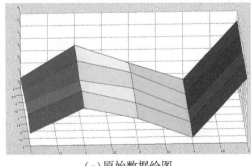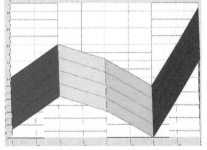

（a）原始数据绘图　　　　　　　　　　　（b）处理后的数据绘图

图 9-9　第二组数据的三维可视化图形

9.5　面阵激光多幅点云配准及拼接

APD 阵列激光成像的优势是瞬时成像，目前国外的研究都是基于一次泛光照射瞬间获取目标面表面数据。比如美国林肯实验室在 2002 年就已经拥有 32×32 的 APD 阵列样机，并已计划设计更大的 128×128 APD 阵列，以此获得更多的测距像元。本书样机 GLiDAR-II 由于采用了 5×5 的小型 APD 阵列，受制于 APD 单元数量，不能够一次性、瞬时完成对目标面的整体测量。因此本书采用了推帚式的扫描方式，通过移动面阵激光雷达对目标区域进行多次测距成像、配准、拼接，从而达到对整个目标面的全面覆盖测量。因此必须对任意两组相邻测距数组，按照目标面脚点关系先进行数据配准，再进行数据拼接、绘图显示。

9.5.1　点云数据配准分析

由于样机 GLiDAR-II 没有引入 POS 系统，不能进行绝对坐标配准，只依据一维测距值进行相对坐标配准。结合面阵激光测距成像要求，本书先对数据拼接进行配准，配准之后将重叠部分数据去除，然后将新增数据进行拼接。对于由 25 个测距点组成的 5×5 矩阵，配准情况可分为以下 6 种情况：

①匹配度 20%，只需将未重合部分 20 个测距点进行拼接；

②匹配度 40%，提取其余 60% 进行拼接；

③匹配度 60%，提取其余 40% 进行拼接；

④匹配度 80%，提取其余 20% 进行拼接；

⑤匹配度为 0，这种情况说明激光雷达水平运动速度过快，导致相邻两组测距数据完全无重合，需要减慢水平推帚扫描速度；

⑥匹配度为 100%，表明当前测距值与前一组目标面测距值完全一样，这里又有三种可能的情况：第一，激光雷达并未移动，所以不会对当前测距数据进行拼接，目标面绘图将不会变化；第二，激光雷达匀速移动，将当前目标面测距数据和之前的数据进行增量式拼接；第三，当前目标面是表面凹凸变化小于 5cm 的平面。

通过上面的分析可以看出，对匹配度的计算就是对最新获取到的测距数据矩阵和当前已存在的相邻数据矩阵进行配准。由于 GLiDAR-II 只具有 5×5 测距矩阵，所以增量式拼接的配准只需在已获取的测距数据中，根据扫描方向提取出 5×5 矩阵进行配准即可。为了验证数据配准方法的可行性、准确性，本书设计了 5×5 矩阵数据配准实验，如图 9-10 所示。图中右边部分是 5×15 的数据矩阵表示当前已获取到的绘图数据矩阵，左边输入数据部分用于输入新增的测距数据进行配准测试。

实验结果如图 9-11 所示，与图 9-10 比较可以看出，输入数据矩阵最后一列和已存在数据矩阵第一列重合，故匹配度为 20%。所以需要将非重叠的其余部分数据拼接写入绘图数据矩阵中。

在做数据配准时还需要解决的问题主要包含以下几个方面：

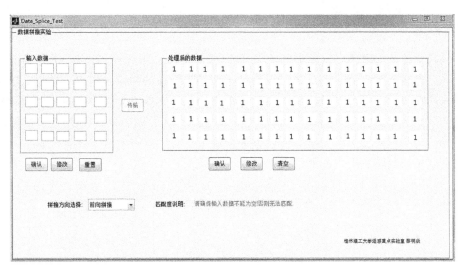

图 9-10 数据配准拼接实验图

①扫描方向不同，数据拼接位置就会变化，而数据拼接位置变化就需要根据拼接位置寻找待匹配矩阵进行匹配。由于匹配度是随机的，因此每次拼接数据的多少也是随机变化的。

②若激光雷达三维绘图软件刚启动，则还未录入任何测距数据。所以当检测到绘图数据矩阵为空时不必进行数据匹配，将第一次测距数据直接写入矩阵。

③若已存在的测距数据不为空，则根据数据拼接方向需要找到最近的有数据的位置。当激光雷达从左到右时，新增数据是后向拼接即从后往前移动，反之是从前往后移动，如图 9-11 所示。

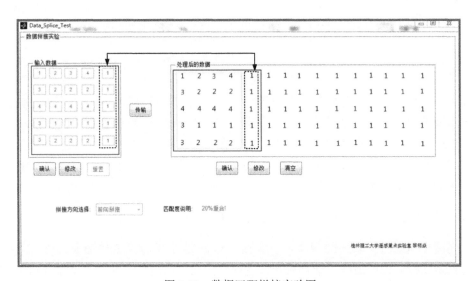

图 9-11 数据匹配拼接实验图

9.5.2 改进型增量式数据拼接方法

与我国早期的 863 推帚式机载激光三维扫描仪类似，由于没有 POS 系统不能获取激光测距脚点绝对三维坐标，因此数据采用基于相对坐标系的增量式拼接。增量式数据拼接可以大致反映目标面情况，且当激光雷达移动方向保持不变、匀速推扫时能够获得较好的实际测量效果。如图 9-12 所示，一般的增量式拼接不对数据做任何配准而是直接将数据累加拼接，为实现对目标面三维表面模型的合理化重现，本书研究了一种改进的增量式拼接方法实现多组测距数据之间的整合。

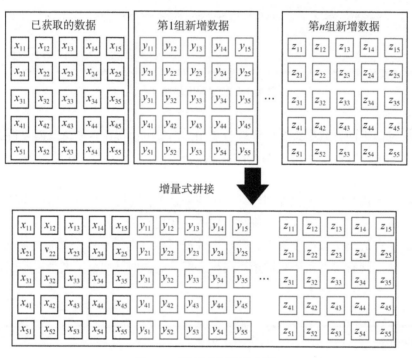

图 9-12 增量式拼接示意图

在上一小节的配准研究部分已经对 5×5 的测距数据矩阵做了相关的分析，数据配准后根据匹配度大小判断增量式拼接数据区域大小。每次新增的数据会随匹配度变化而变化，匹配度越高则增量式新增数据越少。由于在增量式拼接中加入了相对坐标关系的配准判断，因此避免了直接增量式拼接导致的数据杂乱无章的情况，同时对于推帚式扫描过程中速度扰动有一定的鲁棒性。

9.5.3 点云数据拼接代码设计及测试结果分析

首先读出当前已获取到的测距数据，由于该测距数据均由 5×5 面阵激光雷达产生，因此应该是 5 行 n 列的矩阵。结合激光雷达移动方向，判断数据配准、增量式拼接方向。

如图 9-13 所示，激光雷达三维绘图程序首先读取当前已获取到面测距数据，记为

$M(5,n)$，然后分两种情况进行对应的数据的拼接处理。当激光雷达未移动时，若当前还未产生测距数据，则 $M(5,n)$ 为空矩阵（初始化为 **0** 矩阵），那么直接将新测距数据 $N(5,5)$ 赋值给 $M(5,5)$，否则不对已测距数据做任何拼接，直接用原 $M(5,n)$ 行三维绘图。当激光雷达移动扫描时，根据激光雷达推扫方向（从左到右或从右到左）将新测距数据已存在测距数据进行数据配准，按数据匹配度做相应的数据拼接、整合绘图。

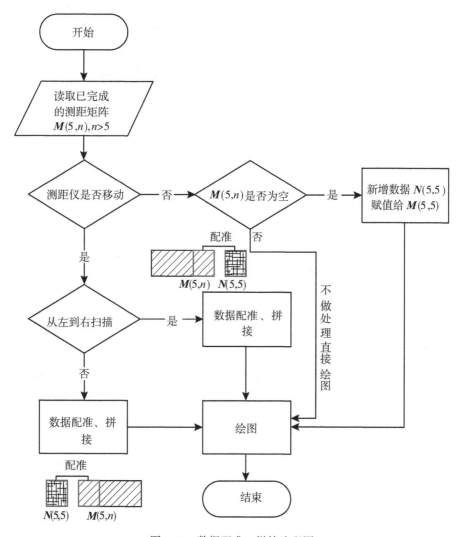

图 9-13　数据配准、拼接流程图

经过上机测试，验证了本书中的改进的增量式拼接方法，在没有采用绝对坐标的情况下可以更好地反映目标面测距表面模型，具有一定的实用性。如图 9-14 所示是直接增量式数据拼接绘图效果。当采用数据配准之后的增量式数据拼接后，绘图效果如图 9-15 所示，其中图 9-15（a）表示激光雷达从右向左扫描的绘图效果，图 9-15（b）表示激光雷达从左向右扫描，故新增数据出现在最右边的位置。

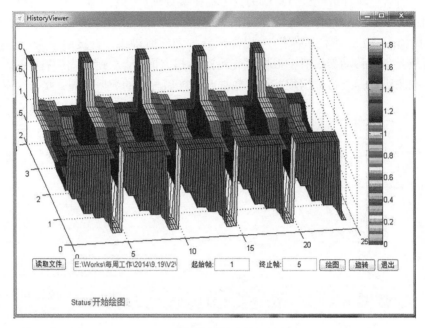

图 9-14　未配准增量式拼接效果图

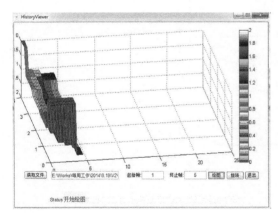

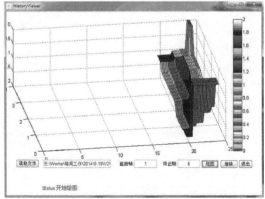

（a）从右向左扫描配准增量式拼接绘图　　　（b）从左向右扫描配准增量式拼接绘图

图 9-15　扫描配准增量式拼接绘图

9.6　面阵激光雷达三维数据处理软件

在完成数据处理方法研究的基础上，我们将以上方法整合，发展成为一个 5×5 面阵激光测距三维数据处理软件。该三维成像软件主要包括以下几个方面：软件功能、数据输入与输出、用户操作界面、程序异常信息处理等。

①软件功能：上位机面阵激光测距三维数据处理软件实时读取 25 路测距数据，然后

进行数据解析、处理、存储,最终实现三维可视化显示。

②数据输入与输出:25 路测距数据以 RS232 串行口输入至上位机,具体参数如表 9-1 所示。数据输出到当前系统时刻命名的 Excel 电子表格中(命名精确到秒,1 秒最多实现一个文件存储),一个电子表格设计可存储 5000 组测距数据,即可存储 5×2500 数据矩阵以上。

③用户操作界面:即 UI(User Interface)设计,本书设计的图形化用户界面包含通信串口、激光雷达仪扫描方向、最大有效测程、绘图颜色、绘图数据插值等功能设置。

④异常数据收集:为了便于程序的维护和完善,在每一个功能部分均编写了异常数据处理并将该处理代码存储到当前程序文件夹下的日志文档中。

9.6.1 软件功能设计

面阵激光测距三维成像软件主要功能有(黎明焱,2016):

①25 通道测距成像,并在 status 面板实时显示。

②实现 50 帧、40 帧、30 帧、20 帧等动态变更数据显示范围。

③矫正数据和备份数据两种数据模式存储。

④异常通道数红色警报显示。

⑤查看历史测距数据,并支持任意帧定位查看。

⑥测距范围分自定义与自适应两种形式,可根据实际情况自行调整,以便实现更好的显示目标面测距细节。

⑦绘图配色选择,可选择全白、蓝灰、全彩三种绘图模式,其中蓝灰和全彩会自动附上对应颜色距离信息色条。

⑧当前测距帧最大值、最小值可视化显示,方便现场实时调试和分析。

⑨提供串口通信设置接口,方便不同的测试环境使用。

⑩提供激光雷达数据收集模式接口,实现三维可视化绘图与现场场景一致。

⑪历史绘图查看设置模块提供数据格式、插值与否、激光雷达扫描方向设置等功能,还可以调整设置参数灵活改变历史数据绘图显示。

⑫历史三维可视化绘图与实时三维绘图均提供三维旋转、放大、缩小功能;点击三维旋转按钮后,可在绘图画面按住鼠标左键并前后、左右拖动,从而实现对三维绘图画面纵向、横向旋转。

9.6.2 RS-232 通信模块设计

程序运行时首先读取上位机串口信息,查询可用的串口编号并将之置于用户可选列表项以供选择,然后初始化串口。串口初始化代码如图 9-16 所示,当用户完成串口通信参数设置后,在进行面阵激光雷达仪三维可视化绘图前会对串口进行检测,检测串口是否处于正常工作状态。

采用 try-catch 的方式检测串口是否能正常开启、串口传输数据格式是否正确(徐嵩

```
%获取当前计算机所有可用串口号
out = instrhwinfo('serial');
set(handles.kj1,'String',out.AvailableSerialPorts);
%先清除上次异常情况
instrreset;
```

图 9-16 串口初始化代码

等，2011）。若检测到设置之串口不可用或者通信数据不正确的话，则会自动弹出如图 9-17 所示的"异常"提示。若串口检测状态可用，且会提示当前串口可用，则保持与激光雷达成像仪连接。

图 9-17 串口通信检测异常提示

面阵激光雷达仪 GLiDAR-II 的 RS-232 串口通信参数如表 9-1 所示，为避免将串口通信波特率设置出错，软件设计将波特率锁定为 115200。另外，为了实现对测距数据的解析，我们定义了串口通信数据协议，数据格式为 FA 开始、FC 结束、C01 表示第 1 通道测距计时数据。表 9-1 中所示的 C01 后的 6 位数表示第 1 通道测距时间（十进制、单位 ps）。

表 9-1 面阵激光雷达仪 GLiDAR-II 串口通信参数

波特率	数据位	停止位	标准数据通信格式
115200	8	1	FAC01123456C02123456···C25001234FC

9.6.3 可视化图形界面设计

三维可视化图形界面设计如图 9-18 所示，其主要包括以下 5 个区域：

第 1 个区域：程序菜单栏，包括"关于"、"帮助"和"退出"等功能；

第 2 个区域：三维可视化绘图区域，其目的是建立了三维坐标系，并以此绘制目标面表面三维数据；

第 3 个区域：用于实时显示当前 25 个 APD 单元测距数据，以便用于实时调试、检测 APD 工作状态；

第 4 个区域：绘图程序的数据输入区域包含：串口号、波特率、数据位、停止位、扫描方向、存储数据类型、插值选项、最大测距范围等设置；同时还提供当前目标面测距值最大值、最小值三维可视化显示，以便现场实时判断面阵激光雷达仪工作状态；

第 5 个区域：提供绘图旋转功能开关设置，选中时可通过鼠标对三维绘图进行横、纵向任意角度旋转。

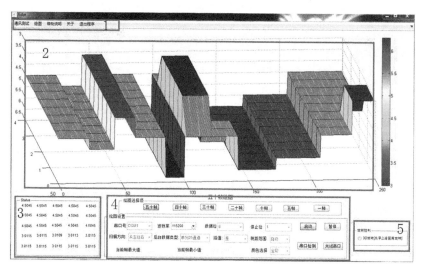

图 9-18　面阵激光测距三维可视化绘图软件运行界面

9.6.4　历史数据存储及查看

在无数次实验过程中，我们发现单列的数据存储方式，能够便于我们快速查找异常通道 APD 编号。因此，我们采用每一行保存一个通道的测距数据，即 25 个点测距数据保存为 25 行 1 列的数据格式。但是，这样的数据格式对于三维可视化绘图程序的数据处理并不方便，因为绘图需要按照激光测距脚点重新排列为 5 行 5 列的矩阵形式。因此，在绘图程序数据保存中，我们设计了调试数据格式（25 行 n 列）和备份数据格式（5 行 n 列）两种存储模式。

为了方便查看历史测距数据的三维图像，我们编写了历史绘图查看程序。该程序可实时完成对历史测距数据扫描方向、插值大小、绘图颜色、读取数据的类型、绘图区域的设定等功能。如图 9-19 所示为历史测距数据绘图设置程序，当点击更新按钮时，软件将设置参数写入 setting.ini 文件中，点击重置按钮，则载入默认参数。

历史测距三维可视化绘图查看程序如图 9-20 所示，当程序软件运行时，会自动读取配置文件 setting.ini，并以此参数对历史测距数据进行三维可视化绘图显示。点击读取文件按钮，读取面阵激光雷达仪三维绘图程序存储的绘图文件，再选中文件确认后程序会自动检测文件是否正确，最后判断是调试数据格式还是备份数据格式。若既不是调试数据格式，也不是备份数据格式，则提示所选文件不是正确的历史测距数据文件，需要重新选择。若检测数据格式正确，则按照对应的格式对历史测距数据进行解析，并自动生成历史测距数据起止区域。当输入查看区域超出起止区域时，提示相应的错误信息。只有当查看区域在当前历史测距数据文件起止区域内时，才可以点击三维可视化绘图按钮绘制三维图像。

图 9-19　历史测距绘图设置程序主界面

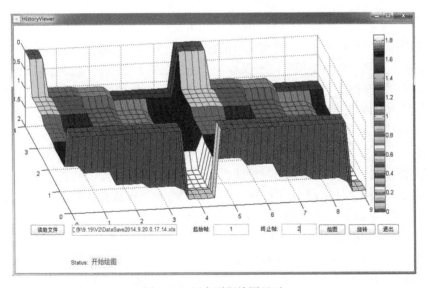

图 9-20　历史测距绘图显示

9.6.5　程序优化与封装

在上机实验中，我们通过程序耗时分析发现：数据解析所花的时间几乎占到软件处理时长的 60% 左右，即对于一个 1Hz 的绘图频率来说，解析数据花了 0.6s 左右，这其中主要包括数据转换、通道定位两个方面。因此，我们需要对这两个模块的软件编码进行优化，优化方法如下：

（1）数据转换模块软件编码优化

由于串口通信读取到的数据都是十进制的数字格式的数据串，为了实现按通道号解析这些数据，我们需要将数据转换为 16 进制数据格式，即以出现 FA、FC、C 等字符形式；然后将这些数据格式转换为字符串数据格式，再调用 strcat 函数来实现用字符串匹配定位开始、结束和各个通道，并读取对应字符串；最后，将字符串再转换为十进制数据格式的测距时间数据格式。整个过程中需要进行 40 次左右(以激光发射频率 20Hz 为例)数字格式与字符串格式之间的转换运算。在程序优化时，我们还考虑到了测距数据不存在正负之分，即把测距时间都视为正。所以，我们将常规的 str2num 函数修改为 str2double 函数。这样一来，一次数据格式转换可以减少 0.01s 时间。如果三维可视化绘图程序运行一次需要转换 40 次左右的数据信息的话，优化后的模块软件可以节约 0.4s 的时间。

（2）通道定位模块软件编码优化

由于在通道定位时，软件需要对 16 进制的通道标识符 C 进行识别，并以此判断后续数据是数据位还是通道号，所以现有的软件模块做了大量的 if-else 逻辑嵌套运算。因此，我们对程序进行了优化处理，优化时采用 switch-case 或 for 循环替换。在图 9-21(a) 中，我们将图 9-21(a) 中数据通道判断模块的 if-else 逻辑嵌套语句修改为图 9-22 中的 switch-case 处理语句。由于 if-else 每次都要遍历整个嵌套程序，所以耗时比较久，而 switch-case 直接跳转到相应的模块速度较快。根据我们的测试，每处理一次数据耗时能节省 0.001 秒。如果按照一帧三维可视化绘图要处理 500 个数据来计算，优化后的软件可以提速 0.05 秒左右。

```
if receivedatat==250
    receivedatat='FA';
    scomstart=scomstart+1;
else if receivedatat==252
        receivedatat='FC';
        scomend=scomend+1;
    else if receivedatat==67
            receivedatat='C';
            IagC=1;%数据通道号标志位
        else if receivedatat~=67
                IagC=IagC+1;
            end
        end
    end
end
nd
```

图 9-21　数据通道判断模块的 if-else 逻辑嵌套语句

经过以上两个软件模块优化处理，三维可视化绘图程序速度有大幅度提升，已达到 0.45~0.55s 完成一次绘图，满足当前 1Hz 绘图速度的要求。

```
%优化处理 换为switch语句 2014-9-24
    switch receivedatat
        case 250
        receivedatat='FA';
        scomstart=scomstart+1;%帧头标志
        case 252
        receivedatat='FC';
        scomend=scomend+1;%帧尾标志
        case 67
        receivedatat='C';
        IagC=1;%数据通道号标志位
        otherwise
        IagC=IagC+1;%表明是数据位或者校验位
    end
```

图 9-22　switch-case 处理模块

面阵激光测距三维绘图软件目前已经编译、封装为软件安装包，可在任何 Windows XP 及以上系统的计算机上安装运行(参见图 9-23)。该软件安装包的属性如下：

①名称：25 路激光雷达三维绘图程序 V2.1；

②版本号：V2.1；

③文件大小：12.2M。

图 9-23　25 路激光雷达三维可视化绘图软件安装文件

该软件安装文件非常简单,只要双击安装文件时,计算机就会出现如图 9-24 所示的安装向导,最终会在计算机程序菜单和当前用户桌面生成一个程序快捷方式。

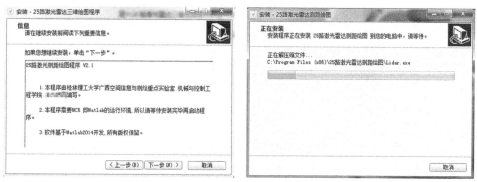

图 9-24　25 路面阵激光雷达三维可视化绘图程序安装向导

9.7　数据预处理及精度分析

为了验证本书研发的"面阵激光测距三维可视化软件"的正确性,针对不同的测试环境,分别进行了以下四个实验,如图 9-25、图 9-26、图 9-27、图 9-28 所示。实验结果表明:本书对于小面阵激光距离成像模型可以准确反映目标面表面变化,非常适用于面阵激光测距系统的推广应用及研究(采用更大的面阵以获取更多测距点数据)。

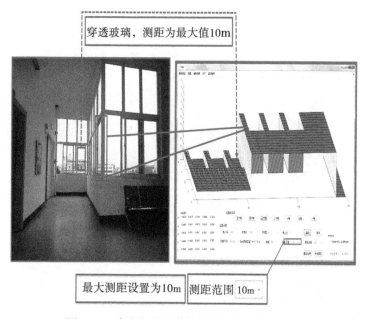

图 9-25　玻璃窗户面阵激光测距绘图效果显示

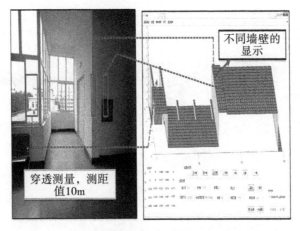

图 9-26　不同距离墙面面阵激光测距绘图显示(1)

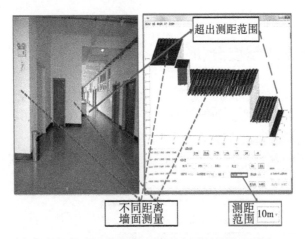

图 9-27　不同距离墙面面阵激光测距绘图显示(2)

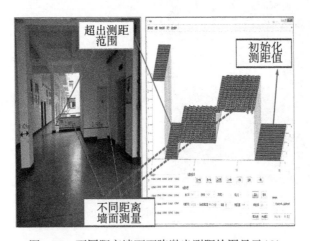

图 9-28　不同距离墙面面阵激光测距绘图显示(3)

第 10 章　GPS 和电子罗盘组合的低价 POS 系统

本章在给出 POS 系统的功能与组成后，对 POS 系统常用坐标系及相互关系进行了介绍。然后，重点介绍本课题组研制的由 GPS/三维电子罗盘组合的低价 POS 系统，尤其是对 POS 模块的硬件电路和软件部分进行了设计和实现进行了详细的描述。接着，对由电子罗盘组成的低价 POS 系统的误差进行了分析，建立了由 GPS 和电子罗盘组成的 POS 系统的误差模型。最后，通过户外测试与验证本课题组研发的 POS 系统的精度和可靠性。实验结果表明，我们研发的模块各部分运行稳定，可靠性高，能有效完成 GPS 接收机和三维电子罗盘数据的采集、位置精度确定和姿态精度确定。

10.1　POS 系统的功能与组成

单一的面阵激光雷达搭载在运动平台上工作时，只能测量距离目标激光点的斜距，必须联合激光测距时刻的空间三维坐标和姿态信息才能解算出目标激光脚点的三维坐标信息，实现三维成像(Zhou，2010)。这样，就需要一个能实时提供面阵激光雷达空间位置信息和三个姿态信息的系统。INS 能测量面阵激光雷达姿态信息，但是其中的惯性测量单元不可避免会有漂移误差，导致了 INS 误差会随时间积累，只能保证短时间内的精度很高。GPS 接收机能为用户提供全天候实时的高精度定位信息和准确的 UTC 时间，而且 GPS 接收机有误差不随时间积累的优点，可以对惯性导航系统不断纠正，提高其信息输出精度，因此二者是理想的定位测姿组合，即 POS 系统。

POS 系统硬件通常包括惯性测量单元 IMU、GPS 接收机和微控处理器(或导航计算机)。一种简易的 POS 系统组成框图如图 10-1 所示。GPS 接收机通过通信接口与微控处

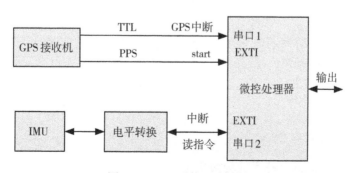

图 10-1　POS 系统组成框图

161

理器相连, 用于提供 PPS 信号作为面阵激光雷达的启动信号以及获取本激光雷达的经纬度、高程和 UTC 时间信息。惯性测量单元 IMU 通过通信接口与微控处理器相连, 用于获取本激光雷达系统的航向角、俯仰角和侧滚角信息。

10.2　POS 系统常用坐标系及相互关系

在 POS 系统中, POS 系统采用的坐标系往往与用户的制图坐标系不同, 因此二者之间需要进行坐标变换。这一节主要是介绍与面阵激光雷达 3D 成像相关的 POS 系统坐标系。

10.2.1　POS 系统中的坐标系

POS 系统中的坐标系主要有描述位置的坐标系和描述姿态的坐标系。描述位置的坐标系主要有:

①大地坐标系: 大地坐标系是以地球的质心为原点, 赤道平面和起始子午线的交线为 X_e 轴, Z_e 轴与地球自转轴重合, Y_e 轴与其他两轴构成右手坐标系。大地坐标系以大地测量为基准, 因此它与地球一起以地球自转角速度 ω_{ie} 进行转动。

②地理坐标系: X_t 轴沿当水平面指向东方; Y_t 轴与某个投影区的子午线一致, 向北为正; Z_t 轴沿当地垂线指向天; 三轴相交为坐标原点。地理坐标系各个轴的取向在惯性导航系统中有不同的定义, 常用的有东北天坐标系、西北天坐标系等, 本书采用的坐标系为东北天坐标系。

③载体坐标系: 载体坐标系是以载体的重心为原点, Y_b 轴被定义为沿着载体的方向, 向前为正; X_b 轴被定义为垂直载体的飞行方向; Z_b 轴与 X_b、Y_b 两轴构成的右手坐标系, 垂直两轴指向上为正。这样定义的载体坐标系相对于地理坐标系的方位关系就是载体的姿态角。

描述姿态的坐标系主要有:

①惯性坐标系: 惯性坐标系是通过测量载体内部的惯性力来确定载体运动加速度来定义惯性导航坐标系, 所以常分为日心惯性坐标系和地心惯性坐标系。本书定义的地心惯性系是以地球中心为原点, X_i 轴和 Y_i 轴在赤道平面内正交并指向空间的两颗恒星, Z_i 轴平行于地球自转轴。三个坐标轴不参与地球自转, 指向惯性空间固定不动(张国良和曾静, 2008)。

②导航坐标系: 导航坐标系是惯性导航系统在求解导航参数时所采用的基准坐标系。对平台式惯性导航系统来说, 理想的平台坐标系就是导航坐标系。由上面定义的载体坐标系与地理坐标系之间的方位关系, 采用地理坐标系进行计算比较方便(张国良和曾静, 2008)。

10.2.2　坐标系间的转换关系

1. 大地坐标系与地理坐标系的转换关系

将大地坐标系转化到地理坐标系是一个经典的三维坐标变换问题, 如果大地坐标系被

定义为 $O\text{-}X_eY_eZ_e$，我们先将 $O\text{-}X_eY_eZ_e$ 坐标系绕 Z_e 轴逆时针转动一个 $90°+\lambda$ 的角度，得到 $O\text{-}X_1Y_1Z_1$；再将 $O\text{-}X_1Y_1Z_1$ 坐标系绕 X_1 轴逆时针转动一个 $90°-\varphi$ 的角度，就可以得到地理坐标系 $O\text{-}X_tY_tZ_t$（见图10-2）。

大地坐标系 $O\text{-}X_eY_eZ_e$ 到地理坐标系 $O\text{-}X_tY_tZ_t$ 的转换矩阵可表示为：

$$\boldsymbol{C}_e^t = \begin{bmatrix} -\sin\lambda & \cos\lambda & 0 \\ -\sin\varphi\cos\lambda & -\sin\varphi\sin\lambda & \cos\varphi \\ \cos\varphi\cos\lambda & \cos\varphi\sin\lambda & \sin\varphi \end{bmatrix} \tag{10-1}$$

式中，φ 和 λ 分别表示当地的纬度和经度。

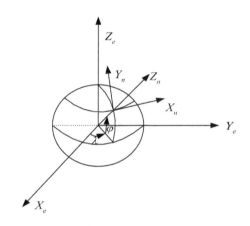

图10-2　地球坐标系与地理坐标系之间的转换关系图(张树侠和孙静，1992)

2. 载体坐标系与导航坐标系的转换关系

将导航坐标系转化到载体坐标系是一个经典的三维坐标变换问题，如果导航坐标系被表示为 $O\text{-}X_nY_nZ_n$，我们可以先绕 Z_n 轴转动一个负向角 ψ，获得到 $O\text{-}X_1Y_1Z_1$；再将 $O\text{-}X_1Y_1Z_1$ 坐标系绕 X_1 轴逆时针旋转 θ 角，得到 $O\text{-}X_2Y_2Z_2$；最后，将 $O\text{-}X_2Y_2Z_2$ 坐标系绕 Y_2 轴转动角 γ，就可以得到载体坐标系 $O\text{-}X_bY_bZ_b$（见图10-2）。

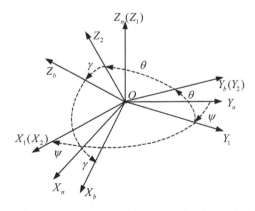

图10-3　载体坐标系与导航坐标系之间的转换关系图(刘培伟，2010)

三个角 ψ，θ，γ 的旋转矩阵的方向余弦表示为：

$$\boldsymbol{C}_n^b = \begin{bmatrix} \cos\psi\cos\gamma + \sin\gamma\sin\theta\sin\psi & -\cos\gamma\sin\psi + \sin\gamma\sin\theta\cos\psi & -\sin\gamma\cos\theta \\ \cos\theta\sin\psi & \cos\theta\cos\psi & \sin\theta \\ \sin\gamma\cos\psi - \cos\gamma\sin\theta\sin\psi & -\sin\gamma\sin\psi - \cos\gamma\sin\theta\cos\psi & \cos\gamma\cos\theta \end{bmatrix} \quad (10\text{-}2)$$

式中，ψ，θ，γ 分别表示为载体的航向角、俯仰角和横滚角。

10.3　GPS/电子罗盘组合的低价 POS 系统设计

对于由三个传感器组合成的测距信息匹配目标实现三维成像，不同传感器的信息融合一般通过卡尔曼滤波技术实现。进行滤波时，在一个数据融合点上，如果来自不同传感器的信息是不同步的，将给滤波结果带来误差。所以，对于测距信息匹配目标实现三维成像，除了设计一个合理的滤波器之外，在滤波之前，还要考虑来自不同传感器信息之间的时间同步问题。

为了获取不同传感器的时间同步数据，由于实验设备限制，本章利用 GPS 接收机和三维电子罗盘设计了一个基于 STM32 的 POS 系统，模块以 GPS 接收机提供的 UTC 时间为基准，通过 STM32 微控制器的 16 位定时器获得各传感器的同步时间差，将各传感器独立的时间系统统一到 UTC 时间上，再经过内插处理，最终完成时间同步数据的获取，并进行实验验证。实验结果表明，该系统具有较高的稳定性和可靠性。

10.3.1　时间同步方法

测距信息匹配目标实现三维成像的激光雷达系统其主要传感器包括激光雷达、GPS 接收机和惯性导航系统，这是三个完全独立的子系统，很难实现在同一时间点上获取数据，其原因如下：

①各传感器很难做到同时启动，很难实现在同一时刻进行数据采集；

②各传感器的时钟频率标准、频标的稳定性、温度特性并不相同，即使同时开始采集数据，各传感器的数据之间也会存在时标差，而且这个时标差并不是一个恒定量；

③各传感器的数据更新频率往往都不一样；

④各传感器存在不同的通信延迟。

以上这些因素都会导致在计算时间点上所处理的各传感器数据不同步（李倩等，2009）。因此，多个传感器的集成就存在一个时间同步问题，而且这个同步误差并不是一个恒定量。

大多数 GPS 接收机每秒能提供一个脉冲边沿相对 UTC 时间延迟约 $1\mu s$ 的秒脉冲 PPS（Pulse Per Second）信号（Mumford，2003），GPS 接收机在每一个 PPS 脉冲的边沿时刻严格地进行一次 GPS 标准授时、伪距、伪距变化率、载波相位测量和定位等测量（张涛等，2012），所以 PPS 通常作为多传感时间同步的时间基准。

国内外学者在多传感器时间同步的问题上做了很多研究，W. Ding 等（2008）在介绍了影响 GPS/INS 组合导航系统的时间同步精度的因素后，建立了卡尔曼滤波模型，并利用实际采集的数据分析了数据时间同步误差和数据的传输延迟对滤波结果产生的影响，在此基础上，分别详细地讨论了在惯性导航系统等传感器在有触发信号输出和无触发信号输出以及不同的电气接口特性下，相应的时间同步特性和关键因素，并给出了相应的时间同步的最优解决方案(Ding et al.，2008)；H. K. Lee 等(2002)将 GPS/SDINS 组合导航系统同步误差作为扩展卡尔曼滤波的一个状态变量，进行最优估计(Lee et al.，2002)；朱智勤等(2010)通过软硬件结合的方法，使用美国 NI 公司的数据采集板卡搭建了一种可达到毫秒级同步精度的模块化 GPS/INS 时间同步方案，该模块也同样适用于其他各种传感器的时间同步方案(朱智勤等，2010)；刘占超等(2011)以 PPS 秒脉冲作为时间基准，根据一定的修正函数后，将 GPS 和惯性测量单元的时间差作为输入，对惯性测量单元的数据采集脉冲周期进行实时修正，在初始化过程中逐渐实现惯性导航系统数据采集时刻与 PPS 秒脉冲严格对齐(刘占超等，2011)。

本模块的时间同步控制问题归结为如何实时的获取 GPS 接收机、惯性导航系统数据采集时刻分别与激光测距时刻的时间偏差问题。时间同步控制就是将各传感器独立的时间系统统一到同一时间轴上，建立起不同传感器之间的联系，再通过插值，即达到获取同步数据的目的。每次激光测距，输出一个 TTL 电平电脉冲信号，将该信号送到微控制器外部中断口，作为摄取测距信息的开始信号。系统以 GPS 接收机秒脉冲触发信号为基准，测量出 PPS 分别和惯性导航系统数据包到达时刻，激光测距时刻之间的时间差，以时间为标志，对采集的数据进行匹配处理，最终求出每一次激光测距时刻激光雷达的位置与姿态信息。

在获取各传感器的数据和时间信息后，通过插值获取同一时刻不同传感器对同一目标的观测数据。采用内插而不是外推的方法可提高数据的准确度，具体有内插外推法、最小二乘法、曲线拟合法等。插值运算是以激光雷达摄取测距信息时间 t 为自变量，GPS 接收机和惯性导航系统数据为因变量，从时间上看，测量的数据皆可以看作平面上的一条曲线的点迹。观测数据客观上总是存在观测误差，拟合问题考虑了观测误差的影响，但是拟合函数往往要通过分析若干模型再经过实际计算，才能选到较好的模型。插值方法忽略了观测误差的影响，运算要求曲线严格的经过观测点，不会引入新误差，而且认为我们测量的数据相对准确。在多种插值方法中分段线性插值克服了高次 Lagrange 插值方法的缺点，但节点处不光滑、插值精度低；三次样条插值收敛性和光滑性很好，但运行耗时最长，当已知数据点不均匀分布时可能出现异常结果。综合考虑，采用拉格朗日三点插值法进行数据插值。选与插值点相邻的 3 个时刻 t_{k-1}、t_k、t_{k+1} 作为插值节点(肖进丽等，2008)，则 t 时刻所要求的插值点数据可由 $L_3(t)$ 求出，其表达式为：

$$L_3(t) = y_{k-1}l_{k-1}(t) + y_k l_k(t) + y_{k+1}l_{k+1}(t) \tag{10-3}$$

式中，

$$l_{k-1}(t) = \frac{(t - t_k)(t - t_{k+1})}{(t_{k-1} - t_k)(t_{k-1} - t_{k+1})}$$

$$l_k(t) = \frac{(t - t_{k-1})(t - t_{k+1})}{(t_k - t_{k-1})(t_k - t_{k+1})}$$

$$l_{k+1}(t) = \frac{(t - t_{k-1})(t - t_k)}{(t_{k-1} - t_{k-1})(t_{k+1} - t_k)}$$

t 为某个激光雷达摄取测距信息的时刻，即插值点；$l_{k-1}(t)$、$l_k(t)$、$l_{k+1}(t)$ 为 3 个插值基函数；t_{k-1}、t_k、t_{k+1} 分别为与 t 相邻的 3 个 GPS 或惯性导航系统的数据采集时刻；y_{k-1}、y_k、y_{k+1} 分别为与 t_{k-1}、t_k、t_{k+1} 对应的三个位置和姿态测量数据。

进行数据内插时，首先对 SD 卡的数据进行预处理，剔除错误数据，获得各个时间差；再以此时间差为依据，采用拉格朗日三点插值法进行数据同步，插值出同一时刻不同传感器对同一目标的观测数据，即计算出激光雷达摄取测距信息时刻的位置和姿态角信息。

10.3.2　模块硬件设计

由于实验条件限制，实验时惯性导航系统使用三维电子罗盘代替，激光雷达测距信息摄取开始脉冲信号用微控制器内部的 TIM2 模拟，50ms 输出一次中断(周国清等，2014)。低价 POS 系统原理框图如图 10-4 所示。

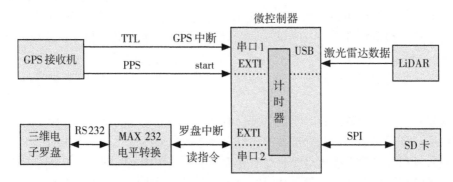

图 10-4　低价 POS 系统原理框图

微控制器负责各种中断的处理和数据的存储工作。GPS 接收机导航信息输出的数据接口为 TTL 电平的 UART 接口，可直接连接到微控制器的串口 1，其时间脉冲 PPS 输出接口与微控制器的外部中断口 EXTI 连接。三维电子罗盘为标准的 RS232 输出接口，进行电平转换后与微控制器串口 2 连接。SD 卡工作在 SPI 模式，与微控制器的 SPI 接口连接。激光雷达进行图像数据采集时，产生一个测距信息摄取开始脉冲信号，该 TTL 电平信号与微控制器的外部中断口 EXTI 连接，图像数据的传输通过 USB 口与微控制器连接。

系统上电工作，PPS 到来时启动计时器，当测距信息摄取开始脉冲信号和惯性导航系统数据包到达微控制器外部中断口时分别产生中断，并分别读取计时器的值，这样已知传感器数据采集时的时间差就可以建立起它们之间的时间联系，并统一到 UTC 时间轴上。由于存在传感器频标漂移和各种转换、通信延迟(游文虎和姜复兴，2003)，根据各传感器的数据更新周期递推各个时间间隔会引入误差，所以需要采用中断方式。每次惯性导航系统数据包和测距信息摄取脉冲信号到达时都要分别读出计时值，记下与当前 PPS 的时间间隔，每一次 PPS 到来都将计时器清零并重新计时，减少了计时器的累积误差。

1. 硬件电路设计

本书设计的低价 POS 系统硬件电路简单，整个系统硬件电路由 STM32 微控制器最小系统设计，STM32 微控制器分别与 SD 卡、GPS 接收机和三维电子罗盘通讯的接口电路和电平转换电路等外围电路构成(杨春桃，2014)。

（1）STM32 微控制器最小系统设计

STM32 微控制器最小系统设计包括：电源模块设计、复位电路设计、时钟电路设计以及仿真接口电路设计。其中，STM32f103c8t6 微处理器芯片和 GPS 接收机模块采用 3.3V 供电，电源设计中选用 AMS1117-3.3 稳压器进行电压转换，输出 3.3V 电压；三维电子罗盘采用 5V 供电，选用 LM2940CS-5.0 三端稳压器进行电压转换，稳定输出 5V 电压。晶振选用 8MHz，利用软件设置倍频系数实现系统时钟频率的升高。经测试，各模块均能够稳定、可靠地工作，具有成本低、体积小、重量轻、结构简单和可靠性强等优点。STM32 微控制器最小系统原理图如图 10-5 所示。

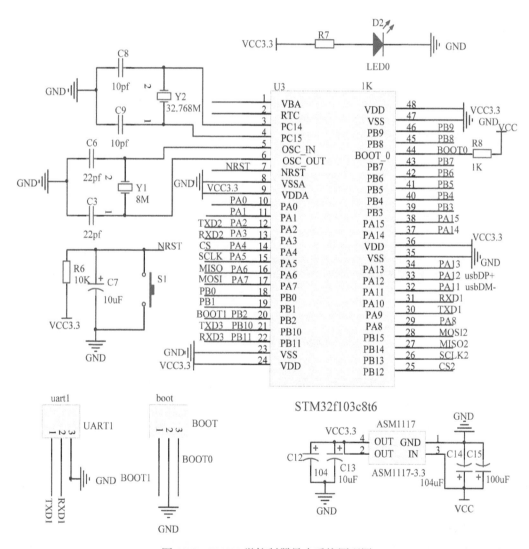

图 10-5　STM32 微控制器最小系统原理图

（2）接口电路设计

GPS 接收机带有 TTL 电平的 UART 接口，可直接与 STM32 微控制器连接，GPS 接收机的 TTL 电平接口如图 10-6 所示。

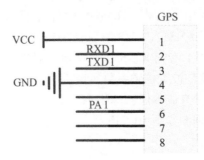

图 10-6　GPS 接收机的 TTL 电平接口

SD 卡选用 SPI 模式，STM32 微控制器与 SD 卡的接口电路如图 10-7 所示。SD 卡通过将时钟线 SD-CLK、片选线 SD-CS、数据线 SD-IN 和 SD-OUT 4 根线分别与单片机的 SCLK、CS、MOSI 和 MISO 连接，即可实现数据传输，其中 SD 卡的工作电压为 2.7~4.6V，需要在数据线上连接 10kΩ 以上的上拉电阻以增大对 SD 卡的驱动能力。

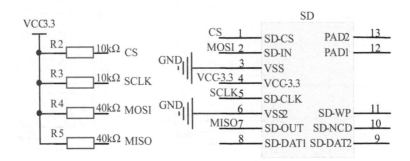

图 10-7　STM32 微控制器与 SD 卡的接口电路

三维电子罗盘为标准 RS232 输出接口，需要进行电平转换才能与 STM32 微控制器连接，选用 MAX3232 作为电平转换芯片，三维电子罗盘电平转换电路如图 10-8 所示，三维电子罗盘 DCM300B 电气连接图如图 10-9 所示。

在电路设计软件 Protel DXP 平台下，设计由 STM32 微控制器最小系统和接口电路构成的低价 POS 系统控制板原理图，并进行 PCB 设计，PCB 尺寸为 10×15cm，低价 POS 系统控制板 PCB 图如图 10-10 所示；制作手工电路板，并焊接好相关电子元器件，低价 POS 系统控制板如图 10-11 所示。

2. 硬件组成

低价 POS 系统硬件由 GPS 接收机、三维电子罗盘、微控制器和 SD 卡构成，硬件组成如图 10-12 所示。

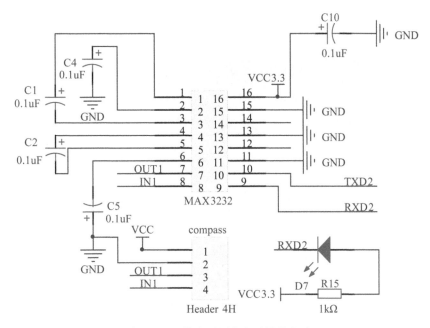

图 10-8　三维电子罗盘电平转换电路

线色功能	Pin1黑色	N/C	Pin7绿色	Pin8白色	Pin9红色
	GND 电源负极		RS232(TXD) RS485(D-)	RS232(RXD) RS485(D+)	POWER+ 供电电源正极

图 10-9　三维电子罗盘 DCM300B 电气连接图（深圳瑞芬科技公司，2012）

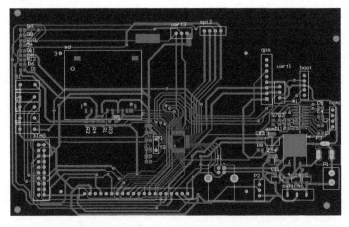

图 10-10　低价 POS 系统控制板 PCB 图

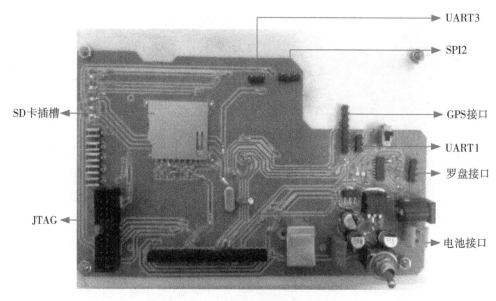

图 10-11　低价 POS 系统控制板

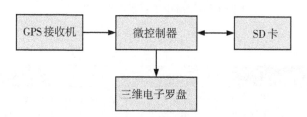

图 10-12　低价 POS 系统硬件组成

（1）GPS 接收机

GPS 接收机模块主芯片为瑞士 u-blox 公司的 LEA-5S 模组，GPS 接收机模块的主要参数如表 10-1 所示，其输出频率为 1Hz，带 PPS 秒脉冲输出，信号捕获能力强。该 GPS 接收机采用很强的噪声抑制技术和创新 RF 架构，使其抗干扰能力加强，可应用于汽车电子、手持设备和航空航海领域（小超嵌入式工作室，2012）。该模块既带有 TTL 电平的 UART 接口，能方便与各种微处理器连接，又拥有 RS232 电平串口和 USB2.0 接口，与计算机直接连接。GPS 接收机上电后，向用户自动发送 NEMA0183（National Marine Electronics Association）协议数据包。

表 10-1　　　　　　　　　**GPS 接收机模块的主要参数（小超嵌入式工作室，2012）**

名　　称	参　　数
接收器类型	50 个卫星接收通道 GPS L1 频率，C/A 码 SBAS：WAAS，EGNOS，MSAS，GAGAN

续表

名　　称	参　　数
最大更新速率	<4Hz
定位精度	Auto<2.5m SBAS<2m
灵敏度	冷启动-145dBm 跟踪灵敏度-160dBm 捕获灵敏度-160dBm
功耗	120mW(3V 电压下)
协议	NMEA，UBX 二进制

GPS 接收机如图 10-13 所示。

图 10-13　GPS 接收机(小超嵌入式工作室，2012)

(2)微控制器

目前，市场上可用于组合导航的处理器有 ARM、FPGA、DSP、SOC、CPLD 等，工程应用中，需要结合组合导航系统所要完成的实际任务、工作环境、性价比和系统平台的后续升级等多种因素，选择合理的处理器。DSP 体积小、功耗低，具有很强的数据计算能力，FPGA 以硬件方式实现简单算法的并行计算，速度快，但是两者的管理能力较差；SOC 集成度，功能强大，但复杂度高，研发周期长。STM32 微控制器体积小、功耗低而且集成度、性价比高，不仅为用户提供卓越的计算性能，而且拥有先进的中断系统响应，满足本组合导航系统在精度和实时性上的需求。

本书的微控制器选用一片 STM32f103c8 芯片，它是 ARM32 位的 Cortex™-M3 微控制器，RISC 内核，有丰富的 I/O 口，最高 72MHz 的工作频率，7 个定时器(其中有 3 个 16 位定时器)，多达 9 个通信接口。其中，通信接口包括 2 个 I2C 接口，3 个 USART 接口，2 个 SPI 接口，1 个 CAN 接口和 1 个 USB 2.0 全速接口，这些丰富的接口可方便地和其他传感器连接，满足不同传感器的接口特性。STM32 微控制器内置紧耦合的嵌套的向量式中断控制器，可处理的可屏蔽中断通道多达 43 个；中断响应处理的时间延迟短；中断向量入口地址直接进入内核；允许中断的早期处理；即使较高优先级中断到达时间晚也能处理；中断返回时自动恢复，无需额外指令开销，以最小的中断延迟对中断提供出色的管理功能(STMicroelectronics Inc.，2009)。

(3)三维电子罗盘

电子罗盘，又称数字磁罗盘。指南针是现在磁罗盘的雏形，是我国古代四大发明之一，中间经历了司南、液浮式罗盘、机械式罗盘、远读磁罗盘的阶段。近代随着计算机、微电子和传感器技术的不断进步，用微处理器替代了电子罗盘过去复杂的机械结构和随动系统，促进了电子罗盘向低成本、高性能、数字化的方向快速发展。现在一般用磁阻传感器和磁通门先进加工工艺生产的电子罗盘，具有低成本、体积小、重量轻、结构简单、数字化显示、便于操作等优点(朱伟，2012)。

现代的电子罗盘作为一种重要的导航工具，具有结构简单、体积小、重量轻、成本低、响应快、精度高等优点，正越来越多地应用于导航和定位系统。目前大多数的导航系统都用电子罗盘来指示方向，而三维电子罗盘作为可以测量载体的航向角、俯仰角、翻转角等参数的传感器，在姿态控制、电子对抗、飞机船舶和车辆导航、水下作业等领域得到大量的使用(张燕，2009)。

电子罗盘又可以分为平面电子罗盘和三维电子罗盘。平面电子罗盘是二维电子罗盘，在使用的过程中需要保证罗盘的水平，否则当罗盘失去水平发生倾斜时，会影响罗盘姿态数据输出的准确性。平面电子罗盘的成本比较低，但是工作的条件比较苛刻。如果能满足保持水平的要求，那么平面电子罗盘的性能会得到很好的发挥，因此平面罗盘一般用于静止测量环境；三维电子罗盘在平面罗盘的基础上，在内部加入了倾角传感器，如果罗盘失去水平发生倾斜时，可以对罗盘进行倾斜补偿，从而保证姿态数据输出的准确性，克服了平面电子罗盘在使用时必须保持水平的缺点，因此三维电子罗盘多用于动态测量环境。

三维电子罗盘由三维磁阻传感器、双轴倾角传感器和微处理器构成。三维磁阻传感器通过测量地球磁场的三个分量，同时配合双轴倾角传感器在磁力仪非水平状态时进行补偿。微处理器可以处理磁力仪和双轴倾角传感器的信号、数据输出以及软铁、硬铁补偿。磁力仪是采用三个互相垂直的磁阻传感器，每个轴向上的传感器检测在该方向上的地磁场强度。向前的方向称为 X 方向的传感器检测地磁场在 X 方向的矢量值，向右或 Y 方向的传感器检测地磁场在 Y 方向的矢量值，向上或 Z 方向的传感器检测地磁场在 Z 方向的矢量值。每个方向的传感器的灵敏度都已根据在该方向上地磁场的分矢量调整到最佳点，并具有非常低的横轴灵敏度。传感器产生的模拟输出信号进行放大后送入微处理器进行处理，得到三个姿态角信息。

本 POS 姿态角的测量模块选用深圳瑞芬科技公司高精度三维电子罗盘 DCM300B，三维电子罗盘的主要性能参数如表 10-2 所示，其最大数据更新为 20 次/秒，为了稳定获取多个姿态值，每秒读取 10 个罗盘数据。该三维电子罗盘集成三轴磁通门传感器，采用美国专利技术的硬磁和软磁校准算法，电子罗盘内部对航向进行补偿。同时，其内部集成高精度微处理器，俯仰、横滚倾斜测量范围达 ±85°，理想状态下，倾角精度为 0.1°，方位角精度为 0.5°，可应用于 GPS 组合导航、激光测距仪、无人飞行器等。

表 10-2　　　　　三维电子罗盘的主要性能参数(深圳瑞芬科技公司，2012)

名　称		参　数
航向参数	航向精度	0.5°
	分辨率	0.1°
倾斜参数	俯仰精度	0.1°<15°(测量范围)
	横滚精度	0.1°<15°(测量范围)
	分辨率	0.01°
接口特性	最大采样速率	20 Hz/s
	通信速率	2400~19200 Baud

三维电子罗盘 DCM300B 实物图如图 10-14 所示。

图 10-14　三维电子罗盘 DCM300B 实物图(深圳瑞芬科技公司，2012)

(4)SD 卡

SD 卡是一种便携式的大容量数据存储介质，体积小、功耗低、可靠性高。SD 卡主要由九个接口引脚、接口驱动电路、寄存器组 SD 卡接口控制器以及存储单元组成，通过九个接口引脚与微处理器连接(刘振强，2011)。微处理器对 SD 卡的操作是通过向 SD 卡接口控制器发送相应命令实现的，SD 卡接口控制器根据微处理器发出的命令进行相应操作，如控制 SD 卡与微处理器的接口驱动电路、对寄存器的操作和控制数据在存储单元的传输。SD 卡有 SPI 模式和 SD 模式两种工作模式，上电时，SD 卡缺省进入 SD 模式。SD 模式采用并行方式传输数据，速率快的同时传输协议也较复杂，而且大部分微控制器是没有 SD 模式接口的。此时，可以使用软件模拟 SD 模式的方式，但是软件方法相对复杂，而且 SD 卡的数据传输速率将会受到影响。虽然，SPI 模式为串行方式，速度比 SD 总线模式的速度慢，但其通过时钟线 SCLK、片选线 CS 以及数据线 DI 和 DO 四根线即可实现数据传输，并且很多微处理器都带有 SPI 接口，使得硬件电路设计简单。SD 卡上电后，执行第一个复位指令(CMD0)，片选信号 CS 置低选择 SPI 模式，并且在接通电源过程中不能改变工作模式。文中使用 SPI 模式，配以 FAT32 文件系统，首次使用前需在计算机上将其格式化为 FAT32 文件格式。SD 卡实物图如图 10-15 所示。

图 10-15　SD 卡实物图

10.3.3　模块软件设计

1. 主程序设计

本系统利用中断的方法获得每个数据的实时时间差，由 STM32 微控制器的内部 16 位计时器 TIM3 实现精确计时。采用 C 语言程序设计。设置激光雷达测距信息摄取开始脉冲信号为最高中断优先级，以保证记录每一个图像采集信息。此外，软件还可对各个传感器进行监控，当某个传感器在一定时间内未能正常工作，相应的指示灯即被点亮，提示用户采取相应的措施。从而能够准确了解 GPS 接收机、电子罗盘和激光雷达的工作情况。主程序流程图如图 10-16 所示。

系统上电工作，首先进行初始化，包括系统时钟初始化、串口初始化、定时器 TIM2 初始化、定时器 TIM3 初始化、外部中断初始化、SD 卡的初始化和各传感器的初始化等。初始化成功后，系统等待 GPS 接收机、三维电子罗盘和激光雷达的中断信号。响应中断后，对各传感器数据的接收和有用信息的提取均放在中断服务子程序中进行。PPS 秒脉冲信号到来触发 TIM3 开始工作，当三维电子罗盘数据包到达或者激光雷达图像摄取开始信号到来时，读出此时的 TIM3 值。这个计数值为三维电子罗盘数据包或者激光雷达图像摄取开始信号接收时间与 PPS 秒脉冲信号上升沿时间之间的时间差。当正确接收 GPS 接收机的数据包后，从中解析出 PPS 秒脉冲信号上升沿对应的 UTC 时间，后续的数据处理根据这个 UTC 时间和其与各传感器数据接收时间之间的时间差，即可计算三维电子罗盘数据包和激光雷达图像摄取开始信号的 UTC 时间。STM32 微控制器正确接收到各传感器的数据包后，对数据进行解析处理，提取有用的信息后，将这些数据信息、GPS 的 UTC 时间和各个对应时间差一起存入 SD 卡，实现对各传感器数据的采集和时间差数据的获取。主程序的主函数如图 10-17 所示。

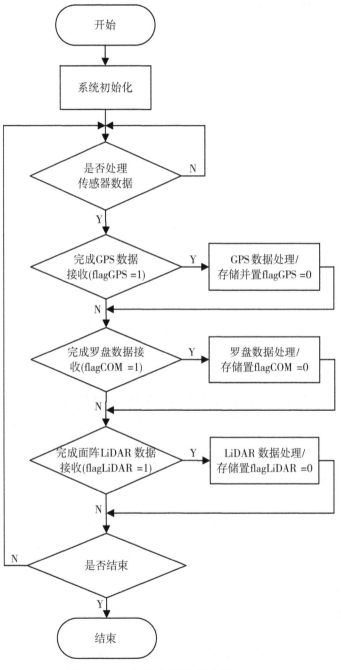

图 10-16　主程序流程图(杨春桃，2014)

```
int main( void)
{
    SystemInit( ) ;              //系统时钟初始化
    MSystemInit( ) ;             //串口初始化
    sd_init( ) ;                 //SD 卡初始化
    Timer2Config( ) ;            //定时器 2 初始化
    Timer3Config( ) ;            //定时器 3 初始化
    Timer4Config( ) ;            //定时器 4 初始化
    buttonInit( ) ;              //摁键初始化
    EXTIX_Init( ) ;              //外部中断初始化
    controller_init( ) ;         //GPS 接收机, 三维电子罗盘等外
设的初始化

    while( 1 )
    {
        buttonScan( ) ;          //外部摁键控制是否处理各传感器
数据
        controller_managent( ) ;//模块循环工作
    }
}
```

图 10-17　主程序的主函数

　　在软件设计中，需要注意的是，从 PPS 输出到 GPS 数据包接收还有一段延迟，这段延时时间里就不能为罗盘和激光雷达测距信息摄取时刻提供相应的最新 UTC 时间基准，而仍是上一个秒点的时刻。所以需要在微控制器接收存储数据时，额外增加了一个时间基准更新标志位，作为后期时间校正的依据，这样就能在后续的数据处理中根据标志位替换为对应的准确 UTC 时间。

2. GPS 数据采集程序设计

　　GPS 接收机数据的输出格式遵循美国国家海洋电子协会所指定的标准规格 NMEA-0183 协议。上电后，GPS 接收机即向用户自动发送包含多种信息类型的数据包，每种信息类型都是以"＄"开头。因此，在 GPS 数据接收函数中，可以根据"＄"判断是否为数据帧的帧头，根据"＊"判断接收完成标志，而且帧内不同的数据信息都以逗号相隔，可以通过对逗号的计数区分并提取需要的信息。根据实际应用，实验选用 GPGGA 语句，GPGGA 语句包括 17 个字段，分别用 14 个逗号进行分隔。17 个字段包含多种信息，需要在程序中实现世界时间、纬度、纬度半球、经度、经度半球和海拔高度这些感兴趣字段的提取。查阅 LEA-5S 模组说明书，GPS 接收机串口通信设置如表 10-3 所示，GPS 数据采集程序流程图如图 10-18 所示。

表 10-3   GPS 接收机串口通信设置

波特率	9600
数据位	8
校验位	NONE
停止位	1

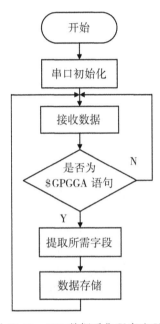

图 10-18　GPS 数据采集程序流程图

3. 三维电子罗盘数据采集程序设计

查阅三维电子罗盘 DCM300B 产品说明书，罗盘的串口通信设置为波特率 9600，8 位数据位，无校验码和 1 位停止位。角度输出有两种模式：自动输出式和问答式。这里我们设置罗盘工作在问答模式下，向罗盘发送指令 68 04 00 04 08 以获取罗盘输出的三个姿态角信息。DCM300B 输出格式为二进制高性能协议，角度输出协议中，数据为压缩 BCD码，需要进行转换再存入 SD 卡，三维电子罗盘数据采集程序流程图如图 10-19 所示。

10.3.4　FAT32 文件系统的移植

FAT32 文件系统相对 FAT 系列的前期文件系统，提高了磁盘的利用率，磁盘管理能力得到很大改善。SD 卡与 FAT32 文件系统的结合能实现对数据更为高效的管理，FAT32文件系统为应用程序提供打开、读写等抽象接口，实现按名存取文件，使用户脱离存储设备的底层驱动。本书使用 FAT32 文件系统实现对存储空间的管理。文件系统的软件结构一般分为三个层次：①底层驱动接口层，实现对 SD 卡底层的驱动；②中间层，是文件系统的核心部分，实现 FAT 文件的读/写协议，移植时需要包含其头文件；③应用接口层，

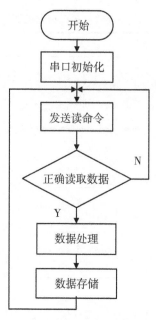

图 10-19　三维电子罗盘数据采集程序流程图

提供了一系列的接口函数供给用户调用。FAT32 文件系统移植需要做的是编写驱动层的接口函数，实现 FAT32 文件系统与 SD 卡的挂接，移植好后就可以直接调用 FAT32 提供的接口函数方便地对文件进行各种操作(杨春桃，2014)。

SD 卡底层驱动接口层的程序模块包括 SD 卡初始化程序和 SD 卡数据读写程序。

(1)SD 卡的初始化

在 SD 卡能实现读写数据之前，必须通过 SD 卡的操作命令和操作时序对 SD 卡进行正确的初始化。正确连接硬件后，系统上电，微控制器发送 74 个时钟周期，完成上电的延时过程，SD 卡缺省进入 SD 模式。接着，发送复位命令(CMD0)，复位 SD 卡，并读取 SD 卡的应答信号。如果这时片选信号 CS 为高电平态，SD 卡将保持 SD 模式，当将 CS 置为低电平，则 SD 卡进入 SPI 模式。SD 卡工作于何种工作模式会向微控制器发出相应的应答信号，当微控制器收到的应答信号为 01 时，表明 SD 卡已进入 SPI 模式。此后，微控制器不断地向 SD 卡发送初始化命令 CMD1，并不断读取 SD 卡的应答信号。当 SD 卡初始化过程结束时，SD 卡将发出 00 应答信号通知微控制器，其已成功激活，可以继续发出命令。完成初始化后，便可读取 SD 卡的各寄存器。SD 规范要求主机在进行任何请求之前先发送一条初始化命令，即先向 SD 卡发送命令 CMD55。发送 ACMD41 命令获取卡操作条件寄存器 OCR 的信息，判断当前电压是否在 SD 卡的允许工作范围内；发送 CMD10 命令，微控制器可以获知卡识别寄存器 CID 中包括厂商 ID、卡的版本等信息；所使用的卡的容量，支持的命令集等相关信息是在卡的 CSD 寄存器中，微控制器可通过发送 CMD9 命令获得；此外，对数据块的读、写长度设置，微控制器可通过发送 CMD16 命令进行，这里设置数据块为 512 字节。此时，SD 已进入传输状态，可进行读写等操作。

(2)SD 卡数据读写

在 SD 卡与控制器的通信过程中，微控制器为主机，SD 卡的所有的操作均根据微控制器发出的相应命令进行。微控制器通过发送 CMD17/CMD18 命令进行单块/多块数据的读操作，通过发送 CMD24/CMD25 进行单块/多块数据的写操作。进行单块数据读操作时。对于 SD 卡数据读操作，微控制器向 SD 卡发出 CMD17 命令，并将起始字节作为参数，等待 SD 卡发出应答信号。SD 卡验证微控制器发过来的字节地址，并以一个 R1 作为应答，如果 SD 卡的读取操作没有发生错误，则 SD 卡向微控制器发出一个数据起始令牌。微控制器接收卡的响应 R1，读数据起始令牌 0xfe，接着开始接收数据，接收 CRC 校验码，禁止片选，按照 SD 卡的操作时序补充 8 个时钟，之后，完成对单个数据块的读操作。SD 卡单块数据的写操作过程与单块数据的读操作过程类似。

10.4　低价 POS 系统误差分析及误差模型

10.4.1　GPS 误差来源

GPS 定位的主要误差来源可分为三个方面：一是空间误差，主要包括卫星星历误差、星上设备延迟误差和时钟误差；二是用户终端接收机误差，包括用户接收机测量误差、量化误差、计算误差和用户时钟误差；三是信号传播路径误差，包括对流层信号传播延迟、电离层信号传播延迟和多路径效应（张国良和曾静，2008；董绪荣等，1998）。现将主要误差分析如下：

1. 空间误差

卫星在实际运行中会受到多种摄动力的复杂影响，因此预报星历必然存在误差。由于 GPS 的定位是以卫星位置作为已知值进行推算待测点的位置，因此广播星历的误差必然影响定位的精度。另外，卫星时钟面时与 GPS 时刻的差值也存在误差，这种误差称为卫星时钟误差。根据 GPS 的测距定位原理可知，GPS 测距定位需要用到卫星时钟和用户时钟的误差来确定待测点的三维坐标，因此卫星时钟误差也必然会影响定位精度。而且，时钟本身还存在时钟漂移误差，这种随机漂移也同样影响 GPS 定位精度。一般来说，可以将空间误差引起的等效测距误差视为白噪声。

2. 用户终端接收机误差

用户终端接收机误差中产生测量误差，这种误差可以视为白噪声。用户接收机伪距的量化误差是可变的，但所选择的可变参数不会对误差造成影响，因此同样可以将其视为白噪声。在进行导航解算的计算处理过程中，计算机计算处理误差包括有限的计算机码位鉴别能力、数学近似、算法近似、在计算中执行或固有的计时延迟等误差，这部分误差也可视为白噪声。GPS 接收机时钟时与 GPS 时钟的偏差是一种被称为接收机误差，这种误差随时间增大而增大，从而使得伪距测量误差随时间增大而增大。这项误差能通过对观测量求差分处理来消除。

3. 信号传播路径误差

在 GPS 卫星信号传播的过程中，由于受电离层和对流层的影响，导致信号传播延迟，从而使所测量到的卫星信号传播时间产生误差，使 GPS 定位产生误差。针对这种误差，国际上已经发展了许多实用的模型进行补偿改正。这些改正是采用先验的电离层传播延迟数学模型对电离层误差进行补偿，补偿后的残余误差可以视为白噪声；同样也可以采用一种和高度有关的数学模型来补偿对流层的传播延迟，补偿后的残余误差也可以视为白噪声。多路径效应误差主要是因为 GPS 接收机天线周围的物体表面反射的卫星信号叠加进接收信号中而引起的误差。动态情况下多路径效应瞬时或偶尔发生。

10.4.2　三维电子罗盘误差分析与误差模型

1. 三维电子罗盘误差分析

影响电子罗盘的误差的因素很多，主要有温度误差、磁传感器误差、罗盘倾斜误差、安装误差和环境磁场引起的磁场变化，又称罗差。由于电子罗盘是根据地磁原理设计的，因此对电子罗盘精度影响最大的是周围环境磁场引起的罗差。理论上来说，电子罗盘在不受外界磁场干扰时，其两轴磁传感器所受到的两个方向的磁场经过相关计算应该满足两轴的输出是一个圆心位于原点的正圆。然而，当存在由硬铁磁场干扰或软铁磁场干扰时，就会造成对电子罗盘的干扰，造成测量角度的偏移，影响姿态角的测量精度（杨新勇和黄圣国，2004）。因此，硬铁磁场干扰或软铁磁场干扰是引起的罗差的主要因素（朱伟，2013）。

（1）硬铁磁场干扰

硬铁磁场干扰是电子罗盘平台或载体上的永磁体或被磁化的钢铁物质引起的，因其磁场强度稳定不变，在位置不变的情况下，硬磁罗差不会随电子罗盘运动的变化而变化，因此输出的姿态角数据误差是固定不变的。

（2）软铁磁场干扰

软铁本身不产生磁场，但容易被周围环境磁场磁化而产生磁场。由于软铁产生的磁场会反过来干扰周围的磁场，同时软铁磁场强度的大小与方向对电子罗盘造成的影响也会不同，因此软铁磁场干扰引起的电子罗盘输出误差是非常难确定的。

2. 三维电子罗盘误差改正

目前市场上出售的电子罗盘，基本上都会提供与产品相关的自标定软件，该软件对相应的产品可以实现电子罗盘平台误差的纠正，同时也可以很好地补偿静态硬铁磁场的干扰。由于软铁磁场干扰的不稳定性、时变性以及对电子罗盘的影响时刻变化，因此固定的误差补偿方法已经不适用了。国内外有研究者针对软铁磁场引起的误差，提出了一些相关的补偿算法，以便保证电子罗盘量测的精度。例如，八方向最小二乘法和椭圆假设法等（杜英，2011）。尤其是张燕（2009）在文献《移动机器人自主定向系统的研究及应用》中使用了美国霍尼韦尔公司生产的 HMR3000 型三维电子罗盘，用统计学的方法在三维电子罗盘航向角度为 45°时分别采集了该罗盘输出的俯仰角、横滚角和航向角的 2 万个数据，将这些姿态角数据分别进行求和，然后除以总的数据个数，就可以得到每个姿态角的平均值 $\bar{x}$，再求取方差 σ，最后代入高斯标准分布函数，将绘制出的曲线与标准高斯曲线相比较（张燕，2009）。分析的结果表明：三维电子罗盘的俯仰角、横滚角和航向角均近似的符合高斯模型，即式（10-4）。因此，张燕（2009）得出结论：三维电子罗盘可以用于卡尔曼滤波与惯性导航系统的数据融合。

$$Y = \frac{1}{\sqrt{2\pi}\,\sigma} e^{-\frac{(x-\bar{x})^2}{2\sigma^2}} \tag{10-4}$$

10.5 低价 POS 系统测试及精度分析

为了验证所设计模块的正确性和有效性，进行数据采集和存储实验，并对实验结果进行分析。将模块置于学校足球场进行实验，实时采集并存储 GPS 接收机位置数据、三维电子罗盘姿态数据和时间同步误差数据，最后在 Matlab 软件平台下，分析采集的原始数据。本次实验分为静态实验部分和动态实验部分，实验场地卫星图如图 10-20 所示。

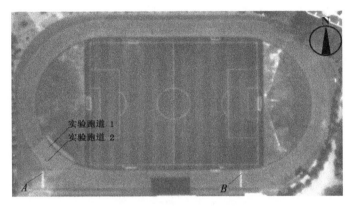

图 10-20　实验场地卫星图

10.5.1　静态测试及结果分析

选取足球场上两个固定点 A 和 B，其中 A、B 两点相距 100m，如图 10-20 所示。实验开始，待 GPS 接收机稳定后，将 GPS 接收机分别静止于 A、B 两点约 2min，分别采集经度和纬度数据。在采集到原始数据后，使用 Matlab 软件对采集的 A、B 两点的经度和纬度数据进行分析。A 点定位坐标如图 10-21 所示，B 点定位坐标如图 10-22 所示。

从图 10-21 和图 10-22 中可以看出，A、B 两点的定位点分布均相对集中，说明 GPS 接收机精度较高。根据经纬度变化与实际距离的近似换算，经度和纬度相差 1′对应实际距离就相差约 1855.3m。对采集的原始数据进行整理，求得 A 点静止时的平均经度为 110°18′44″，于 B 点静止时的平均经度为 110°18′48″，A、B 两点经度值相差 0.067′，于是计算出 A、B 两点的距离为 0.067′×1855.3m＝124.31m。而实际测量 A、B 两点的距离为 100m，计算值和实际测量相差了 24.31m。由于实验的 GPS 接收机为普通民用的低成本接收机，定位精度在十几米是正常的，且受各种环境和计算误差等因素影响，因此可以认为系统在静态环境下测量精度在允许的误差范围之内。

10.5.2　动态测试及结果分析

动态实验的场地也选在学校足球场，实验路线的实验跑道 1 和实验跑道 2 如图 10-20 所示。待 GPS 接收机稳定后，手拿 GPS 接收机，采集实验过程中 GPS 接收机的定位数据和三维电子罗盘的姿态角数据。从 A 点出发，沿着实验跑道 1 行走，绕足球场一圈，最终

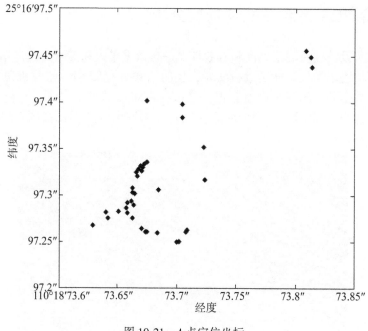

图 10-21　A 点定位坐标

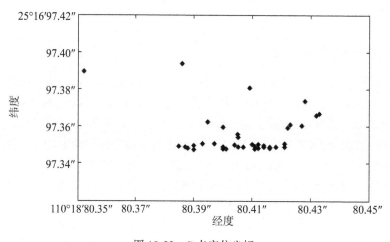

图 10-22　B 点定位坐标

回到 A 点。然后从 A 点出发，沿实验跑道 2 行走，再绕足球场一圈。

在 Matlab 平台下，对采集的原始数据进行处理。对动态实验中 GPS 接收机采集的定位数据进行处理，球场两跑道定位坐标变化曲线如图 10-23 所示。

对比图 10-20 和图 10-23 可以直观地看到，实际足球场的跑道路线和实验得到的行走轨迹基本一致。实验过程中，分别于 cd、ef 段内加速行走，可知从相对匀速到加速行走期间 GPS 接收机工作不稳定。

对动态实验过程中采集的部分三维电子罗盘姿态角数据进行处理，取 14s 姿态数据进

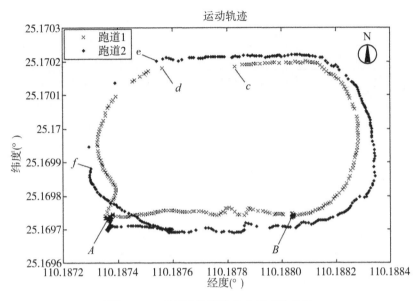

图 10-23　球场两跑道定位坐标变化曲线

行分析，由于行走过程手部有一定的晃动幅度，姿态角数据并不是很平滑，姿态角曲线如图 10-24 所示。

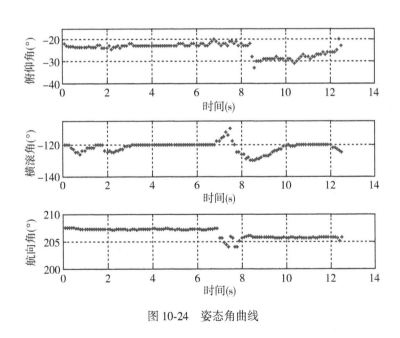

图 10-24　姿态角曲线

对采集的实验数据进行进一步内插处理，经过时间同步处理得到的数据如表 10-4 所示，每一行为一条记录，对应激光雷达图像摄取的 UTC 时刻和相匹配的激光雷达的实时位置和姿态数据。

表 10-4 经过时间同步处理得到的数据

UTC 时间	激光数据	三维坐标	姿态角
14：56：48.327	LASER 00114	GPS 2516. 97337 N 11018. 73713 E 158. 9	COMPASS −024. 126 −0128. 64 20716. 184
14：56：48.377	LASER 00115	GPS 2516. 97338 N 11018. 73705 E 159. 3	COMPASS −024. 186 −0128. 14 20715. 884
14：56：48.422	LASER 00116	GPS 2516. 97323 N 11018. 73702 E 160. 5	COMPASS −024. 232 −0127. 68 20715. 608

在此基础上，通过重复实验，测试了基于 FAT32 文件系统的 SD 卡存储性能。理论上，SD 卡能存储的数据可达 41604 字节/秒，而每个罗盘数据和 GPS 接收机数据分别占 53 字节和 54 字节，结合各传感器的更新频率可知每秒最多需储存 1344 个字节，数据量很小完全可以满足本模块的要求。

通过以上实验，验证了该模块能可靠、准确地采集并储存 GPS 接收机定位和三维电子罗盘的姿态数据，同时正确保存定时器的时间差数据。

第 11 章 机载激光雷达的应用

本章首先对典型的机载 LiDAR 数据应用领域和点云数据滤波方法做了叙述。然后，介绍现有的滤波算法，依据 ISPRS 提供的数据和资料对比各种滤波算法，阐述其优缺点以及点云数据滤波算法的发展趋势。接着，详细介绍森林地区多回波点云数据的分类方法。最后，依据对现有算法的深入研究，介绍本书提出的提出基于自动阈值判别的移动曲面拟合滤波算法和基于种子点属性判别的渐进三角网滤波算法，并通过实验验证本书所提算法的可行性和精确度。

11.1 典型机载 LiDAR 数据应用领域

随着机载 LiDAR 测量系统硬件逐步完善以及点云数据处理软件的开发，其应用领域越来越广泛。目前，机载 LiDAR 测量系统主要用于高精度的数字地面模型(Digital Terrain Model，DTM)、数字表面模型(Digital Surface Model，DSM)和 DEM 的获取；测量线状地物如输电线、各类管道以及高速公路等；森林地区真实地表的三维信息、林区 DEM、DTM 生成以及森林垂直结构参数的获取；进行高精度的地形测量，用于灾害评估和环境监测。另外，机载 LiDAR 测量系统在海岸地区测绘和海岸监测方面都具有很大优势(冯聪慧，2007；李清泉等，2000)。具体主要包括以下五个方面的应用领域：

1. 城市三维建模

作为"数字城市"的重要组成部分，三维城市模型在城市规划、建筑设计等领域有着重要应用。如何获取高精度的三维城市模型受到广大学者的关注。机载 LiDAR 测量系统可以提供高密度和高精确度的地面目标空间信息数据，可以根据城市区域地物的三维坐标信息和纹理特性对建筑物进行三维重建，如图 11-1 所示。由于机载 LiDAR 数据可以精准地提供建筑物的空间三维信息，因此相对于影像匹配的传统方式有巨大的优势(张皓，2009；任自珍等，2009；Zhou et al.，2004；李卉，2011)。

2. 带状地物测绘

机载 LiDAR 测量系统在电力线测量以及道路管线测量的应用中逐渐表现出其优越性。机载 LiDAR 可以探测到细小的目标物体，通过对电力线上的目标点的测量，可以获取电力线的三维坐标信息，并能对电力线矢量化，通过后续计算，可以获得电力线到地面距离等参数，大大提高了道路测绘、电力线巡线测绘(见图 11-2)的测量精度。机载 LiDAR 测量系统也具有相当大的优势，它能够大大减少野外勘测的工作量、提高工作效率、降低了数据采集成本、能够提供一系列的数字化产品等(曾静静等，2011；龚亮等，2011；李卉，2011；Zhang et al.，2006)。

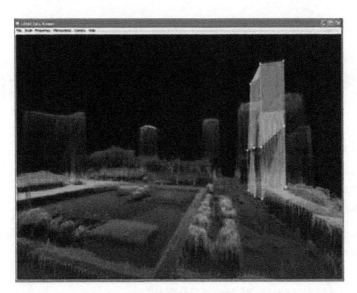

图 11-1　城市三维建模(赛迪网，2010)

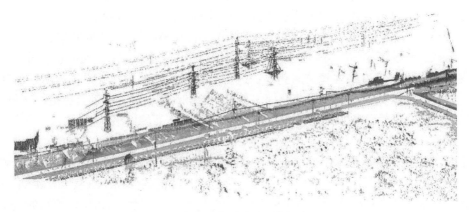

图 11-2　电力线巡线测绘图(周晓明，2011)

3. 海岸地区测绘

由于海岸地区对比度十分有限，传统的摄影测量技术很难获取有效的测量结果。机载 LiDAR 测量系统得益于获得数据的特殊性和时效性，可以满足海岸测绘的要求，在海岸带测绘、浅海水深测量和海岸侵蚀动态监测(见图 11-3)方面有很大的优势。

4. 森林地区数据获取

森林是构成全球环境的重要组成部分，被称为地球之肺。树高、密度、面积等森林参数对林业相关部门至关重要。传统的摄影测量方式很难获取森林地区的各类参数，机载 LiDAR 测量系统不仅可以获取森林地区树冠信息，还能获取森林地区的地表地形信息，如图 11-4 所示。通过对数据的处理，可以获取树高、木材量和面积等森林信息(张齐勇

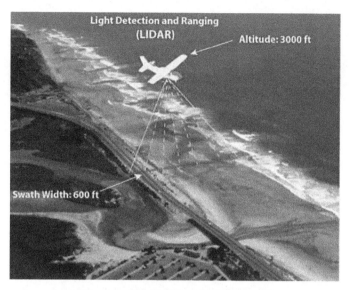

图 11-3　海岸测绘图(周晓明，2011)

图 11-4　森林地区点云数据(人民网，2010)

等，2010；庞勇等，2008；唐菲菲等，2011；刘峰和龚健雅，2009；Zhang et al.，2003)。

5. 灾害调查和环境监测

　　自然灾害灾后评估一直是灾后重建的一个难题。机载 LiDAR 测量系统拥有全天时、全天候的优势，而且能快速获取灾区的地形变化情况，为灾后评估和响应提供即时、准确的信息。在环境监测方面，机载 LiDAR 测量系统也因其能获取精确的地形数据具有很大优势，尤其是对冰原的变化监测更具优势。来自丹麦空间研究中心的研究员利用机载 LiDAR 测量系统对北极地区的冰原进行了多次测量，研究其厚度变化，分析并计算冰原变化的原因。

11.2　几种典型点云数据滤波算法

在机载 LiDAR 测量系统硬件不断发展的同时，机载 LiDAR 数据后处理软件也在逐步完善，目前国际上应用较多的 LiDAR 数据处理的软件有 Terrasolid、REALM、TopPIT、SCOP++模块等。在点云数据后处理过程中，点云数据滤波是机载 LiDAR 点云数据后处理的基础和关键，它通常会占用数据处理过程的 60% 以上的工作量。滤波后的结果对点云的分类、分割和 DEM 的建立都是至关重要的。

在点云数据中，有的激光脚点位于地面上，被称为地面点；剩余的位于地物表面的点，被称为地物点。当从数据中建立 DEM 时，就需要将地物点剔除，只留下地面点，这一过程就是点云数据的滤波。到目前为止，由于地形表面的多样性，还没有一个能够适用于所有地形环境的点云数据滤波算法。

国外研究者起步较早，通过多年的研究实验，总结出了几种比较典型的 LiDAR 滤波算法。奥地利的 Kraus 和 Pfeifer(1998)提出的迭代线性最小二乘内插法，通过对点云数据进行线性最小二乘法插值运算，计算每个激光脚点的高程拟合残差，并赋予其权值，通过迭代计算，设定一定的阈值分离地面点和地物点；德国斯图加特大学 Lindenberger(1993)提出的数学形态学方法，首先对数据做内插处理得到规则格网，然后利用开算子和闭算子对激光脚点数据进行处理；Petzold 和 Axelsson(2000)提出的移动窗口法，通过一个大小合适的窗口来寻找高程最低的激光脚点，然后建立稀疏 TIN 模型，设定阈值对激光脚点进行判定，剔除地物点，然后得到一个精确的 DEM，调整窗口大小，再进行判定过程，最后通过迭代运算得到最终的结果；Vosselman(2001)提出的基于地形坡度变化的滤波算法依据的原理是，当相邻点的高程变化剧烈时，由地形起伏引起的可能性很小，更有可能是因为高程较高的点位于地物之上，而高程低的点位于地面；Axelsson(2000)提出的三角网迭代加密滤波算法是目前应用最广的滤波算法，该算法通过不断进行迭代运算，向已建立的初始三角网内加入合理点，对三角网不断加密，最终得到重建地形表面。

尽管我国的机载 LiDAR 测量系统起步较晚，但国内的研究人员在数据滤波方面也提出了许多改进意见。张小红和刘经南(2004)提出了移动曲面拟合滤波法(张小红和刘经南，2004)，李卉(2011)在其论文中改进了渐进加密三角网算法等(李卉，2011；李卉等，2009)。这些算法基本都遵循以下流程：首先在一个局部点云中选定一个高程最低的点作为地面点，然后根据最低点确定一部分地面点，最后根据一定的判别原则(如坡度、角度等阈值)来判断数据点的从属，以达到滤波分类的效果。判别准则选取是这些算法的核心，这些算法基本上都需要人的参与来调整参数。

近年来，机载激光扫描系统记录的回波次数越来越多，很多学者尝试利用点云数据多回波信息来进行激光点云数据的滤波和分类。张小红(2006)利用机载 LiDAR 首次回波和尾次回波的高程差来进行激光脚点分类；许晓东等(2007)利用激光点回波的特性减少参与滤波的脚点数量。上述方法只使用了点云数据首尾两次回波数据，并未对中间次回波数据进行分析和应用。

随着国内外研究者的不断深入研究，点云数据滤波算法有了很大的发展。经过国内外学者长时间的研究与应用，一些高效、适用性较广的算法被提出来。

目前，大部分的点云数据滤波方法都是利用激光脚点空间三维信息来进行设计的，而且这些滤波算法大多具备两个前提条件：①在某一小区域范围内地物点高程均大于地面点高程；②由地形起伏引起的坡度的变化必须在规定范围之内，即地形较为平缓。国内外研究者提出的点云数据滤波算法十分众多，本章选取了滤波效果较好、适用范围较大的几种滤波算法，并对其原理和特点做了深入研究(罗依萍，2010)。

11.2.1 数学形态学滤波算法

1. 数学形态学的原理

德国斯图加特大学的 Lindenberger(1993)首次将数学形态学理论应用于点云数据的滤波中。其主要思想是：首先选取一个固定大小的数据窗口，利用这个窗口在所有的数据区域内移动，运用数学形态运算计算出该窗口内的高程最低的激光脚点。然后设定一个固定的高程阈值，对位于窗口中的激光脚点进行判断。如果这个窗口内的激光脚点的高程在设定的高程阈值内，则将其划分为地面点。如果激光脚点不在阈值范围内，则将其判定为地物点。判别完这个窗口的数据后，继续移动窗口，当所有数据被完全遍历，结束运算。Weidner 在 1995 年研究出了一种针对点云数据灰度值的数学形态学滤波算法。Kilian 等人在利用开运算滤掉非地面点时，根据窗口尺寸大小赋给地面点一定的权值，然后进行滤波运算(周晓明，2011)。

数学形态法是一种基于固定窗口区域的滤波算法，它是一种自上而下、由局部区域开始逐步扩展到整个数据区域的滤波方法。数学形态学的基本运算有：腐蚀、膨胀、开运算和闭运算。在 LiDAR 点云数据获取规则化 DSM 的过程中，对其做如下定义：

腐蚀：$(f \otimes g)(i, j) = Z(i, j) = \min_{Z(s,t) \in w} Z(s, t)$ (11-1)

膨胀：$(f \otimes g)(i, j) = Z(i, j) = \min_{Z(s,t) \in w} Z(s, t)$ (11-2)

式(11-1)和式(11-2)中，f 是规则化 DSM；g 为结构元素即窗口，可定义为矩形或圆盘形的结构元素；$Z(i, j)$ 为腐蚀或膨胀运算后得到规则 DSM 的第 i 行、第 j 列的高程值；w 为结构元素的窗口；$Z(s, t)$ 为原始规则化 DSM 的第 s 行、第 t 列的高程值。

在完成腐蚀和膨胀运算后，然后利用开运算和闭运算对点云数据进行处理：

开运算：$(f \circ g)(i, j) = ((f \otimes g) \oplus g)(i, j)$ (11-3)

闭运算：$(f \bullet g)(i, j) = ((f \otimes g) \oplus g)(i, j)$ (11-4)

开运算首先进行腐蚀运算，将比结构元素 g 尺寸小的点云数据(如树木点等)从点云数据中移除，然后进行膨胀运算来恢复被腐蚀掉的大型地物(如人工建筑物)的边界。当选定的窗口固定时，不能够将所有大小不一的非地面点滤除。当窗口过小时，只会把较小的地物的激光脚点(如汽车、树木等)滤除，但是较大的地物的激光脚点(如城区建筑物等)则会被保留下来。所以一般情况下利用多尺度的滤波窗口进行迭代运算，在迭代运算过程中不断增大滤波窗口，以去除不同尺寸的地物。

在进行迭代运算时，滤波窗口 g_k 按指数形式增长：$g_k = 2b^k + 1$，其中 $k = 1, 2, \cdots, M$，为迭代次数，设定 b 为初始窗口尺寸大小。为了确保区域内地物被全部剔除，在进行最后一次迭代时，窗口大小必须大于数据区域的最大建筑物的尺寸。在迭代过程中设置高差阈值 $dh_{T,K}$，用以保留地形细节。

$$dh_{T,K} = \begin{cases} dh_0, & g_k \leqslant 3 \\ s \times (w_k - w_{k-1}) \times c + dh_0, & gk > 3 \\ dh_{max}, & dh_{T,K} > dh_{max} \end{cases} \tag{11-5}$$

式中，c 为 DSM 格网间距；dh_0 和 dh_{max} 分别为最小和最大的高差阈值；s 为地形坡度参数。当 DSM 格网点的开运算前后的高程值之差小于本次迭代的高程阈值时，该点被认定为地面点。反之，该激光脚点为非地面点（沈晶等，2011）。

在利用数学形态算法进行滤波时，需要对原始的离散点云数据进行内插，成为规则的格网。这样会使许多重要的地形信息丢失，虽然提高了数据滤波的速率，但是会造成滤波精度降低，重要信息缺失，对后续数据处理和产品的精度造成影响。

2. 数学形态学的优缺点与发展

数学形态学方法利用数学中的集合理论来研究点云数据，把数据中的地物看作一个集合。定义于集合 X 和集合 B 中，其中集合 X 是研究数据的集合（即点云数据），集合 B 称为结构元素，它的基本运算就是在这两个集合之间展开的。结构元素是数学形态学的核心，利用结构元素可以对整体数据进行滤波，它可以根据数据区域中地物的大小进行调节，以保证所有的地物都被滤除（Zhang et al.，2003）。

数学形态学滤波方法具有非常完善的数学原理，而且算法流程简单，易于操作。由于采用一定的窗口来对整个数据区域进行遍历，导致滤波效果受所选择的滤波窗口尺寸大小影响很大。数学形态学滤波方法采用了规则格网对数据进行组织，使得该算法在地形起伏较大的测区不能够获取较好的效果，故滤波窗口大小的选择决定了该算法的滤波效果。当滤波窗口尺寸较小时，滤波之后能够获取绝大部分的地面点，对于地物点只能够滤除较小的地物点（如汽车、电线杆等），而那些尺寸较大的建筑物上的激光脚点则被保留下来，使滤波效果很差；反之，如果滤波窗口尺寸很大，则会滤除很多地形特征，使得滤波后的地表地形太过平滑。理想情况是：滤波窗口的尺寸不仅要满足能够滤除所有的地物点的条件，还要保证所有的地形特征都能够完全保留下来。显然，这种滤波窗口是不可能存在的。在滤波窗口选择问题上，许多研究人员做了大量的研究和实验。2003 年，Keqi Zhang 等人（2003）提出了基于多尺度的数学形态学滤波方法。首先将数据规则格网化，然后确定一个合理尺寸的原始滤波窗口，依据设定的高差阈值进行开运算，依据研究区中的地形变化以及地物尺寸和分布情况，逐渐增大滤波窗口的大小和对应的高差阈值，当滤波窗口的尺寸大于研究区内的最大的建筑物尺寸时，滤波结束，完成计算。

在国内一些学者也分别提出了不同的改进算法。梁欣廉等（2008）提出一种适用于城市区域的自适应形态学滤波方法。罗伊萍等（2009）对数学形态学滤波算法进行了改进，提出一种具有一定自适应性的多尺度数学形态学滤波算法。该方法首先将点云数据构建 TIN，获得测区的地形特征，然后根据测区地形特征来选择合适的地形坡度参数，把该参数应用于算法中高差阈值的计算。近两年，也有学者提出了一些改进的算法，例如隋立春等（2010）将"带宽"引入形态学算法，将其作为参数和约束条件用于滤波。

11.2.2 内插滤波算法

基于内插滤波算法是一个对 DEM 进行逐级迭代逐层加密的过程。其基本思想是：首先计算出一个较粗的初始 DEM，然后逐步从点云数据中提取出地面激光脚点并进行内插来对 DEM 进行加密，最后达到滤波的目的。典型的基于内插滤波算法有：Kraus 和 Pfeifer (1998)提出的迭代线性最小二乘内插(预测)算法和 Axelsson(2000)提出的基于 TIN 加密滤波算法。

1. 迭代线性最小二乘内插

迭代最小二乘线性内插的滤波算法是依据地面点和地物点的高程差来进行滤波的。

首先对所有激光脚点数据进行线性最小二乘内插，然后按照等权计算拟合出一个高程拟合面(初始 DEM)，这个拟合面被认为是位于地面点与地物点之间的一个曲面。在这个拟合面上，位于地面的激光脚点的残差是负数的可能性较大。地物点中，除少部分位于植被的激光脚点的残差值是绝对值很小的负值外，其余激光脚点的残差都应是正的。根据运算后得到的残差值给定每个激光脚点的高程观测值赋权。权函数关系式为：

$$P_i = \begin{cases} 1, & v_i \leqslant g \\ \dfrac{1}{1 + (a(v_i - g)^h)}, & g < v_i \leqslant g + \omega \\ 0, & g + \omega < v_i \end{cases} \qquad (11\text{-}6)$$

式中，权函数的陡峭程度决定了参数 a 和 b 的值；通常情况下参数 g 是一个合理的负数，它是由残差的统计直方图来确定的，过渡区间 ω 是由权函数和 g 来确定。

当计算完每个激光脚点高程观测值的权值后，进行第一次判断，当残差值小于给定的参数 g 时，赋予其权值为 1，认定该点为地面点。当残差值大于参数 $g+\omega$ 时，判定该点为地物点并赋予其权值为 0，将点剔除。而残差位于缓冲区时，对这些点赋予一个小的权值。滤除权值为 0 的点后，再对这些点重新计算，得出残差数据，最后按照判定条件进行二次判断。通过不断地迭代计算，最终得到一个合理的滤波结果。

迭代最小二乘线性内插的滤波算法能够很好地获取地形表面的信息，而且容易实现自动化处理。通过该法能够获取质量较高的 DEM。但该方法因设定了激光脚点均匀分布的条件，其应用范围在稀疏的林区时，对大型建筑物的剔除适用性低，而且参数设定复杂，计算周期长。

2. 基于不规则三角网(TIN)加密滤波

基于 TIN 加密滤波是目前应用最广的滤波算法，该算法是由 Axelsson 在 2000 年提出的。其主要步骤是：首先，选取少量地面点作为种子点(所有数据区域内的高程较低点)，建立基础的稀疏 TIN 网。其次，计算各待分类激光脚点到所属三角面的平面距离和角度等信息，通过与角度阈值和高程阈值比对，对待定点进行判断。如果待定点被认定为地面点，则利用新得到的地面点重新构建 TIN 网，实现 TIN 网的加密。最后，反复进行迭代计算，直到没有新的地面激光脚点出现为止(尚大帅，2012)。

假设激光脚点 $p(x_p, y_p, z_p)$，点 p 位于一个不规则三角形内，三角形的节点分别为：

$G_a(x_a, y_a, z_a)$、$G_b(x_b, y_b, z_b)$ 和 $G_c(x_c, y_c, z_c)$，d 为点 p 到三角形 G 所位于的平面的距离，$(\alpha_a, \alpha_b, \alpha_c)$ 是点 p 到三角形 G 节点和垂足形成的夹角。

三角形 G 的平面方程为：

$$Ax + By + Cz + D = 0 \tag{11-7}$$

点 p 到三角形 G 节点的距离为：

$$S_{iP} = \sqrt{(X_i - X_p)^2 + (Y_i - Y_p)^2 + (Z_i - Z_p)^2} \tag{11-8}$$

点 p 到三角形 G 所位于的平面的距离 d 为：

$$d = \left| \frac{Ax_p + By_p + Cz_p + D}{\sqrt{A^2 + B^2 + C^2}} \right| \tag{11-9}$$

p 到三角形节点和垂足形成的夹角 α_i 可用下式计算：

$$\alpha_i = \arcsin \frac{d}{S_{ip}}, \quad i = a, b, c \tag{11-10}$$

国内也有学者对基于 TIN 加密滤波算法做了改进，李卉等（2009）融合区域增长方法对基于 TIN 加密滤波算法进行了改进；徐国杰和胡文涛（2010）对阈值设定进行了改进，采用了设定最大内插距离和最大内插角度两个阈值，并根据滤波次数对其进行动态调整。

基于 TIN 加密滤波算法有着较好的滤波效果，但是在存在低矮植被的区域，往往不能完全滤除植被。

3. 基于内插滤波算法总结

迭代线性最小二乘内插滤波算法和基于 TIN 加密滤波算法相同之处是都必须建立原始地形表面，然后通过反复迭代计算进行滤波。在滤波过程中，误差会随迭代次数增加而积累，因此原始 DEM 的选择至关重要，构建原始地形表面的激光脚点必须要进行严谨的选择。基于内插滤波算法在处理地形复杂的区域时，能够取得良好的滤波效果，但点云数据的误差会在很大程度上影响其滤波效果，为保证滤波效果，在利用基于内插滤波算法进行数据处理时，必须要对点云数据中的粗差进行剔除。

11.2.3　基于地形坡度滤波算法

1. 基于地形坡度的滤波算法概述

基于地形坡度的滤波算法依据地形坡度变化来选择滤波函数，滤波函数的参数取值也是由地形的变化而确定的（Vosselman，2000）。算法的原理是根据相邻两点的高程差异来判断激光脚点的点位（非地面点和地面点）。当相邻两激光脚点高程差很大时，一般情况下是一个激光脚点位于地面，而另一激光脚点位于地物，高程突变由地形起伏引起的可能性很小。当两激光脚点的平面距离越小时，高程值大的激光脚点属于地物点的概率就越大。设定两激光脚点的高差阈值是两点间距离 d 的函数 $\Delta h_{max}(d)$，并假设地形坡度小于30%，考虑到机载激光雷达数据都是有误差的，所以要增加一个 5% 的置信区间，其标准差为 σ，滤波函数可表示为：

$$\Delta h_{max}(d) = 0.3d + 1.65\sqrt{2}\sigma \tag{11-11}$$

两激光脚点间的距离为：

$$d = \sqrt{(x_i - x_k)^2 + (y_i - y_k)^2} \qquad\qquad (11\text{-}12)$$

2. 基于地形坡度的滤波算法的发展

为提高滤波效果和适用性，许多学者对基于坡度的滤波算法做了改进。Sithole(2001)提出了基于核函数坡度的滤波算法，实验证明此算法在陡峭的地形区域能够取得良好的滤波效果。Meng(2005)等提出一种基于扫描线(具有多方向)的滤波方法，该算法可以识别出位于地物边界上的激光脚点，避免了地物边界激光脚点对坡度计算的影响，很大程度上提高了滤波结果的精度。

张皓等(2009)利用虚拟格网对点云数据进行组织和索引，总结出了基于虚拟格网的改进坡度滤波算法。该算法避免了点云数据格网化时内插以及平滑造成的高程信息丢失。在算法中提出并应用了4个坡度阈值，这些阈值的应用成功地避免了传统坡度滤波算法在地形变化剧烈的区域可能发生的分类错误。

基于坡度的滤波算法所应用的数学原理十分简单，在实施过程中其难度较小，而且基于坡度的滤波算法能够很好地应用于各类地形，滤波的可靠性也很高。基于坡度的滤波方法需要逐一计算每个激光脚点的坡度值，对离散的激光脚点进行邻域搜索十分复杂，所以必须要对数据进行格网化，但格网化之后会损失一定的高程信息。

11.2.4　基于曲面滤波方法

在机载激光雷达系统硬件的不断发展下，LiDAR点云数据的空间密度变得相当大，可以达到每个平方米内有几个激光脚点的程度，这样激光脚点间的空间关系就能很好地展现出来。激光脚点间的空间关系是地形表面空间起伏变化的一种体现。根据这个原理，张小红(2007)提出了移动曲面拟合滤波算法。该算法的基本原理是：用一个简单的二次曲面

$$z_i = f(x_i,\ y_i) = a_0 + a_1 x_i + a_2 y_i + a_3 x_i^2 + a_4 x_i y_i + a_5 y_i^2 \qquad (11\text{-}13)$$

去逼近拟合一个复杂的空间曲面上的局部面元。当局部面元非常小时，就可以近似地用一个平面来表示这个局部面元：

$$z_i = f(x_i,\ y_i) = a_0 + a_1 x_i + a_2 y_i \qquad\qquad (11\text{-}14)$$

算法的具体过程如下：

①按照激光脚点的平面坐标将离散的点云数据进行二维排序。

②选取种子区域进行滤波。选取种子区域内相邻的最低的三个点作为构建初始拟合面的原始种子点；然后把相邻的待定激光脚点的平面坐标带入到平面方程中进行计算，得到待定激光脚点的拟合高程；用待定激光脚点拟合高程与观测高程做差，如果高程差的值在事先设定的高程阈值之内，则将该激光脚点判定为地面点，反之就将其作为非地面点滤掉。

③当局部面元被认定为平面时且备选点被接受成为地面点时，把最原始的地面点脚点踢出，然后再用剩余两点与新入选点确定一个新的平面，不断重复该过程，当遍历完整个测区后，就完成了滤波过程。当局部面元为曲面时，把新入选激光脚点与三个初始地面种子点拟合成一个新的空间曲面，对相邻的待定点进行同样的判定。当拟合的地面点数达到6个时，保持参与拟合的点数量不变；此后，当每接收一个新的点时，就把一个最老的地

面脚点丢弃，当遍历完整个测区后就完成了滤波。

陈磊和赵书河(2011)将基于曲面和基于分割的两种滤波原理同时应用到平面拟合滤波算法中，对平面拟合算法做出了改进。改进的平面拟合算法原理如下：首先利用区域生长算法对重采样后的点云数据进行分割，提取的原始地面是一个最大的连通区域；然后设定坡度阈值来滤除原始地面内的地物点；最后用克里金法对处理得到的地面点数据进行插值，完成整个滤波过程。

曲面拟合算法最关键的就是如何选择高差阈值。如果选择的阈值过大，一些矮小的地物就不会被滤掉被保留下来，造成滤波效果不佳；如果阈值选取太小，则会损失一部分地形特征，同样对滤波的精度造成影响(苏伟等，2009)。总而言之，移动曲面拟合滤波算法能够适用于各类地形区域，而且滤波效果可靠，自适应性强。此算法在点云数据密度较大的情况下效果较好，对阈值的选择也有一定的要求，需要研究者依据测区的地形条件对阈值进行选择。

11.2.5　基于聚类分割的滤波方法

聚类分割滤波算法是应用激光脚点的特征信息对点云数据进行滤波的方案(尚大帅，2012)，其原理是：依据激光脚点的几何、结构和属性信息，按照特定的数据组织方法对激光雷达点云数据进行分块，然后依据数据块之间的关系进行聚类，来判断数据块中激光脚点的归属。基于聚类分割的滤波方法在设计思想上与其他几种方法存在明显区别，它不依赖于几何假设描述地形或地物形态，但在建立特征与聚类结果的关系上，存在一定的困难。

11.3　点云滤波算法的评价

11.3.1　点云滤波算法对比

现有的滤波算法各种各样，每种滤波的原理和处理流程都各不相同，滤波算法对数据的组织方式也不尽相同。现有的滤波算法都有比较鲜明的优缺点，表 11-1 就书中提到的几种典型的滤波算法做了一个总结。

表 11-1　**典型滤波算法总结表(马云栋，2015)**

滤波算法名称	优　点	缺　点
数学形态法	由于对原始点云数据规则格网化，使得数据的处理操作简便，滤波速度高	窗口选取对滤波结果影响巨大，选择不当会造成滤波结果精度下降，而且格网化会造成高程信息的损失
基于不规则三角网(TIN)加密滤波算法	没有原始数据信息的丢失，能够很好地保留地形信息，适用性最好	需对数据分快处理，计算速度慢

续表

滤波算法名称	优　　点	缺　　点
基于地形坡度的滤波算法	核函数设计较为简单，而且能够很好地保留地形信息，有较高的适用性	需要先验知识对坡度阈值进行选择，自动化处理程度差，对坡度变化很大的地区，不能够取得很好的滤波效果
迭代最小二乘线性内插的滤波算法	滤波效果好，能够很好地获取地形表面的信息，而且容易实现自动化处理	参数设定复杂，计算周期长，对林区的适用性较差
移动曲面拟合滤波算法	较好地利用了点云数据间的空间关系，计算速度快，不需要提出粗差	对数据的连续性要一定的要求，忽略了地形的突发变化
聚类分割滤波算法	不依赖几何假设描述地形或地物形态	特征与聚类结果关系的建立较为复杂

11.3.2 点云滤波算法的比较

目前，对滤波效果的评价方法有两种：定量分析和目视判定。目视判定是一种传统的判别方法，通过目视方法来对滤波前后的 DSM 进行解译，尤其是在分析大型地物和植被的滤除效果上，经常使用目视判定来对其进行判定。2003 年，ISPRS(国际摄影测量与遥感学会)对现有的滤波算法的滤波效果进行了评价，组织专家选取了 8 组不同地形条件和不同地物特征的点云数据，并用不同的滤波算法对该数据集进行滤波处理。然后用人工分类方式对样本做了精确的分类。最后，通过研究对比，发布了权威的滤波算法测试报告。定量分析的判别方式主要包括：三类误差评价、Kappa 系数和 DEM 插值分析(罗依萍，2010)。

为能够更直观地用数学方法来表达评价标准，研究者引用混淆矩阵来表示滤波结果。对样本区域的所有数据进行统计，比较计算其滤波后分类与真实地类间的混淆程度。如表11-2 所示为混淆矩阵。

表 11-2　　　　　　　　　　　　　　　混淆矩阵(马云栋，2015)

		分类结果				
		1	2	…	n	合计
参考样本	1	P_{11}	P_{21}		P_{n1}	P_{+1}
	2	P_{12}	P_{22}		P_{n2}	P_{+2}
	⋮	⋮	⋮	⋮	⋮	⋮
	n	P_{1n}	P_{2n}		P_{nn}	P_{+n}
	合计	P_{1+}	P_{2+}		P_{n+}	P

在滤波过程中，只将地面点和非地面点进行分类，所以其混淆矩阵如表 11-3 所示。

表 11-3　　　　　　　　　　地面点与非地面点混淆矩阵(马云栋，2015)

		滤波结果		
		地面点	地物点	合计
参考样本	地面点	a	b	$e=a+b$
	地物点	c	d	$f=c+d$
	合计	$g=a+c$	$h=b+d$	$m=a+b+c+d$

表 11-3 中，a 和 b 分别是正确分类的地面点和地物点，b 和 c 是误分点的个数，e 和 f 是参考样本中地面点和地物点的个数，g 和 h 是滤波后地面点和地物点数。

三类误差评价是依据错分类的脚点数所占某一类型点集总数的比例设定的。第Ⅰ类误差(T_1)是被误分为地物点的地面点占所有地面点的比例，第Ⅱ类误差(T_2)是被误分为地面点的地物点占所有地物点的比例，第Ⅲ类(T_A)是错分点占整个数据的比例，分别表示为：

$$T_1 = \frac{b}{e} \times 100\%$$ (11-15)

$$T_2 = \frac{c}{f} \times 100\%$$ (11-16)

$$T_A = \frac{b+c}{m} \times 100\%$$ (11-17)

Kappa 系数是一种广泛应用于遥感数据分类精度评定的参数。其在点云滤波中的表达式为：

$$\text{Kappa} = \frac{p \sum_K P_{KK} - \sum_K P_{K+} P_{+K}}{P^2 - \sum_K P_{K+} P_{+K}} = \frac{m(a+d) - (eg+fh)}{m^2 - (eg+fh)}$$ (11-18)

式中，P 为象元总数；P_{KK} 为混淆矩阵对角线元素的值；P_{K+} 为真实象元个数；P_{+K} 为分类结果中某类像元的个数。当 Kappa=1 时，表示与分类结果完全一致，当 Kappa=-1 时，表示完全不一致。

11.3.3　点云数据滤波算法存在的问题与分析

机载 LiDAR 点云数据滤波算法都或多或少存在一定的缺陷，一些算法滤波效果很大部分上依靠先验知识，这些先验知识包括：测区的地形起伏程度、地物尺寸、密集程度和复杂程度，它们都对滤波的效果有着很大影响。对数据本身来讲，激光脚点的密度也会对滤波效果造成一定的影响。简单而言，当测区地形起伏较小且激光点密度较高时，滤波算法的设计较为简单，也能得到一个比较合理的滤波效果。若测区地形比较复杂，地物分布较为密集时，滤波算法的设计也随着变得十分复杂。滤波算法的基本要求是：尽可能多地保留地形数据，减小滤波的第Ⅰ类和第Ⅱ类误差。机载激光雷达数据处理发展到今天，还没有研究者提出一个普适性强、自动化程度高的滤波算法。

滤波准则：所有的滤波算法都必须以区分地面点和非地面点为最终目的，这就是滤波准则的前提。现存滤波算法大多采用以下滤波规则：两相邻激光脚点产生较大高差时，高程值大的激光脚点一般位于地物表面上，自然地形变化引起较大的坡度变化；人工建筑物的几个特征明显，比如建筑边缘、建筑物脚点在四周都会引起高程突变。因为地形变化具有不确定性，而且考虑到地物具有复杂特性，只根据单次回波对机载激光雷达点云数据进行滤波，所取得的滤波结果不太理想。近期有许多研究人员利用遥感影像、回波强度等辅助数据参与点云数据的滤波(管海燕等，2009)。辅助数据的参与在一定程度上增加了滤波的可靠性(许晓东等，2007)。

滤波发展方向：

①基于 TIN 结构的滤波算法研究。用规则格网组织点云数据进行滤波运算，必须要进行内插，这样就会损失一部分激光脚点的高程纹理信息，造成数据精度下降，使得到的地表地形存在误差。基于 TIN 结构组织数据，直接对离散的激光脚点数据进行组织，不许进行内插处理，这样很好地保留了数据的高程纹理信息，对地形的表现更加准确。

②自适应阈值的选择。现有的滤波算法都需要根据先验知识(即测区的地形条件)设定一定的阈值来进行判断。而且因为地形变化的多样性，在同一测区内对阈值的选择可能出现不同的要求，所以一种能够随地形变化阈值设定的方式越来越受到重视。另外，如何通过数据本身来设定阈值也引起了研究者的重视。

③利用数据自身属性进行算法设计。目前，机载激光雷达所记录的数据不仅包含激光脚点的三维空间信息，而且对回波强度、点云密度以及多回波信号都有记录。这些数据都是地物特征的反映。多回波数据对森林地区有着十分重要的意义，它能够反映树木的结构信息，但在滤波处理时，必须要对数据进行选择，以免造成数据的冗余。激光脚点的反射强度信息反映了目标点对激光的反射程度，对点的分类也有一定的辅助作用。

④融合高分辨率遥感影像。目前 CCD 相机及多光谱仪器已成为机载激光雷达测量系统的标准配置，激光测距仪在获取点云数据的同时，测量系统还可以获取同时刻的地面光谱信息。可以利用这些光谱信息和点云数据进行融合，来共同判断激光脚点的类型，以提高滤波的准确性。

11.4　点云数据应用实例——森林地区多回波滤波

11.4.1　机载雷达点云数据多回波信息分析

1. 机载激光雷达点云数据多回波信息分析

随着机载激光雷达测量系统的不断完善，机载激光雷达测量系统所记录的一束激光的回波信息越来越多。有研究者将点云数据按回波次数分为单次回波(Singular Return，SR)数据和多次回波(Multiple Returns，MR)数据。当系统发射的激光束碰触到地面目标的表面时，有一部分能量被反射回来并被接收器接收、记录，剩余的能量将会继续传播，当碰到另一目标物时仍然会发生反射，当能量全部消耗完时，系统就会记录该激光脉冲的多次反射信号，这些反射信号就是该激光束多次回波信息。现有的机载激光雷达测量系统都能够记录 2~5 次多回波信息，接收机接收到某一激光束的第一个回波信号被称为首次回波数据（First Pulse，FP）；接收到的最后一个反射回波信号被称为末次回波数据（Last Pulse，LP）；在首次回波数据和末次回波数据中间，系统还会接收到其他回波信号即中间的回波信号，被称为中间次回波数据（林国祥，2013）。

根据激光的传播特性，通过对机载 LiDAR 数据的分析，可以得知系统记录单次回波数据主要来源于地面、人工建筑物以及少量低矮植被点；激光发生多次回波的区域主要发生在森林区域，多回波数据的首次回波激光脚点大都位于植被的顶层以及立交桥的边缘；中间次回波激光脚点主要位于植被的枝叶；而末次回波激光脚点主要位于地表，也有少量的末次回波激光脚点位于植被低矮的枝叶上（许晓东等，2007）。

机载 LiDAR 数据滤波是激光点中剔除地物数据的过程，而进一步区分植被数据和人工地物点的过程称为激光点云数据分类。激光点云数据的滤波和分类占到了整个数据后处理 60%~80% 的时间。因此，如何减少参与滤波的数据以及选择合适的滤波算法一直以来是 LiDAR 点云数据处理的重要研究方向，机载雷达点云数据的多回波信息作为点云数据的重要组成部分，在滤波算法中的重要性日益凸显：张小红（2006）利用首末回波的高差变化对点云数据进行了分类；林国祥（2013）在对点云多回波特性分析的基础之上，提出了新的滤波方法。本章在对激光雷达多回波数据进行分析之后，得出以下结论：首次回波数据和中间次回波数据是地物激光脚点，可以直接滤除。剔除首次回波数据和中间次回波数据不仅可以减少数据冗余提高数据处理效率，还可以减少滤波过程中将地物点误分为地面点的概率，可以提高滤波的精度。根据对多回波激光雷达数据的分析，对数据进行重新分类和编辑。

2. 基于回波次数的激光脚点数据分类

本节根据上一节对激光脚点所在的地面位置的分析对激光点云数据进行分类。首先将激光脚点划分为单次回波数据和多次回波数据两大类。然后，把多次回波数据集分为首次回波数据、中间次回波数据和末次回波数据三种类型。由于多次回波数据的末次回波数据和单次回波数据都可能为地面点，而首次回波数据和中间次回波数据则是代表地物激光脚点，因此把单次回波数据和多次回波数据中的末次回波数据归为尾次回波数据，用以之后的数据滤波处理。分类方式如图 11-5 所示。

我们将多次回波数据中的末次回波数据和单次回波数据归为尾次回波数据，这部分点包含所有的地面脚点、建筑物脚点以及少部分植被脚点，大部分的树木的脚点被剔除。利用尾次回波数据进行滤波处理，剔除建筑物和其余植被脚点，即可得到地面的脚点点集。

在林地覆盖面积较大地区，多回波数据量相当之大，用此方法可以极大地减少参加滤波的数据量，很大程度上提高了 LiDAR 数据分类的速度。下面将通过实验进行验证。

3. 实验验证

（1）实验区概况

图 11-6 是实验区遥感影像，图 11-7 是实验区 DSM，图 11-8 是实验区点云数据按回波次数显示，由美国地质调查局提供的点云数据，该区域位于福蒙特州，面积为 1.6km×0.56km。该区域内，大部分被森林覆盖，地形有一定起伏。点云数据密度为 0.944 点/平方米。高程最低点为 130.32m，高程最高点为 258.21m，最大回波次数为 4 次。

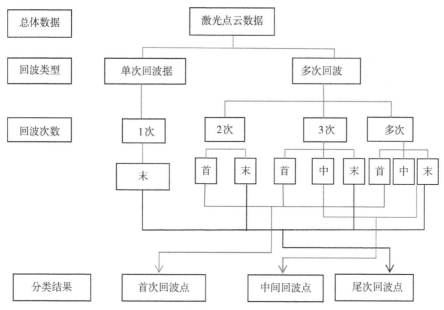

图 11-5 激光点云数据分类图(马云栋，2015)

图 11-6 实验区遥感影像

图 11-7 实验区 DSM

图 11-8 实验区点云数据按回波次数显示

（2）实验环境

①硬件设备：ThinkStation 工作站。

②操作系统：Microsoft Windows7。

③开发平台：C。

④LiDAR 数据后处理软件：TerraScan。

（3）分类结果

应用本章提出的分类方法对实验区点云数据进行分类，分类过程由 C 语言编程实现，测区数据量以及回波次数显示如图 11-9 所示，分类结果见表 11-4。

```
NUM_POINT_RECORDS          677291
Points by Return [     1]    475472
Points by Return [     2]    153613
Points by Return [     3]    41955
Points by Return [     4]    6251
Points by Return [     5]    0
```

图 11-9　测区数据量以及回波次数显示

表 11-4　　　　　　　　　　　　　　**点云数据分类结果**

数据类型	个数
首次回波	153613
中间回波	48206
尾次回波	475472
总体数据	677291

从表 11-4 中可以清晰地看出，在森林覆盖率大的地区，多次回波的数据占有一个相当大的比例，本实验中首次回波数据的比例为 22.68%，中间次回波数据占总数据的比例为 7.12%，尾次回波数据为总体数据的 70.2%。通过多点云数据的分类，在滤波之前，可以首先剔除不参与滤波的首次回波数据和中间次回波数据，可以减少参与滤波的数据，提高点云数据滤波的效率，尾次回波数据显示如图 11-10 所示。

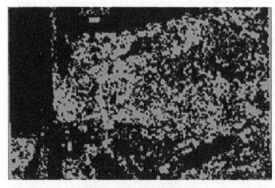

■ 背景　　■ 尾次回波数据

图 11-10　尾次回波数据显示

通过 ENVI 对原始点云数据和尾次回波数据做相同处理，对其处理结果和时间进行对比，分析本章提出的点云数据分类的优势。

图 11-11(a)为用原始数据处理后得到的地面点，图 11-11(b)为仅用尾次回波数据处理得到的地面点，图 11-11(c)为实验区 DSM。通过对比图中标记框内表示的区域，可以看出：黑色标记框和红色标记框内的激光脚点应为林地点，在图 11-11(a)中，这些激光脚点大部分保留了下来；在图 11-11(b)中，利用尾次回波数据处理之后，能够滤除标记框内大部分的激光脚点。这表明，利用本章提出的分类方法对原始数据进行处理后，再进行数据滤波处理，能够有效地减少地物点被误分为地面点的概率。

统计两次实验的时间，得到如表 11-5 所示结果。

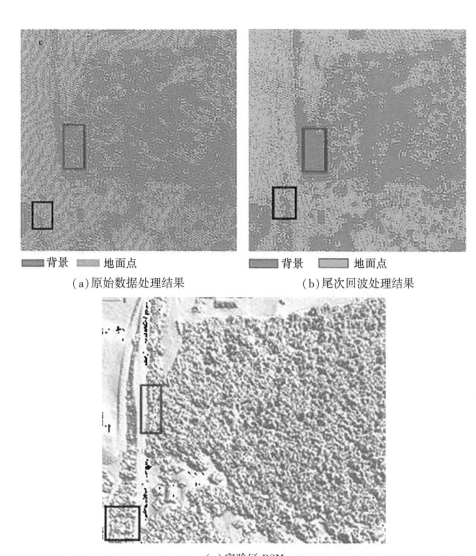

　■■背景　　□□地面点　　　　　　　　■■背景　　□□地面点
(a)原始数据处理结果　　　　　　　　　　(b)尾次回波处理结果

(c)实验区 DSM
图 11-11　数据处理结果

表 11-5　　　　　　　　　　　　　数据处理效率对比 (马云栋, 2015)

数据类型	处理过程	处理时间
原始点云数据	点云数据读取、分类以及 DEM 建立	4 分 15 秒
尾次回波数据	点云数据读取、分类以及 DEM 建立	2 分 26 秒

从表 11-5 中可以看出,由于剔除了一部分激光脚点数据,利用尾次回波数据进行实验所用的时间要远远小于利用原始数据进行实验的时间。

11.4.2　高差阈值自动判别的移动曲面拟合滤波方法

1. 基于多回波数据的高差阈值自动选择

根据本小节分析,多回波信息主要记录了树木的激光反射特性。多回波信息的末次回波激光脚点往往是位于地面点,而首次回波和中间次回波的激光脚点则是位于树木。位于树木附近的单次回波激光脚点可以按照其高程进行判别,当其高程明显高于树木最高次回波的高程时,该激光脚点更有可能是位于人工建筑物点,而当某激光脚点明显低于末次回波激光脚点的高程时,该点更有可能是地面点。通过以上分析,我们选择某一多回波数据八邻域内高程值较低的激光脚点作为地面点,然后建立一个类似于地型表面的平面,计算多回波数据中每次回波的激光脚点到该平面的高程差,最后进行统计分析,筛选出后续滤波的高差阈值。

阈值自动选择算法设计:

①首先对点云数据进行数据组织。虚拟格网的建立依据规则格网建立准则,但不用对数据进行内插,按照点云数据的平面坐标进行建立格网索引。

②对格网内数据进行遍历。当点云数据中回波次数 (Return Number) n 大于 1 时,该激光脚点数据为多回波数据,将同一束激光的回波信号分配到同一检索号。遍历完所有数据后,按照高程小于多次回波数据的首次回波数据的高程值的原则,在该数据所在的格网内搜索单次回波的激光脚点数据,当格网内没有足够数量 (至少三个) 符合条件的单次回波数据时,舍弃该多回波数据。

③当格网内的某一多回波数据的单次数据量满足要求时,选择高程数据最低的三个单次回波激光脚点数据作为建立类似地形表面的平面三角形。假设三个脚点数据分别为: $G_a(x_a, y_a, z_a)$、$G_b(x_b, y_b, z_b)$ 和 $G_c(x_c, y_c, z_c)$,多回波数据为 P,多回波数据中每个回波的激光脚点为 $P_i(x_i, y_i, z_i)$,则与该多回波数据相关的平面方程为:

$$Ax+By+Cz+D=0 \qquad (11-19)$$

④根据空间数学,计算多回波数据中每个各回波激光脚点到相关平面的距离 d 为:

$$d_i = \left| \frac{Ax_i+By_i+Cz_i+D}{\sqrt{A^2+B^2+C^2}} \right| \qquad (11-20)$$

⑤按上述步骤,遍历完测区所有的数据,将计算所得的高差值按照回波次数进行分类,即首次回波激光脚点的高程差值集合、中间次回波高程差值集合以及尾次回波高程差值集合。对每组数据进行分析,通常来讲,这些高程差值都会在一定的范围之内,当高程

差值过大或过小时，说明该数据有异常，可以剔除。根据数学分析，得到各回波次数的距离分布情况。

⑥选择合适的距离 d 作为后续算法的高程阈值。通过分析多回波数据的各回波激光脚点的对应位置，我们可以发现绝大部分末次回波激光脚点都位于地面，只有极少部分是非地面点。因此，在剔除异常的值后，选择末次回波数据的最大距离差值作为高差阈值。当待定点的高程插值大于末次回波高程插值的最大值时，认为点为地物点；反之，则认为该点为地面点。

表 11-6 是多回波数据(来自实验区一)高差的计算结果，剔除异常值之后，首次回波的高差范围为 10.8~20.6m，中间次回波的高差范围为 2.5~11.6m，而末次回波的高差最大值为 1.85m。按照阈值选择准则，我们取高差阈值为 1.85m，作为区分地物点和地面点的高差。

图 11-12 中红色表示同一束激光的多次返回激光脚点数据，蓝色点为单次回波数据。

表 11-6　　　　　　　**点云数据高差阈值计算结果(马云栋，2015)**

回波数据类型	首次回波	中间回波	末次回波
数据个数	153613	48206	153613
参与阈值选择数据个数	10236	10236	10236
高差阈值范围	10.8~20.6m	2.5~11.6m	最大值1.85m

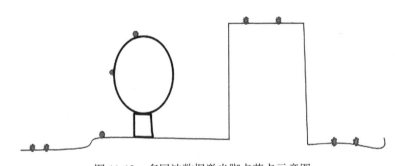

图 11-12　多回波数据激光脚点落点示意图

2. 改进移动曲面拟合滤波方法

按照本书 11.2 节讨论的移动曲面拟合滤波方法，本节在阈值的选择上做了改进，改进后的滤波方法如下：

①滤波高差阈值的自动判别，按照上节中提出的高差阈值自动判别算法，选取适合该数据区域的高差阈值。

②按照本书 11.4.1 中提出的点云数据分类方法，将多回波数据中的首次回波和中间次回波激光脚点数据滤除，只留下末次回波数据参与后续滤波。将得到的新的点云数据进行二维排序。

③选取种子区域进行滤波。选取种子区域内相邻的最低的三个点作为原始地面点,并得到一个初始拟合面。然后把相邻备选点的平面坐标带入到平面方程中进行计算,得到备选点的拟合高程。将备选点拟合高程与观测高程做差,得到备选点的高差值。如果高程差在阈值之内,则认为该点为地面点并接受,反之就将其作为非地面点滤掉。

④当备选点被接受成为地面点时,把最原始的地面点脚点踢出,再把剩余两点与新入选点确定一个新的平面,不断重复该过程。当遍历完整个测区后,就完成了滤波过程。

下面将通过实验验证改进后的移动曲面拟合滤波方法的可行性和适用性。

3. 实验验证

本节实验分为两部分,实验一为验证对比实验,主要将算法应用于有一定地形起伏的山区,并与移动曲面拟合算法的滤波效果作对比,来研究本书提出的算法的精度。实验二的设置是为探究算法的适用性,测试区域为城镇区域,地形起伏较小,多为房屋等人工建筑,并有一定的植被覆盖。

(1)研究区概述

实验区一:从 http://lidar.asu.edu/data.html 下载,位于福蒙特州。该区域大部分被森林覆盖,地形有一定起伏。点云数据密度为 0.944 点/平方米。高程最低点为 130.32m,高程最高点为 258.21m,最大回波次数为 4 次。

实验区二:某一城镇,数据总数为 627458 个,数据回波信息如图 11-13 所示。

```
Points by Return [    1]    5936306
Points by Return [    2]     303073
Points by Return [    3]      33567
Points by Return [    4]       1640
Points by Return [    5]          0
```

图 11-13　实验区二数据回波信息

(2)实验环境

①硬件设备:ThinkStation 工作站。

②操作系统:Microsoft Windows7。

③开发平台:C。

(3)实验流程

实验一:

滤波高差阈值自动选择。根据表 11-9 中得到的结果,选取 1.85m 作为本次实验的高差阈值。

参与滤波算法数据选择。根据作者提出的分类方法对数据进行分类,最后得到参与数据滤波的尾次回波激光脚点个数为 475472,为原始数据的 70% 左右。

种子点选取,尾次回波数据的激光脚点按高程大小排序,选择高程最小点作为种子点,并选取相邻合适的点作为初始三角形的节点。然后对待定点进行判定,待遍历完所有数据后,结束滤波。

本章还利用移动曲面拟合法对原始点云数据进行处理,用在对比滤波效果和效率上。

图 11-14(a)是实验区域的遥感图像,图 11-14(b)是实验区的 DSM,图 11-14(c)是滤

波后的点云显示，其中绿色为地物点，黄色为地面点。从图 11-14 中可以看出，本滤波算法能够滤除绝大部分的地物点，但仍有少量的低矮植被点被保留下来。红色框内标记的区域分别为公路附近的植被和建筑物，在图 11-14(c)中可以看出，这两种地物的激光脚点数据都被滤掉。

（a）实验区遥感影像

（b）实验区 DSM

地面点　　　　　　　地物点

（c）滤波后地面点与地物点显示

图 11-14　地面点和地物点分离结果(马云栋，2015)

在图 11-15(a)为本章算法滤波后利用地面点建立的 DEM，图 11-15(b)是移动曲面拟合法得到的 DEM，图 11-15(c)是利用 ENVI 软件处理后的 DEM。从图中方框区域可以看出，本章提出的滤波算法能够很好地保留地形，保证了地形的连续性；在移动曲面拟合算法建立的 DEM 中，红色方框内出现尖刺现象，这说明滤波过程中少量一些地物点被保留下来；而绿色方框内的地形太过于平坦，不符合当地的实际情况，则说明该区域内的一些地面点被滤掉，滤波效果不佳。与 ENVI 处理的效果相比，绿色方框内，ENVI 处理后的 DEM 地形起伏较小，而本章提出的滤波算法则较好地呈现了地形起伏，在地形表现上更好。

(a)本章算法滤波后的地面点建立的 DEM

(b)移动曲面拟合法滤波后的地面点建立的 DEM

(c)ENVI 软件处理后的 DEM

图 11-15　滤波后 DEM

　　综上所述，本章提出的滤波算法能够较好地分离地面点和地物点。与通过移动曲面拟合方法所得到的 DEM 作对比，我们可以发现本章提出的滤波算法能够很好地保留森林地区的地形信息，而且能够有效地减少将地物点误分为地面点的概率，即减少第 I 类误差。

　　实验二：

　　滤波高差阈值自动选择。选取 1.4m 作为本次实验的高差阈值，计算结果如表 11-7 所示。

表 11-7   点云数据高差阈值计算结果

回波数据类型	首次回波	中间回波	末次回波
数据个数	303073	36847	303073
参与阈值选择数据个数	346515	34655	34655
高差阈值范围	23.3~8.6m	10.3~2.9m	最大值 1.4m

参与滤波算法数据选择。参与数据滤波的尾次回波激光脚点个数为 5936306 个，由于该数据为城区，多回波数据点占总体数据的比例不高，所以参与滤波的数据占总体数据的 95%。

种子点选取，尾次回波数据的激光脚点按高程大小排序，选择高程最小点作为种子点，并选取相邻合适的点作为初始三角形的节点。

对待定点进行判定，待遍历完所有数据后，结束滤波。

本章还利用数学形态学法对原始点云数据进行处理，用在对比滤波效果上。

图 11-16(c)为本章提出的滤波算法运算后的地面点显示，图 11-16(d)为数学形态法后的地面点显示。对比原始点云数据和 DSM，可知图 11-16(d)方框内的激光脚点大多位于房屋和树木，图 11-16(c)中这些激光脚点已经被滤除，说明本章提出的滤波算法的效果要优于数学形态学滤波算法。

（a）原始点云数据显示

（b）DSM

（c）本章算法滤波后地面点显示

（d）数学形态学法滤波后地面点显示

图 11-16　滤波后结果对比图

图 11-17(a)为 DSM，图 11-17(b)为本章滤波算法得到的 DEM，图 11-17(c)为数学形

态学滤波后建立的 DEM。红色框内为建筑物及少量树木,绿色框内为路边行树。通过对比图 11-17(a)和图 11-17(b),可以看出,本章滤波算法能够有效地应用于城市区域,可以很好地剔除树木点和建筑物点。对比图 11-17(b)和图 11-17(c),相对于传统数学形态学滤波算法,本章提出的滤波算法能很好地将树木点和建筑物点剔除,而且能有效地提高滤波精度,减少将地物点误分为地面点的概率,即减少第 I 类误差。

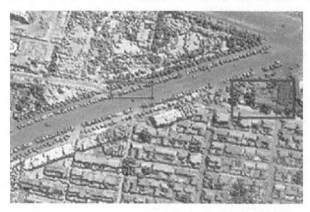

(a)DSM

(b)本章算法滤波后的地面点建立的 DEM

(c)数学形态学滤波后的地面点建立的 DEM

图 11-17　滤波后 DEM 与滤波前数据 DSM 对比(马云栋,2015)

4. 实验结果分析

通过对比实验，验证了本章所提出的算法的可行性，而且该算法不仅能够应用于森林地区，还能够应用城镇区域。通过实验结果比对，本节所提出的滤波算法能够有效地降低第Ⅰ类误差，而且也能够很好地保留地形特征。总体上来说，本节所提出的算法具有很高的可行性和适用性。

11.4.3 改进的渐进三角网滤波算法

基于不规则三角网(TIN)加密滤波是目前应用最广的滤波算法。在 Axelsson(2000)提出这一算法并进行应用之后，国内外许多学者对其进行了改进。在本节中，我们根据点云数据回波次数特性，对参与滤波过程中的数据进行了预处理，减少了参与滤波的点个数；在种子点的选取上，为保留原始数据的高程信息，引入了虚拟格网的概念，对原始数据进行重新组织而且加入了种子点属性判断这一环节，判定种子点是否为地面点。在此基础上提出了对算法的改进。

1. 虚拟格网的数据分块

传统规则格网按照一定的距离将地表划分为规则格网单元。机载激光 LiDAR 数据通过重采样可以转换为规则格网进行数据处理，在建立格网的同时要对离散的激光点进行内插转换为规则格网，这样将会造成部分数据高程信息的丢失。CHO 等在对数据进行处理时，引入了虚拟格网的概念。虚拟格网将空间分割成许多等长宽的立体块，其宽度一般代表虚拟格网的间距。按照平面坐标，将每个离散的激光脚点分配到立体块中，这样每个小立方块都包含了专属的激光脚点。虚拟格网不会把激光脚点的坐标规则化(内插)，只是将每个激光点分配在相应的格网中，格网在进行滤波时仅起到索引的作用。虚拟格网是一种映射，它能够完全保留点云数据的信息(张皓等，2009)。

虚拟格网的建立必须选择合理的格网间距，若间距过大，则会引起每个格网中的脚点数量过多，不能很好地进行索引；反之，则会导致格网内脚点的缺失，还需内插补齐，这样就会损失点云数据的精度。最小格网间距 d_{min} 与点云密度 ρ 有一定的函数关系，可以表示为：

$$d_{min} = \sqrt{\frac{1}{\rho}} \tag{11-21}$$

通常情况下取最小格网间距的 2~4 倍作为格网间距值。

本章依据虚拟格网的概念，提出了一种二级虚拟格网数据组织方法，其流程是：首先建立一级虚拟格网，即按照地物最大尺寸，选择 100m 作为一级虚拟格网分割间距，完成对整个数据区域的划分；然后对于每个一级格网，建立二级虚拟格网，按照虚拟格网最小间距组织点云数据。

这样的数据组织方式有利于数据的快速处理，为后续格网间数据处理时数据索引提供了便利，还保持了每个一级格网内数据索引的效率。

2. 改进的渐进三角网滤波算法描述

本节详细分析基于 TIN 的关键问题，提出了一种基于种子点属性判别的渐进三角网滤波算法，该算法是一种二级滤波算法。在新的算法中，本书提出了种子点属性判别的概念，利用移动曲面拟合算法，对种子点的所属类别进行判定，并依据种子点的属性来判别格网内数据是否参加下一步滤波过程，当种子点判别完成后再运用 TIN 加密滤波算法来进行尾次滤波的数据进行滤波处理。该算法在原理上能大大减少第 I 类误差，即减少地物点被判定为地面点的误差。

(1)点云数据种子点获取

依照前面提出的二级虚拟格网组织方式对点云数据进行格网化，然后对每个一级格网进行种子点选择，选择一个高程点最低的激光脚点作为初始种子点。

(2)初始格网选择

当每个格网都获取初始种子点时，依照高程对初始种子点进行排序，选择初始种子点高程最小的一级格网作为初始处理格网。

(3)一次滤波

种子点的判别按照移动曲面拟合法进行。首先对初始格网的最低种子点八邻域内的种子点进行高程排序，选择其中两个高程最小的种子点，与初始格网种子点组成一个新的初始种子点集，并建立三角形，依据移动曲面拟合法进行滤波。当待定种子点符合高差阈值条件时，将其作为地面点，此点即为合理的种子点；当待定种子点超出高差阈值范围，则判定该点为地物点，该待定种子点所在格网的所有激光脚点则作为地物点被滤除，不再参与后期滤波。当种子点判别完成后，其中合理种子点所处的格网即为要进行二次滤波的格网。

(4)二次滤波

当完成第一次滤波处理后，得到的初始种子点都应是地面点，按照初始种子点的高程信息对格网进行降序排列，选取另外两个高程最低点建立稀疏 TIN，依据顺序对每一个格网进行处理。在对每个格网中的点数据进行处理时，为了降低误差，首先要对格网内数据进行排序。由于在每个一级格网内，还将数据分配到了二级格网中，因此这也保证了数据检索时的效率。遍历排序后的脚点数据，依照公式顺序计算每个点的反复角和反复距离，当反复角和反复距离都满足规定的阈值时，判定该点为地面点，将该点加入到三角网中，组成一个新的三角网。当格网内数据全部判断完成时，该格网内滤波完成，继续下一格网的运算，直至全部数据区域被遍历。

3. 滤波流程

根据前面的分析，融合曲面拟合的三角网滤波算法的流程(见图 11-18)，具体如下：

①依照本书 11.4.1 提出的基于点云回波次数的分类方法对原始的点云数据进行处理，首次回波数据和中间次回波数据被剔除，仅尾次回波数据参与滤波。

②对尾次回波数据中激光点云数据建立二级虚拟格网索引。

③选取每个格网内最低的点作为种子点。

④对种子点先进行排序，再按移动曲面拟合方法滤波，剔除种子点中的非地面点。当种子点被认为是非地面点时，该种子点所在格网内的数据全部被认定为地物点并滤除，不参与下一步的滤波。

⑤新得到的数据按照格网内种子点的高程高低进行排列，确定滤波次序。

⑥在格网内建立稀疏 TIN 模型。遍历格网内的脚点数据，计算格网内每个脚点的反复角和反复距离。当反复角和反复距离都小于给定的阈值，认为该点为地面点，将其加入到三角网，建立新的三角网，直到没有新的地面点加入，该格网内的运算结束。

⑦不断重复步骤⑥，遍历完所有的格网区域，完成滤波。

从理论上看，该滤波算法很好地精简了参与后期滤波的点云数据，这样就在很大程度上减小了第Ⅰ类误差，但在种子点选取中可能出现误分现象造成一些点数据的损失，对滤波精度造成影响。

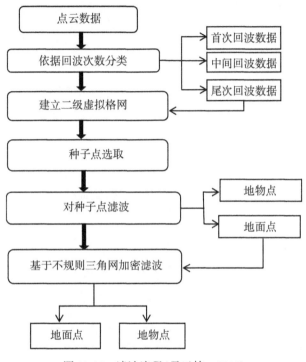

图 11-18　滤波流程(马云栋，2015)

4. 实验结果及分析

（1）实验（一）

实验区：该数据是由某公司提供的数据，数据区域为某一城镇的工业区，实验区内有大量低矮植以及一栋面积较大的厂房。该数据点云密度为 $0.5/m^2$，点云总个数为 553685，最大回波次数为 4。

点云数据预处理。将数据按回波次数分类，剔除多次回波数据中间次回波数据和首次回波数据，见表 11-8。

表 11-8　　　　　　　　　　　　　**点云数据分类结果**

数据类型	个　　数
首次回波	68760
中间回波	23763
尾次回波	461162
总体数据	553685

滤波结果如图 11-19 所示。图 11-19(c)为地面点与 DSM 的叠加显示,其中黄色点为滤波后得到的地面点。从图 11-19(c)可以看出,在利用本章算法进行滤波后,位于建筑物和植被等地物上的激光脚点大部分被滤除,滤波后所得到的地面点都位于街道和裸露的地面,这表明本书提出的算法能够取得良好的滤波效果。

(a)实验区点云显示

(b)实验区 DSM

(c)地面点与 DSM 的叠加显示

图 11-19 滤波后地面点与原始点云数据显示

在图 11-20(a)和图 11-20(b)中，黄色点为地面点；图 11-20(a)为用本章提出的算法得到的地面点；图 11-20(b)是利用数学形态学法滤波后得到的地面点。在图 11-20(b)所标记的方框内，可以明显地看到位于建筑物上的激光脚点未被滤除，相比而言，本章提出的滤波算法滤波效果更好。

(a)本章算法滤波后地面点　　　　　　　(b)数学形态学法滤波后得到的地面点

图 11-20　两种滤波结果

(2)实验(二)

本实验为对比验证实验，主要用以对比本书所提出的两种算法的滤波效果。实验数据为本书 11.4.2 中实验二所用的数据，实验结果如图 11-21 所示。

图 11-21　滤波后地面点与 DSM 叠加显示(马云栋，2015)

图 11-21 中，黄色点为滤波后的地面点。从图 11-21 中可以看出，滤波后得到的地面点绝大多数位于真实地面，只有极少数位于低矮植被及低矮建筑物(如公路两侧的花圃和绿化带)的激光脚点被误分为地面点。黑色方框内为存在误分结果的区域，该区域放大后

效果见图 11-22。通过图 11-22 可以看出，有的地面点位于公路两侧的花圃上。

图 11-22　误分结果显示(马云栋，2015)

图 11-23 中，黄色为地面点，蓝色为背景；图 11-23(a)为利用本节提出的算法滤波后得到的地面点；图 11-23(b)为利用本书 11.4.2 中高差阈值自动判别的移动曲面拟合滤波方法滤波后得到的地面点。黑色与红色方框区域为两者之间的区别区域。图 11-24 和图 11-25 分别为红色方框和黑色方框内数据的放大显示。

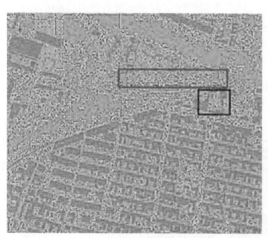 

(a)本节算法滤波结果　　　　　　　　　　(b)本书 11.4.2 节算法滤波结果

图 11-23　滤波后地面点显示

图 11-24 中，黄色点为地面点，蓝色区域为背景；图 11-24(a)是基于种子点属性判别的渐进三角网滤波算法所得到的滤波结果；图 11-24(b)是高差阈值自动判别的移动曲面拟合滤波方法所得到的滤波结果。对比两图可以发现，基于种子点属性判别的渐进三角网滤波算法对低矮地物和植被的滤除更加彻底，滤波效果要优于高差阈值自动判别的移动曲面拟合滤波方法。

图 11-25(a)、图 11-25(b)为图 11-24(a)和图 11-24(b)中黑色方框内地面点放大显示。图 11-25(a)是基于种子点属性判别的渐进三角网滤波算法所得到的滤波结果，图 11-25(b)是高差阈值自动判别的移动曲面拟合滤波方法所得到的滤波结果，图 11-25(c)是该区域 DSM。通过对比三个图中黑色方框标记的区域可以发现，图 11-25(a)中把一些本来位于地面的激光脚点过滤掉了，而图 11-25(b)则保留了较多的地面激光脚点。这表明高差阈值自动判别的移动曲面拟合滤波方法能够较好地保留地形特征。

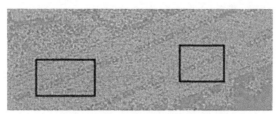

(a)图 11-23(a)红色标识框内地面点

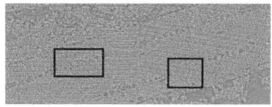

(b)图 11-23(b)红色标识框内地面点

图 11-24　图 11-23 中红色方框内数据细节显示

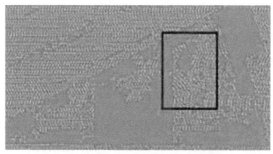

(a)图 11-24(a)黑色标识框内地面点

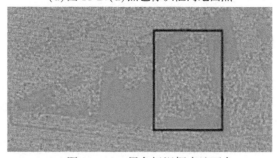

(b)图 11-24(b)黑色标识框内地面点

(c)DSM

图 11-25　图 11-24 中黑色方框内数据细节显示(马云栋，2015)

综上所述，本章提出的两种滤波方案都能够取得良好的滤波效果。相比而言，基于种子点属性判别的渐进三角网滤波算法能够更好的剔除位于低矮地物上的激光脚点，而高差阈值自动判别的移动曲面拟合滤波方法则能够更好表现地形特征。

11.5　结论

目前，机载激光雷达测量系统已经成为获取地面三维空间信息的最主要的遥感手段之一，被广泛地应用于 DEM 生成、城市三维建模、森林信息获取、灾害监测、电力巡线和道路设计上。得益于机载激光雷达系统的日益完善，其获取的点云数据精度越来越高，包含的数据信息量和数据量越来越大，能够表现的地形和地物信息越来越精确，对数据的使用者来说是一个很大的进步。但由于点云数据的海量特性和数据信息繁杂等原因，使得数据后处理比较复杂，尤其是数据滤波方面相对于数据信息显得较为落后。本章对现有的机载激光雷达点云数据滤波算法做了详细的阐述，并提出了现有算法的不足和发展趋势。在此基础上，通过对多回波点云数据特性的研究，提出了两种滤波方案。主要完成的工作和成果如下：

①详细地叙述了典型的机载 LiDAR 数据应用领域和点云数据滤波方法。

②对国内外现有的滤波算法做了详细的研究，依据 ISPRS 提供的数据和资料对各种滤波算法做了对比，并阐述了其优缺点，提出了点云数据滤波算法的发展趋势。

③对森林地区多回波点云数据做了详尽的分析，提出了点云数据自身的分类方法，减少了参与点云滤波过程的数据量；依据对现有算法的深入研究，提出基于自动阈值判别的移动曲面拟合滤波算法和基于种子点属性判别的渐进三角网滤波算法，并通过实验验证了作者所提出的算法的可行性和精确度。

11.6　点云数据后处理的展望

本章所提出的基于自动阈值判别的移动曲面拟合滤波算法，虽然能够解决高差阈值的自动选择问题，并且依据点云数据分类，有效地减少参与滤波的数据，提高滤波效率，减少了第 I 类误差，但其对地形和多回波数据的数据量有一定的要求，过程复杂，判断和计算步骤增加，增加了误差出现的可能性，而且对整个数据处理过程的效率提高不大。

基于种子点属性判别的渐进三角网滤波算法，应用虚拟格网对数据进行二级划分，有效地解决了规则格网需内插的缺陷，并提高了数据索引效率；对格网种子点的判断能有效地提高滤波效率，并且使得数据分块不需要依据先验知识(最大建筑物尺寸)。虽然该算法能有效地减少第 I 类误差，但产生第 II 类误差的可能性增大。

在分析本章滤波算法不足之后，结合点云数据特征和滤波准则及其发展趋势，对下一步的研究做了展望：

①提高滤波算法的自动化程度，减少先验知识和人为操作。由于地形复杂性和点云数据的基本特点，使得数据滤波的完全自动化一直难以突破。

②提高点云数据滤波的普适性。现有的滤波算法大都有一个共同的前提，即地形变化

较为平坦，或者针对某种地形特征来设计算法，找到适应所有地形特征的滤波算法是当下滤波算法研究的重要方向。

　　③由于现有算法大都利用激光脚点的高程信息进行处理，使得点云数据的很多信息如回波强度、波形信息等得不到利用，随着硬件发展，点云数据包含的各类数据信息的质量也在提高，要获取较好的数据处理效果，必须利用这些信息作为辅助。

附录 A　英文简写和中英文对照

Avalanche Photodiode，APD　　　　　　　　雪崩光电二极管
Charge Coupled Device，CCD　　　　　　　　电荷耦合原件
Complex Program Logic Device，CPLD　　　　复杂可编程逻辑器件
Continuous Wave，CW　　　　　　　　　　连续波
Delay-Locked Loop，DLL　　　　　　　　　锁定环
Digital Terrain Model，DTM　　　　　　　　数字地面模型
Digital Surface Model，DSM　　　　　　　　数字表面模型
Double Charge Coupled Device，DCCD　　　　双电荷耦合原件
Digital Elevation Model，DEM　　　　　　　数字高程模型
Filed Programmable Gate Array，FPGA　　　　现场可编程逻辑阵列
First Pulse，FP　　　　　　　　　　　　　首次回波数据
Ground Control Point，GCP　　　　　　　　地面控制点
Global Positioning System，GPS　　　　　　全球定位系统
Inertial Measurement Unit，IMU　　　　　　惯性测量单元
Intensified Charge Coupled Device，ICCD　　增强型光电耦合成像器件
Inertial Navigation System，INS　　　　　　惯性导航系统
Inverse Distance Weighted，IDW　　　　　　倒数加权法
Iterative Closest Point，ICP　　　　　　　　迭代就近点
IERS Reference Meridian，IRM　　　　　　　IERS 参考子午线
IERS Reference Pole，IRP　　　　　　　　　IERS 参考极
LiDAR Scanning，LiDARS　　　　　　　　　激光雷达扫描仪
Laser Diode，LD　　　　　　　　　　　　激光二极管
Landmark Ground Control Point，LGCP　　　地标地面控制点
Last Pulse，LP　　　　　　　　　　　　　末次回波数据
Light Detection and Ranging，LiDAR　　　　激光雷达
Multiple Returns，MR　　　　　　　　　　多次回波
National Aeronautics and Space Administration，NASA　美国宇航局
Natural Neighbor，NN　　　　　　　　　　邻近点插值法
Object Registration Error，ORE　　　　　　配准误差
Post-registration Target Difference，PTD　　配准前目标差异
Principal Component Analysis，PCA　　　　　主成分分析

218

Position&Orientation System，POS	位姿测量系统
Pulse Per Second，PPS	秒脉冲
Photo Multiplier Tube，PMT	光电倍增管
Phase Locked Loop，PLL	锁相环
Pulse	脉冲波
Quasi Continuous Wave，QCW	准连续波
Radial Basis Function，RBF	向基函数
Root Mean Square，RMS	均方根
Scale-invariant Feature Transform，SIFT	尺度不变特征变换
Semiconductor Laser，SL	半导体激光器
Singular Return，SR	单次回波
Sensor Management Units，SMU	传感器管理单元
Slope Mass Rating，SMR	坡度分级
Triangulated Irregular Network，TIN	不规则三角网
Terrestrial Laser Scanning，TLS	三维激光扫描系统
Target Measurement Error，TME	目标测量误差
Target Registration Error，TRE	目标配准误差
Time-to-Digital Converter，TDC	时间数字转换
Universal Time Coordinated，UTC	协调世界时

附录 B 面阵激光雷达成像仪样机简介

"面阵激光雷达成像仪样机"是周国清教授课题组历经 4 年研制的一套完整的三维激光成像仪系统，该成像仪包括激光发射系统、激光回收系统、激光探测系统、多通道并行时间间隔测量系统、数据实时处理与可视化系统。该成像仪的特点在于采用 5×5 的光纤阵列耦合 APDs 进行光电探测，同时量测目标面 25 个点的三维坐标，能对 15m 远的物体进行三维量测并实时三维成像。该样机所使用的核心元器件直接从国外进口，具有重量轻、精度高、灵活高效、抗干扰性好等优点。

第一部分：GLiDAR-II 面阵激光雷达成像仪

1. GLiDAR-II 成像仪介绍

GLiDAR-II 是本课题组研制的第二代面阵激光雷达三维成像仪的简称，即 GuiLin University of Technology Light Detection and Ranging-II。该成像仪(见图 B-1)是在本课题组研制的第一代成像仪(见图 B-2)基础上的改进产品，主要具有以下特点：

①无需扫描装置，单脉冲可瞬间获取目标 5×5 个测量点的距离信息。

②可单脉冲垂直探测目标区域，降低了扫描激光雷达激光斜射目标导致高物遮挡附近低物的影响。

③可实时获取一个区域的三维图像，成像速度和效率显著提高，激光频率需求显著降低，并减少了机载平台抖动引起的水平测量误差，为低重频、高功率激光器开辟了新的应用方向。

图 B-1　第二代面阵激光成像仪(GLiDAR-II)　　　图 B-2　第一代面阵激光成像仪(GLiDAR-I)

GLiDAR-I 和 GLiDAR-II 的主要指标参数如表 B-1 所示。

表 B-1　　　　　　　　　　　　　　　　主要指标参数

名称	波长（nm）	探测器	视场角	距离（m）	精度（cm）	焦距（mm）
GLiDAR-I	905	5×5 APD array	1.07°×1.07°	13	14.5	80
GLiDAR-II	905	5×5 coupled APDs	1.2°×1.2°	15	11	211

2. GLiDAR-Ⅱ成像仪原理及组成

（1）原理框图

GLiDAR-Ⅱ面阵激光成像仪原理框图如图 B-3 所示。

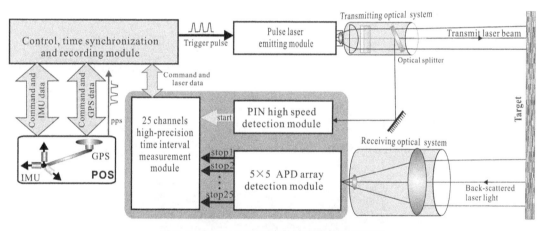

图 B-3　GLiDAR-II 面阵激光成像仪原理框图

（2）光学系统

光学系统包括发射系统(见图 B-4)和接收系统(见图 B-5)，发射系统将半导体激光器发射的激光准直后泛光照射目标，接收系统将目标反射的回波光信号聚焦到 25 路探测系统的探测器光敏面。其特点主要包括：

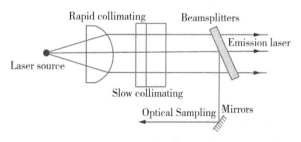

图 B-4　发射光学系统

①回波光信号通过光纤阵列再耦合进入 APD，有利于消除部分环境光噪声干扰。

②利用光纤的柔韧性，接收透镜和光纤耦合 APD 阵列可根据需要灵活的布局，而单个 APD 阵列只能固定的布局在接收透镜后端。

③阵列像素具有扩展性，利于实现更大的阵列。

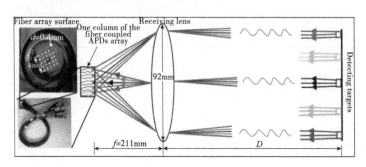

图 B-5　接收光学系统

（3）探测系统

探测系统（见图 B-6）有能力实现光电转换，确定 25 路回波信号到达接收系统的时刻，其功能主要包括：

①可实现纳瓦级的光信号探测。

②可并行探测 25 路回波信号。

③完成 25 路回波信号的精确时刻鉴别输出 TTL 电平信号作为 25 路 stop 信号。

图 B-6　探测系统

（4）时间间隔测量系统

时间间隔测量系统（见图 B-7）有能力对面阵激光雷达所接收的 25 路激光飞行时间高精度并行测量。其功能主要包括：

①可实现 25 通道的时间间隔测量，测时精度达到 300ps。

②除用于本项目外还可用于其他脉冲式飞行时间的间隔测量。

图 B-7 时间间隔测量系统

(5)数据实时处理与可视化系统

该软件系统是针对 GLiDAR 成像仪开发的实时数据处理和三维可视化软件(见图 B-8),其中实时数据处理模块包含新建项目、打开历史项目、保存项目,功能包括处理多条带和单条带 GLiDAR 数据、实时数据通信、三维 DEM 生成、数据转换、三维绘图与可视化。另外,该软件系统还包括其他功能,如坐标变换、参数设置、系统检校等。

该软件系统能将实时获取的 25 路测距信息并依据测距通道和对应 POS 数据,实时生成 DEM 和绘制三维图像,其功能主要包括:

①25 通道实时 3D 坐标计算,DEM 数据生成、三维可视化,并实现不同帧数动态刷新显示。

②GLiDAR 数据滤波,裁剪、多带重叠区数据处理,包括内插、平滑等。

③数据查询、任意帧定位查寻等。

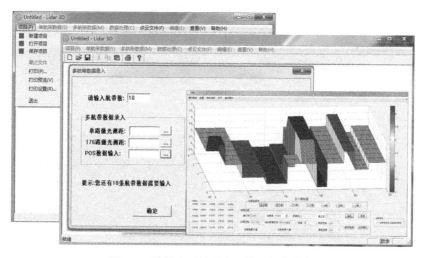

图 B-8 数据实时处理和三维可视化软件

3. 精度评估

为了验证成像仪三维成像的准确性,我们在实验室外的走廊建立了一个简单、低成本但高精度的实验验证场(见图 B-9),并选取四个区域(见图 B-10)进行了精度评估。

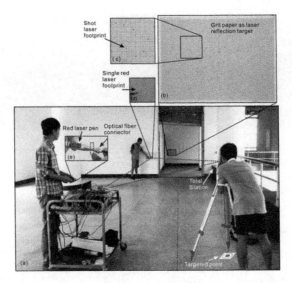

图 B-9 实验验证场

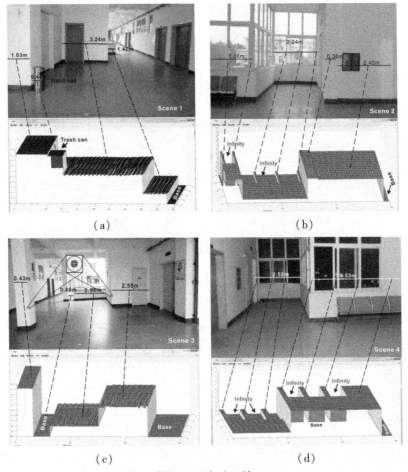

(a)

(b)

(c)

(d)

图 B-10 实验区域

表 B-2   四个区域的误差分析

	区域 1	区域 2	区域 3	区域 4
平均(cm)	11.6	12.5	11.3	12.1
最小误差(cm)	4.7	5.7	4.5	4.3
最大误差(cm)	16.9	19.3	15.9	15.6

第二部分：32 通道高精度测时仪

1. 测时仪介绍

如何并行测量多路激光回波飞行时间是 APD 面阵激光雷达必须解决的关键技术之一，针对这一技术，人们必须同时解决两个问题：一是时间的高精度测量问题，因为以光速的激光飞行时间每 1ns 的测量误差就会导致 ±15cm 的测距偏差；二是多通道并行测量问题。本课题组针对这两个问题展开研究，成功研制了 32 通道测时仪(见图 B-11)。

(a)前面板

(b)后面板

图 B-11 32 通道测时仪

该测时仪采用多片 8 通道皮秒级分辨率专用测时芯片结合 ARM 作为控制器实现多通道高精度的时间间隔测量，该测时仪除用于本项目外还可用于其他对精度和通道数要求高的时间间隔测量，如核与粒子物理实验领域的粒子飞行时间测量。

表 B-3   技 术 参 数

通道数	电平要求	测时精度
32	TTL	300ps
通信接口	重量	工作温度
USB	5.7kg	0~36℃

2. 测时仪原理及组成

该测时仪由 4 个基本测量单元和 1 个数据打包单元构成(见图 B-12)，每个单元都包含 1 片 ARM 处理器和 1 片 TDC 专用芯片，整个测时系统硬件形成了一个多核并行处理机，而且扩展性好，适用性强。测时仪核心电路图和硬件实物图分别如图 B-13 和图 B-14所示。

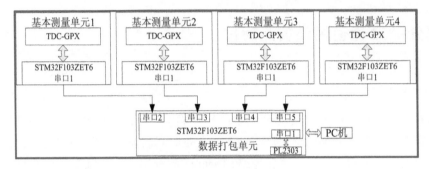

图 B-12　测时仪硬件框图

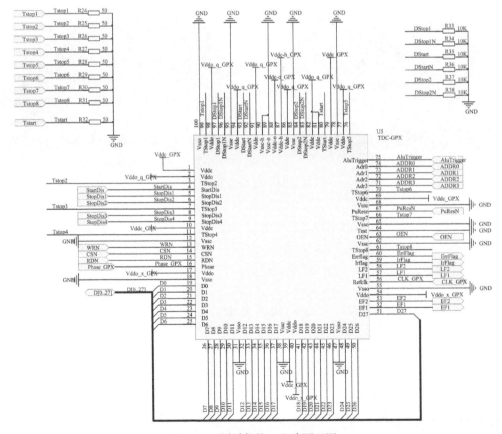

图 B-13　测时仪核心电路原理图

图 B-14 测时仪硬件组成实物图

3. 精度验证

为了验证各通道的测距精度，我们在实验室进行了精度验证实验(见图 B-15)。经统计分析得出所有通道距离偏差范围为 $-6.41\text{cm} < \Delta L \leqslant 10.58\text{cm}$，各通道的距离标准偏差值如图 B-16 所示，距离标准偏差最大值为 4.22cm，位于 ch18。

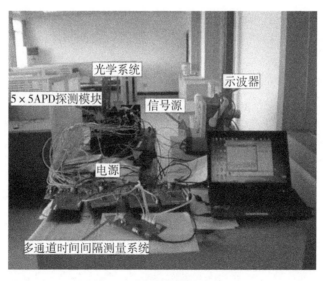

图 B-15 各通道精度验证实验

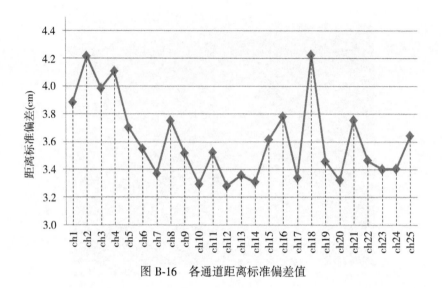

图 B-16　各通道距离标准偏差值

参 考 文 献

[1]艾伦，金玲，黄晓瑞. GPS/INS 组合导航技术的综述与展望[J]. 数字通信世界，2011
（2）：58-61.

[2]安琪. 精密时间间隔测量及其在大科学工程中的应用[J]. 中国科学技术大学学报，
2008，38（7）：758-764.

[3]蔡喜平，李惠民，刘剑波. 主动式光学三维成像技术概述[J]. 激光与红外，2007，37
（1）：22-25.

[4]曹飞飞. 云滤波和特征描述技术研究[D]. 秦皇岛：燕山大学硕士学位论文，2014.

[5]曹瑞明. 半导体激光器功率稳定性的研究[D]. 哈尔滨：哈尔滨理工大学硕士学位论
文，2008.

[6]昌彦君，彭复员，朱光喜，等. 海洋激光测深技术介绍[J]. 地质科技情报，2001，20
（3）：91-94.

[7]巢定. 相位式激光测距仪接收系统设计[D]. 长春：长春理工大学硕士学位论
文，2010.

[8]车震平. 一种高精度、大量程时间间隔计数器的设计[J]. 核电子学与探测技术，
2011，31（6）：598-600.

[9]陈封. 基于 PSPICE 的通信电子线路仿真研究[J]. 现代商贸工业，2011，23（16）：
253-253.

[10]陈磊，赵书河. 一种改进的基于平面拟合的机载 LiDAR 点云滤波方法[J]. 遥感技术
与应用，2011，26（1）：117-122.

[11]陈威良. 半导体激光器纳秒脉冲驱动电路的设计与实现[D]. 广州：暨南大学硕士学
位论文，2011.

[12]陈卫标，陆雨田，褚春霖，等. 机载激光水深测量精度分析[J]. 中国激光，2004，
31（1）：101-104.

[13]代世威. 地面三维激光点云数据质量分析与评价[D]. 西安：长安大学硕士学位论
文，2013.

[14]岱钦，耿岳，李业秋. 利用 TDC-GP21 的高精度激光脉冲飞行时间测量技术[J]. 红
外与激光工程，2013，42（7）：1706-1709.

[15]戴永江. 激光雷达技术[M]. 北京：电子工业出版社，2010.

[16]邓大鹏，邓卫，王英杰，等. 光纤通信原理[M]. 北京：人民邮电出版社，2009.

[17]董明晓，郑康平. 一种点云数据噪声点的随机滤波处理方法[J]. 中国图象图形学报，
2009（2）：245-248.

[18] 董秀军. 三维激光扫描技术及其工程应用研究[D]. 成都：成都理工大学硕士学位论文，2007.

[19] 董绪荣，张守信，华仲春. GPS/INS 组合导航定位及其应用[M]. 长沙：国防科技大学出版社，1998.

[20] 杜保强，周渭. 基于延时复用技术的短时间间隔测量方法[J]. 天津大学学报，2010，43(7)：77-83.

[21] 杜英. 电子罗盘测量误差分析和补偿技术研究[D]. 太原：中北大学硕士学位论文，2011.

[22] 范增明，李卓，钱丽勋. 非球面透镜组激光光束整形系统[J]. 红外与激光工程，2012，41(2)：353-357.

[23] 费业泰. 误差理论与数据处理[M]. 北京：机械工业出版社，2005.

[24] 冯聪慧. 机载激光雷达系统数据处理方法的研究[D]. 郑州：解放军信息工程大学硕士学位论文，2007.

[25] 冯绍军. 低成本 IMU/GPS 组合导航系统研究[D]. 南京：南京航空航天大学博士学位论文，1999.

[26] 冯义从，岑敏仪，张同刚. 地形自适应车载 LiDAR 点云滤波[J]. 测绘科学，2015，40(10)：138-141.

[27] 宫晓琳. 低成本 GPS/SINS 综合定位系统理论与仿真研究[D]. 北京：中国农业大学硕士学位论文，2005.

[28] 龚亮，张永生，李正国，等. 基于强度信息聚类的机载 LiDAR 点云道路提取[J]. 测绘通报，2011，(9)：15-18.

[29] 龚亮. 机载 LiDAR 点云数据分类技术研究[D]. 郑州：解放军信息工程大学硕士学位论文，2011.

[30] 管海燕，灯非，张剑清，等. 面向对象的航空影像与 LiDAR 数据融合分类[J]. 武汉大学学报信息科学版，2009，34(7)：830-833.

[31] 郭少华. 半导体激光器特性参数测量系统的设计研制[D]. 天津：天津工业大学硕士学位论文，2004.

[32] 郭允晟，苏秉炜，方伟乔，等. 脉冲参数与时域测量技术[M]. 北京：中国计量出版社，1989.

[33] 韩绍坤. 激光成像雷达技术及其发展趋势[J]. 光学技术，2006，32(S)：494-496.

[34] 贺嘉. 激光雷达高速扫描系统原理及设计[D]. 西安：西安电子科技大学硕士学位论文，2008.

[35] 胡春生. 脉冲半导体激光器高速三维成像激光雷达研究[D]. 长沙：国防科学技术大学博士学位论文，2005.

[36] 黄先锋，李卉，王潇，等. 机载 LiDAR 滤波方法评述[J]. 测绘学报，2009，38(5)：466-469.

[37] 惠增宏. 激光三维扫描_重建技术及其在工程中的应用[D]. 西安：西北工业大学硕士学位论文，2002.

[38] 嵇叶楠. 掺铒光纤激光器的实验研究[D]. 北京：北京交通大学硕士学位论文，2009.

[39] 纪宪明，杨茂田，谈苏庆. 一种产生多光束阵列的新型分束器[J]. 南京邮电学院学报，1996，16(3)：86-88.

[40] 季育文. 基于 FPGA 的多通道时频比对系统研究[D]. 长沙：湖南大学硕士学位论文，2009.

[41] 蹇博. 新型滤波方法在组合导航系统中的应用[D]. 上海：上海交通大学硕士学位论文，2007.

[42] 姜俊英. 基于相移光栅双波长窄线宽光纤激光器的研究[D]. 天津：天津理工大学硕士学位论文，2012.

[43] 姜燕冰. 面阵成像三维激光雷达[D]. 杭州：浙江大学博士学位论文，2009.

[44] 焦宏伟. 高速三维成像激光雷达的数据处理与可视化研究[D]. 长沙：国防科学技术大学硕士学位论文，2006.

[45] 焦宏伟. 基于成像激光雷达与双 CCD 复合的三维精细成像技术研究[D]. 长沙：国防科学技术大学博士学位论文，2012.

[46] 焦荣. 多业务大气激光通信机的研制[D]. 西安：西安理工大学硕士学位论文，2008.

[47] 雷家勇. 逆向工程中三维点云拼接系统的研究与实现[D]. 南京：东南大学硕士学位论文，2005.

[48] 雷武虎，刘秋松. 一种高精度大范围时间测量电路的实现[J]. 核电子学与探测技术，2004，24(5)：449-452.

[49] 雷玉珍. 三维点云数据处理中的若干关键技术研究[D]. 武汉：华中科技大学硕士学位论文，2013.

[50] 黎明焱. 激光点云数据处理及三维重建研究[D]. 桂林：桂林理工大学硕士论文，2016.

[51] 李贝贝. 对数空间中基于点云配准的颜色校正算法研究[D]. 西安：西安电子科技大学硕士学位论文，2014.

[52] 李彩林，郭宝云，季铮. 多视角三维激光点云全局优化整体配准算法[M]. 测绘科学，2015，44(2)：183-189.

[53] 李芳菲，张珂殊，龚强. 无扫描三维成像激光雷达原理分析与成像仿真[J]. 科技导报，2009，27(8)：19-22.

[54] 李卉，李德仁，黄先锋，等. 一种渐进加密三角网 LiDAR 点云滤波的改进算法[M]. 测绘科学，2009，34(3)：39-41.

[55] 李卉. 集成 LiDAR 和遥感影像城市道路提取与三维建模[J]. 测绘学报，2011，40(1)：133.

[56] 李进，董衡，陶凤源. 超宽带雷达的军事应用及发展趋势[M]. 国防科技，2005，14(6)：31-35.

[57] 李密，宋影松，虞静，等. 高精度激光脉冲测距技术[J]. 红外与激光工程，2011，

40(8)：1469-1473.

[58]李倩，战兴群，王立端，等.GPS/INS 组合导航系统时间同步系统设计[J]. 传感技术学报，2009，22(12)：1752-1756.

[59]李清泉，李必军，陈静. 激光雷达测量技术及其应用研究[J]. 武汉测绘科技大学学报，2000，25(5)：387-392.

[60]李适民，黄维玲，等. 激光器件原理与设计[M]. 北京：国防工业出版社，2005.

[61]李树楷，薛永祺. 高效三维遥感集成技术系统[M]. 北京：科学出版社，2000.

[62]李艳华. APD 接收组件的特性研究[D]. 石家庄：河北工业大学硕士学位论文，2010.

[63]李玉山，李丽平，等. 信号完整性分析(译著)[M]. 北京：电子工业出版社，2006.

[64]李志强. 基于无线传感器网络的大尺寸坐标测量技术研究[D]. 合肥：合肥工业大学硕士学位论文，2010.

[65]松井邦彦. 传感器应用技巧141例[M]. 梁瑞林，译. 北京：科学出版社，2006.

[66]梁欣廉，张继贤，李海涛. 激光雷达数据特点[J]. 遥感信息，2005(3)：70-75.

[67]梁欣廉，张李勇，吴华意. 基于形态学梯度的机载激光扫描数据滤波方法[J]. 遥感学报，2008，12(4)：633-638.

[68]林国祥，等. 机载 LiDAR 数据的多回波信息分析及滤波方案[J]. 测绘科学，2013(5)：28-30.

[69]刘峰，龚健雅. 基于 3D LiDar 数据的城区植被识别研究[J]. 地理与地理信息科学，2009，25(6)：5-8.

[70]刘建朝. 微弱激光功率计研究[D]. 天津：河北工业大学硕士学位论文，2007.

[71]刘经南，张小红. 激光扫描测高技术的发展与现状[J]. 武汉大学学报(信息科学版)，2003(2)：132-137.

[72]刘经南，张小红. 激光扫描测高技术的发展与现状[J]. 武汉大学学报(信息科学版)，2003，28(2)：132-137.

[73]刘军，张洋，严汉宇. 原子教你玩 STM32(寄存器版)[M]. 北京：北京航空航天大学出版社，2013.

[74]刘培伟. GPS/SINS 组合导航系统仿真研究[D]. 长春：长春工业大学硕士学位论文，2010.

[75]刘占超，房建成，刘百奇. 一种改进的高精度 POS 时间同步方法[J]. 仪器仪表学报，2011，32(10)：2198-2204.

[76]刘振强. 弹载 GPS 数据采集及存储技术研究[D]. 太原：中北大学硕士学位论文，2011.

[77]卢波. 激光三维扫描数据的表面重建技术研究[D]. 天津：天津大学硕士学位论文，2006.

[78]罗伊萍，姜挺，龚志辉，等. 基于自适应和多尺度形态学的点云数据滤波方法[J]. 测绘科学技术学报，2009，26(6)：426-429.

[79]罗伊萍. 机载 LiDAR 数据滤波及建筑物脚点提取技术研究[D]. 郑州：解放军信息工程大学博士学位论文，2010.

[80] 吕琼琼. 激光雷达点云数据的三维建模技术[D]. 北京：北京交通大学硕士学位论文，2009.

[81] 马云栋. 多回波机载 LiDAR 点云数据滤波算法研究[D]. 桂林：桂林理工大学，2015.

[82] 倪志武. 高性能激光接收组件设计[D]. 南京：南京理工大学硕士学位论文，2010.

[83] 潘瑶. 激光雷达测距电路设计[D]. 西安：西安电子科技大学硕士学位论文，2009.

[84] 潘君骅. 光学非球面的设计、加工与检验[M]. 苏州：苏州大学出版社，2004.

[85] 庞勇，赵峰，李增元，周淑芳，邓广，刘清旺，陈尔学. 机载激光雷达平均树高提取研究[J]. 遥感学报，2008，12(1)：152-158.

[86] 彭博. 激光三维扫描点云数据的配准研究[D]. 天津：天津大学硕士学位论文，2011.

[87] 乔晓峰. 脉冲式半导体激光测距仪的设计[D]. 南京：南京农业大学硕士学位论文，2010.

[88] 卿慧玲. 基于激光雷达数据的三维重建系统的研究与设计[D]. 长沙：中南大学硕士学位论文，2005.

[89] 权建军. 虚拟 SPI 在 XFS4240 与 MCS51 通信中的应用[J]. 单片机与嵌入式系统应用，2010(6)：66-67.

[90] 人民网. 盘点得益于美国经济刺激计划的七大科研项目[DB/OL]. 2010[2015-01-05]. http：//cache.baiducontent.com.

[91] 任自珍，岑敏仪，张同刚，等. 基于等高线形状分析的 LiDAR 建筑物提取[J]. 西南交通大学学报，2009，44(1)：83-88.

[92] 赛迪网. ENVI4.8 正式发布实现与 ArcGIS 无缝融合[DB/OL]. 2010[2015-01-05]. http：//miit.ccidnet.com/art/32559/20101118/2245841_1.html.

[93] 尚大帅. 机载 LiDAR 点云数据滤波与分类技术研究[D]. 郑州：解放军信息工程大学硕士学位论文，2012.

[94] 申铉国，张铁强. 光电子学[M]. 北京：兵器工业出版社，1994.

[95] 深圳瑞芬科技公司. DCM300B 高精度三维电子罗盘(单板)产品规格书 Ver.07.

[96] 沈晶，刘纪平，林祥国. 用形态学重建方法进行机载 LiDAR 数据滤波[J]. 武汉大学学报(信息科学版)，2011，36(2)：167-170.

[97] 苏伟，孙中平，赵冬玲，等. 多级移动曲面拟合 LiDAR 滤波算法[J]. 遥感学报，2009，13(5)：833-839.

[98] 随立春，张熠斌，柳艳，等. 基于改进的数学形态学算法的 LiDAR 点云数据滤波[J]. 测绘学报，2010，39(4)：390-395.

[99] 孙红星. 差分 GPS/INS 组合定位定姿及其在 MMS 中的应用[D]. 武汉：武汉大学博士学位论文，2004.

[100] 孙杰，潘继飞. 高精度时间间隔测量方法综述[J]. 计算机测量与控制，2007，15(2)：145-148.

[101] 孙莉丹. 新时期光电子器件及其技术发展史研究[D]. 哈尔滨：哈尔滨工业大学硕

士论文，2015.

[102]孙志慧，邓甲昊，闫小伟．线阵推扫式激光成像引信探测技术[J]．光电工程，2009，6(3)：6-21.

[103]唐菲菲，阮志敏，刘星，等．基于机载激光雷达数据识别单株木的新方法[J]．遥感技术与应用，2011，26(2)：176-201.

[104]王扶．三维激光雷达成像数据处理与可视化研究[D]．成都：电子科技大学硕士学位论文，2011.

[105]王光霞，边淑莉，张寅宝．用回放等高线评估 DEM 精度的研究[J]．测绘科学技术学报，2010，27(1)：9-13.

[106]王光霞，张寅宝，李江．DEM 精度评估方法的研究与实践[J]．信息工程大学测绘学院，2006，31(03)：73-75.

[107]王海先．大气衰减系数对激光测距能力影响的研究[J]．舰船科学技术，2007，29(6)：116-119.

[108]王建波．激光测距仪原理及应用[J]．有色设备，2002，(6)：15-16.

[109]王炜辰．三维激光测量仪的关键技术研究[D]．长春：吉林大学硕士学位论文，2015.

[110]王晓冬．高频脉冲激光测距接收系统设计[D]．南京：南京理工大学硕士学位论文，2009.

[111]王晓南．基于影像的近景目标三维重建若干关键技术研究[D]．武汉：武汉大学博士论文，2014.

[112]王秀芳．脉冲半导体激光测距的研究[D]．成都：四川大学硕士学位论文，2006.

[113]王雪祥．短距离脉冲式激光测距机时间测量单元的研究[D]．成都：电子科技大学硕士学位论文，2009.

[114]王永虹，徐炜，郝立平．STM32 系列 ARM CortexM3 微控制器原理与实践[M]．北京：北京航空航天大学出版社，2008.

[115]吴丽娟，李丽，任熙明．盖革模式 APD 阵列激光雷达的三维成像仿真[J]．红外与激光工程，2011，40(11)：2180-2186.

[116]吴守贤，漆贯荣，边玉敬．时间测量[M]．北京：科学出版社，1983.

[117]肖贝．激光三维扫描点云数据预处理算法的研究[D]．武汉：武汉工程大学硕士学位论文，2011.

[118]肖进丽，潘正风，黄声享．GPS/INS 组合导航系统数据同步处理方法研究[J]．武汉大学学报(信息科学版)，2008，33(7)：715-717.

[119]小超嵌入式工作室．XC-GPSV02 GPS 开发板使用手册，2012.

[120]熊邦书．三维扫描技术与曲面重构算法的研究[D]．西安：西北工业大学硕士学位论文，2001.

[121]熊辉丰．激光雷达[M]．北京：宇航出版社，1994.

[122]徐国杰，胡文涛．一种改进的 LiDAR 点云 TIN 迭代滤波算法[J]．测绘信息与工程，2010，35(1)：33-34.

[123] 徐敢阳，杨坤涛，王新兵，等．蓝绿激光雷达海洋探测［M］．北京：国防工业出版社，2002.

[124] 徐嵩，孙秀霞，董文瀚，等．基于 DCOM 的无人机地面站串口通信模块设计［J］．计算机工程与设计，2011，32(9)：3213-3217.

[125] 徐伟．高速运动下高精度激光测距关键技术研究［D］．南京：南京理工大学博士学位论文，2013.

[126] 徐文学．地面三维激光扫描数据分割方法研究［D］．青岛：山东科技大学硕士学位论文，2011.

[127] 徐祖舰，王滋政，阳锋．机载激光雷达测量技术及工程应用实践［M］．武汉：武汉大学出版社，2009.

[128] 许晓东，张小红，程世来．航空 Lidar 的多次回波探测方法及其在滤波中的应用［J］．武汉大学学报信息科学版，2007，32(9)：778-781.

[129] 严惠民，胡剑，张秀达，等．基于面阵探测器的凝视成像激光雷达［J］．光电工程，2013，40(2)：8-16.

[130] 严剑锋．地面 LiDAR 点云数据配准与影像融合方法研究［D］．徐州：中国矿业大学硕士学位论文，2014.

[131] 杨波．面阵式激光雷达成像系统模型模拟研究［D］．桂林：桂林理工大学硕士学位论文，2013.

[132] 杨春桃．基于联合变换相关器的实时图像匹配辅助组合导航研究［D］．桂林：桂林理工大学硕士论文，2014.

[133] 杨新勇，黄圣国．磁罗盘的罗差分析与验证［J］．电子科技大学学报，2004，33(5)：547-550.

[134] 姚金良．机载面阵三维激光雷达运动成像特性研究［D］．杭州：浙江大学硕士学位论文，2010.

[135] 叶培建，孙泽洲，饶炜．嫦娥一号月球探测卫星研制综述［J］．航天器工程，2007，16(6)：9-14.

[136] 游文虎，姜复兴．INS/GPS 组合导航系统的数据同步技术研究［J］．中国惯性技术学报，2003，11(4)：20-22.

[137] 余鑫晨．高精度脉冲式激光测距系统的研究［D］．桂林：桂林理工大学硕士学位论文，2012.

[138] 袁堂龙．小型脉冲式激光测距系统研究［D］．西安：西安理工大学硕士学位论文，2008.

[139] 袁夏．三维激光扫描点云数据处理及应用技术［D］．南京：南京理工大学硕士学位论文，2006.

[140] 曾静静，卢秀山，王健，等．基于 LiDAR 回波信息的道路提取［J］．测绘科学，2011，36(2)：142-144.

[141] 曾齐红．机载激光雷达点云数据处理与建筑物三维重建［D］．上海：上海大学博士学位论文，2009.

[142]张飙，周国清，周祥，等．激光雷达多路距离测量系统设计[J]．激光技术，2016，40(4)：576-581.

[143]张飙．LED显示屏控制器设计研究[J]．计算机应用与软件，2011，28(3)：188-190.

[144]张国良，曾静．组合导航原理与技术[M]．西安：西安交通大学出版社，2008.

[145]张皓，贾新梅，张永生，等．基于虚拟格网与改进坡度滤波算法的机载LiDAR数据滤波[J]．测绘科学技术学报，2009，26(3)：224-228.

[146]张皓．机载LIDAR数据滤波及建筑物提取技术研究[D]．郑州：解放军信息工程大学硕士学位论文，2009.

[147]张会霞．三维激光扫描点云数据组织与可视化研究[D]．北京：中国矿业大学硕士学位论文，2010.

[148]张际青．雪崩型光电二极管阵列器件的设计与分析[D]．南京：南京理工大学硕士学位论文，2007.

[149]张金，王伯雄，崔园园，等．高精度回波飞行时间测量方法及实现[J]．兵工学报，2011，32(8)：970-974.

[150]张璐璐．无扫描激光三维成像技术研究和系统试验平台的设计与实现[D]．杭州：浙江大学硕士学位论文，2006.

[151]张鹏飞，周金运，廖常俊，等．APD单光子探测技术[J]．光电子技术与信息，2003，16(6)：6-11.

[152]张齐勇，岑敏仪，周国清，等．城区LiDAR点云数据的树木提取[J]．测绘学报，2010，38(4)：330-335.

[153]张树侠，孙静．捷联式惯性导航系统[M]．北京：国防工业出版社，1992.

[154]张涛，徐晓苏，刘晓东，等．不同动态条件下组合导航系统的时间同步[J]．中国惯性技术学报，2012，20(03)：320-325.

[155]张小红，刘经南．机载激光扫描测高数据滤波[J]．测绘科学，2004，29(6)：50-53.

[156]张小红．利用机载LIDAR双次回波高程之差分类激光脚点[J]．测绘科学，2006，31(4)：48-53.

[157]张小红．机载激光雷达测量技术理论与方法[M]．武汉：武汉大学出版社，2007.

[158]张新磊．基于地面型三维激光扫描系统的场景重建及相关应用[D]．贵阳：贵州大学硕士学位论文，2009.

[159]张延，黄佩诚．高精度时间间隔测量技术与方法[J]．天文学进展，2006，23(1)：12-14.

[160]张燕．移动机器人组合自主定向系统的研究[D]．南京：东南大学硕士学位论文，2009.

[161]张永防．基于DSP的大功率半导体激光器电源的研究[D]．武汉：华中科技大学硕士学位论文，2009.

[162]张云端，禄丰年．数字高程模型DEM精度研究[J]．测绘与空间地理信息，2007，30(3)：120-123.

［163］赵陆. 提高激光测距仪测量精度与信噪比的研究［D］. 长春：长春理工大学硕士学位论文，2010.

［164］赵庆阳. 三维激光扫描仪数据采集系统研制［D］. 西安：西安科技大学硕士学位论文，2008.

［165］赵延杰. 目标激光雷达探测性能分析及实验研究［D］. 西安：西安电子科技大学硕士学位论文，2012.

［166］中国光学期刊网. 国外光学加工技术的发展现状［DB/OL］.［2016-05-22］. http：//www. opticsjournal. net/Post/Details/PT160522000104eLhNk？dn＝1.

［167］周炳琨，高以智，陈家骅，等. 激光原理［M］. 北京：国防工业出版社，1980.

［168］周国清，杨春桃，陈静，等. 一种基于 GPS/电子罗盘的低成本 POS 系统的实现［J］. 计算机测量与控制，2014，22(01)：218-221.

［169］周国清，周祥，张烈平，等. 雪崩光电二极管线阵激光雷达多路飞行时间并行测量系统研究［J］. 科学技术与工程，2014，14(22)：62-67.

［170］周国清，周祥，张烈平，等. 面阵激光雷达多通道时间间隔测量系统研制［J］. 电子器件，2015，38(01)：166-173.

［171］周华伟. 地面三维激光扫描点云数据处理与模型构建［D］. 昆明：昆明理工大学硕士学位论文，2011.

［172］周琴. 小型机载三维成像激光雷达系统的关键技术研究［D］. 杭州：浙江大学硕士学位论文，2012.

［173］周祥. APD 面阵激光雷达阵列接收和多通道高精度并行测时研究［D］. 桂林：桂林理工大学硕士学位论文，2014.

［174］周晓明. 机载激光雷达点云数据滤波算法的研究与应用［D］. 郑州：解放军信息工程大学博士学位论文，2011.

［175］朱伟. GPS/INS/电子罗盘组合导航系统的研究［D］. 桂林：桂林理工大学硕士论文，2012.

［176］朱智勤，吴玉宏，羊远新. GPS/INS 组合系统中时间同步的模块化实现［J］. 武汉大学学报(信息科学版)，2010(07)：830-832.

［177］ACAM Inc. TDC-GPX ultra-high performance 8 channel time-to-digital converter［DB/OL］. 2007［2007-01-18］. http://www.acam.de/fileadmin/Download/pdf/TDC/English/DB_GPX_en.pdf.

［178］ACAM Inc. Time-to-Digital Converter TDC-GP21 Datasheet［Z］. Germany：ACAM Inc,2011.

［179］Ackermann F. Airborne laser scanning-present status and future expectation［J］. ISPRS Journal of Photogrammetry and Remote Sensing,1999,54：64-67.

［180］Advanced Scientific Concepts, Inc, Products［DB/OL］. 2015［2015-03-01］. http://www.advancedscientificconcepts.com/products/overview.html.

［181］Albota, M.A., Aull, B.F., Fouche, D.G., et al. Three-dimensional imaging laser radars with Geiger-mode avalanche photodiode arrays［J］. Lincoln Laboratory Journal,2002,13

(2):351-370.

[182] Albota, M.A., Heinrichs, R.M., Kocher, D.G., et al. Three-dimensional imaging laser radar with a photon-counting avalanche photodiode array and microchip laser [J]. Applied Optics,2002,41(36): 7671-7678.

[183] Alexander, B., Uwed, Z. Wave optical analysis of light -emitting diode beam shaping using micro -lens arrays [J]. Optical Engineering,2002,41(10): 2393-2401.

[184] Amzajerdian, F., Pierrottet, D., Hines, G. LiDAR systems for precision navigation and safe landing on planetary bodies [C]. Proceedings of the SPIE - The International Society for Optical Engineering,2011, 8192(3):165-177.

[185] Analog Devices,Inc. AD8353 Datasheet [Z]. America: Analog Devices Inc,2013.

[186] Anthes, J.P., Garcia, P., Pierce, J.T., et al. Non-scanned LADAR Imaging and Applications [C]. Proceedings of SPIE, Applied Laser Radar Technology, 1993:11-22.

[187] Aull, B.F., Loomis, A.H., Gregor, J.A., et al. Geiger-mode avalanche photodiode arrays integrated with CMOS timing circuits [C]. Proceedings of IEEE, Device Research Conference Digest, 56th Annual,1998, 58-59.

[188] Aull, B.F., Loomis, A.H., Young, D.J., et al. Geiger-mode avalanche photodiodes for three-dimensional imaging [J]. Lincoln Laboratory Journal,2002,13(2): 335-350.

[189] Axelsson, P. DEM generation from laser scanner data using adaptive TIN models [J]. International Archives of Photogrammetry & Remote sensing,2000,33(B4): 110-117.

[190] Baltsavias E.P. Airborne laser scanning: existing systems and firms and other resources [J]. ISPRS Journal of Photogrammetry and Remote Sensing,1999,54(2/3): 164-198.

[191] Borniol, E.D., Castelein, P., Guellec, F., et al. A 320 × 256 HgCdTe avalanche photodiode focal plane array for passive and active 2D and 3D imaging [C]. Proceedings of SPIE, Infrared Technology and Applications XXXVII,2011,8012(2):150-154.

[192] Bosché, F. Plane-based registration of construction laser scans with 3D/4D building models [J]. Advanced Engineering Informatics,2012,26(1):90-102.

[193] Buscombe, D. Spatially explicit spectral analysis of point clouds and geospatial data [J]. Computers & Geosciences,2015,86:92-108.

[194] Cracknell, A.P., Hayes, L. Introduction to remote sensing [M]. England: Taylor and Francis,2007.

[195] David, B.K. High-order interpolation of regular grid digital elevation model [J]. International Journal of Remote Sensing,2003,21(14):2981-2987.

[196] Denny, M. Blip, ping & buss: making sense of radar and sonar [M]. Baltimore: Johns Hopkins University Press,2007.

[197] Desmet, P.J. Effects of interpolation errors on the analysis of DEM [J]. Earth Surface Processes and Landforms,1997,22(6): 563-580.

[198] Ding, W., Wang, J., Li, Y., et al. Time synchronisation error and calibration in integrated GPS/INS systems [J]. ETRI Journal,2008,30(1):59- 67.

[199] Edmund Optics Inc. #86-650 Bandpass Filter [DB/OL]. [2013-11-05]. http://www.edmundoptics. cn/optics/optical-filters/bandpass-filters/hard-coated-od4-25nm-bandpass-filters/86650/.

[200] Fana, L., Smethurst, J.A., Atkinson, P.M., et al. Error in target-based georeferencing and registration in terrestrial laser scanning [J]. Computers & Geosciences, 2015, 83 (2015):54-64.

[201] Fehr, D, William, B.W.J., Zermas, D., Papanikolopoulos, N.P. Covariance based point cloud descriptors for object detection and recognition [J]. Computer Visionand Image Understanding, 2016, 142(c):80-93.

[202] Figer, D.J., Lee, J., Hanol, B.J., et al. A photon-counting detector for exoplanet missions [C]. Proceedings of SPIE, The International Society for Optical Engineering, 2011, 8151(22):1-13.

[203] First sensor Inc. 25AA0.04-9 Datasheet [Z]. Version21-07-11. Germany: First sensor Inc, 2011.

[204] First sensor Inc. 64AA0.04-9 Datasheet [Z]. Version21-07-11. Germany: First sensor Inc, 2011.

[205] Ge, X., Wunderlich, T. Surface-based matching of 3D point clouds with variable coordinates in source and target system [J]. ISPRS Journal of Photogrammetry&Remote Sensing, 2016, 111(2016):1-12.

[206] Guo, Y., Huang, G., Shu, R. 3D imaging laser radar using Geiger-Mode APDs: analysis and experiments [C]. Proceedings of SPIE, The International Society for Optical Engineering, 2010, 7684(1):143-153.

[207] Haag, M.U.D., Vadlamani, A., Campbell, J.L., et al. Application of Laser Range Scanner Based Terrain Referenced Navigation Systems for Aircraft Guidance [J]. IEEE International Workshop on Electronic Design, 2006:269-274.

[208] Habbit, R.D., Nellums, R.O., Niese, A.D., et al. Utilization of flash ladar for cooperative and uncooperative rendezvous and capture [C]. Proceedings of SPIE, Space Systems Technology and Operations, 2003, 5088: 146-157.

[209] Hancock, G., Kasyutich, VL., Ritchie, GAD. Wavelength modulation spectroscopy using a frequency-doubled current-modulated diode laser [J]. Applied Physics B, 2002, 74(6): 569-575.

[210] Heinrichs, R.M., Aull, B.F., Marino, R.M., et al. Three-dimensional laser radar with APD arrays [C]. Proceedings of SPIE, Laser Radar Technology and Applications VI, 2001, 4377:106-117.

[211] Henry, P. Adjustment and filtering of raw laser altimetry data [C]. Proceedings of Oeepe Workshop on Airborne Laserscanning&Interferometric Sar for Detailed Digital Terrain Models, 2001, (2):319-322.

[212] Huising, E.J., Pereira, L.M.G. Errors and accuracy estimates of laser data acquired by

various laser scanning systems for topographic applications [J]. ISPRS Journal of Photogrammetry & Remote Sensing,1998,53(5):245-261.

[213] Itzler, M.A., Entwistle, M., Owens, M., et al. Design and performance of single photon APD focal plane arrays for 3-D LADAR imaging [C]. Proceedings of SPIE, Detectors and Imaging Devices: Infrared, Focal Plane, Single Photon,2010,7780(77801M): 1-15.

[214] Itzler, M.A., Entwistle, M., Owens, M., et al. Comparison of 32×128 and 32 × 32 Geiger-mode APD FPAs for single photon 3D LADAR imaging [C]. Proceedings of SPIE, Advanced Photon Counting Techniques V,2011,8033(80330G):1-12.

[215] Jack, M., Wehner, J., Edwards, J., et al. HgCdTe APD-based linear-Mode photon counting components and LADAR Receivers [C]. Proceedings of SPIE, Advanced Photon Counting Techniques V,2011,8033(3):1-17.

[216] Kraus, K., Pfeifer, N. Determination of terrain models in wooded areas with airborne laser scanner data. ISPRS Journal of Photogrammetry & Remote Sensing,1998,53(4):193-203.

[217] Laser component Inc. High Power pulsed Laser Diodes 905D3J09-Series Datasheet [Z]. Germany: Laser component Inc,2011.

[218] Laser Components Inc. Pulsed laser diode module ls-series [M]. Germany: Laser Components Inc,2011.

[219] Lee, H.K., Lee, J.G., Jee, G.I. Calibration of measurement delay in GPS/SDINS hybrid navigation [J]. AIAA Journal of guidance, control, and dynamics,2002,(25):240-247.

[220] Lindenberger, J., Stuttgart, O. D. U. Laser-profilmessungenzur topographischen gelandeaufnahme [M]. Stuttgart:Uiversital Stuttgart,Verlag der Bayerischen Akademie der Wissenschaften,1993.

[221] Marino, R. M. , Davis, Jr. W. R. Jigsaw: A foliage-penetrating 3D imaging laser radar system [J]. Lincoln Laboratory Journal,2005,15(1):23-36.

[222] Marino, R.M., Skelly, L. A compact 3D imaging laser radar system using Geiger-mode APD arrays: system and measurements [C]. Proceedings of SPIE, The International Society for Optical Engineering,2003,5086:1-15.

[223] Masuda, H., He, J. TIN generation and point-cloud compression for vehicle-based mobile mapping systems [J]. Advanced Engineering Informatics,2015,29(4):841-850.

[224] McKeag, W., Veeder, T., Wang, J., et al. New developments in HgCdTe APDs and LADAR reveivers [J]. Spie Defense, Security, &Sensing, 2011, 8012 (1): 801230-801230-14.

[225] Méndez, V., Rosell-Polo, J.R., Sanz, R., et al. Deciduous tree reconstruction algorithm based on cylinder fitting from mobile terrestrial laser scanned point clouds [J]. Biosystems&Engineering,2014,124(4):78-88.

[226] Meng, X. A slope and elevation based filter to remove non-ground measurements from airborne LIDAR data[C]. WG III/3, III/4, V/3 Workshop "Laser scanning 2005", the Netherlands:ISPRS,2005.

［227］Mikulics, M., Wu, S., Marso, M., et al. Ultrafast and highly sensitive photodetectors with recessed electrodes fabricated on low-te-grown GaAs ［J］. IEEE Photonics Technology Letters,2006,18(7):820-822.

［228］Muguira, M.R., Sackos, J.T., Bradley, B.D. Scannerless Range Imaging with a Square Wave ［J］. Spies Symposium on Oe/aerospace Sensing&Dual Use Photonics, 1995: 106-113.

［229］Nguyen, T. T., Liu, X.G, Wang, H.P., et al. 3D model reconstruction based on laser scanning technique ［J］. Laser&Optoelect ronics Progress,2011(08):112-117.

［230］Ochmann, S., Vock, R., Wessel, R., et al. Automatic reconstruction of parametric building models from indoor point clouds ［J］. Computers & Graphics,2016,54(2016): 94-103.

［231］Pacific Silicon Sensor Inc. AD500-8-TO52S2 Datasheet ［Z］. Germany: Pacific Silicon Sensor Inc,2009.

［232］PerkinElmer Inc. High power laser -diode family for industrial range finding ［M］. Canada: PerkinElmer Inc,2009.

［233］Petzold, B., Axelsson, P. Result of the OEEPE WG on laser data acquisition ［J］. International Archives of Photogrammetry&Remote Sensing, Amsterdam,2000, 33(B3): 718-723.

［234］Polat, N., Uysal, M., Toprak, A.S. An investigation of DEM generation process based on LiDAR data filtering, decimation, and interpolation methods for an urban area ［J］. Measurement,2015,75(2015):50-56.

［235］Rees, W.G. The accuracy of digital elevation models interpolation to higher resolutions ［J］. International Journal of Remote Sensing,2000,21(1):7-20.

［236］Riquelme, A.J., Tomás, R., Abellán, A. Characterization of rock slopes through slope mass rating using 3D point clouds ［J］. International Journal of Rock Mechanics & Mining Sciences,2016,84(2016):165-176.

［237］Scott, M.W. Range Imaging Laser Radar ［M］. US:US Patent,1990-6-19.

［238］Sellers, J.J., Astore, W.J., Giffen, R.B., et al. Understanding Space: An Introduction to Astronautics ［M］. New York: McGraw-Hill,2005.

［239］Sithole, G. Filtering of laser altimetry data using a slope adaptive Filter ［M］. Annapolis: International Archives of Photogrammetry&Remote Sensing,2011.

［240］Stettner, R., Bailey, H., Silverman, S. Large format time-of-flight focal plane detector development ［J］. Defence&Security,2005,5791(5791):288-292.

［241］STMicroelectronics Inc. STM32F103x8B Datasheet ［Z］. Italy: STMicroelectronics Inc,2009.

［242］STMicroelectronics Inc. STM32F103xCDE Enhanced Series Data Sheet ［M］. Switzerland: STMicroelectronics Inc,2009.

［243］Takimoto, R.Y., Tsuzuki, M.D.S.G., Vogelaar, R., et al. 3D reconstruction and multiple point cloud registration using a low precision RGB-D sensor [J]. Mechatronics,2015,35 (2015):11-22.

[244]Texas Instruments Inc. LMV7219 Datasheet [Z]. America:Texas Instruments Inc,2013.

[245]Texas Instruments Inc. LMH6609 Datasheet [Z]. America:Texas Instruments Inc,2013.

[246]Torabi, M., MMG S., Younesian D. A new methodology in fast and accurate matching of the 2D and 3D point clouds extracted by laser scanner systems [J]. Optics & Laser Technology,2015,66(2015):28-34.

[247]Verghese, S., McIntosh, K.A., Liau, Z.L., et al. Arrays of 128× 32 InP-based Geiger-mode avalanche photodiodes [C]. Proceedings of SPIE, Advanced Photon Counting Techniques III,2009,7320(73200M):1-8.

[248]Vo, A.V., Truong, H. L., Laefer D.F., Bertolotto, M. Octree-based region growing for point cloud segmentation [J]. ISPRS Journal of Photogrammetry and Remote Sensing, 2015,104(2015):88-100.

[249]Vosselman, G. Slope based filtering of laser altimeter data [M]. Amsterdam:International Archives of Photogrammetry & Remote sensing,2000.

[250]Williams, G.M. Probabilistic analysis of linear mode vs geiger mode APD Fpas for advanced LADAR enabled interceptors [C]. Proceedings of SPIE-The International Society for Optical Engineering,2006,6220:622008-6220081-14.

[251]Yan, W.Y., Morsy, S., Shaker, A., et al. Automatic extraction of highway light poles and towers from mobile LiDAR data [J]. Optics & Laser Technology, 2016, 77 (2016): 162-168.

[252]Yun, D., Kim, S., Heo, H., et al. Automated registration of multi-view point clouds using sphere targets [J]. Advanced Engineering Informatics,2015,29(4):930-939.

[253]Zhang, K., Chen, S.C., Whitman, D. A Progressive morphological filter for removing nonground measurements from airborne LiDAR data [J]. IEEE Transactions on Geoscience&Remote Sensing,2003,41(4):872-882.

[254]Zhang, K., Yan, J., Chen, S.C. Automatic construction of building footprints from airborne LIDAR data [J]. IEEE Transactions on Geoscience&Remote Sensing,2006,44 (9):2523-2533.

[255]Zhou, G. Geo-referencing of video flow from small low-cost civilian UAV [J]. Automation Science & Engineering IEEE Transactions on,2010,7(1):156-166.

[256]Zhou, G., Li, M., Jiang, L., et al. 3D image generation with laser radar based on APD arrays [J]. The International Geoscience and Remote Sensing Symposium 2015 (IGARSS 2015), Milan, Italy,2015,5383-5386.

[257]Zhou, G., Song, C., Simmers, J, et al. Urban 3D GIS From LiDAR and digital aerial images [J]. Computers& Geosciences,2004,30(4):345-353.

[258]Zhou, G., Yang, J., Yu, X., et al. Power supply topology for LiDAR system onboard UAV platform [C]. Proceedings of SPIE, The International Society for Optical

Engineering,2011,8286(4):209-224.

[259]Zhou, G., Zhou, X., Yang, J., et al. Flash lidar sensor using fiber-coupled APDs [J]. IEEE Sensors Journal,2015,15(9):4758-4768.